Thomas Arndt

Rotschwanzsittiche

Arten, Freileben, Haltung und Zucht

Der **Arndt-Verlag** ist seit über 30 Jahren marktführend bei Publikationen über Vogelhaltung und Vogelzucht.

Neben den eigenen Zeitschriften

PAPAGEIEN, Gefiederte Welt,
WP Wellensittich & Papageien Magazin,

einem **Fachbuchprogramm** sowie einer eigenen **Poster- und Kalenderserie** wird zudem ein umfangreiches **Buchsortiment** zur Vogelhaltung geführt, siehe: **www.arndt-verlag.de/shop**.

Rotbauchsittich *(P. perlata)*

Inhaltsverzeichnis

Vorwort und Danksagung

In den letzten Jahrzehnten hat sich innerhalb der Gattung *Pyrrhura* so viel geändert, dass es nun an der Zeit ist, ein aktuelles Buch über die Rotschwanzsittiche zu veröffentlichen. Ich habe das natürlich gerne gemacht, zumal ich mich in den letzten 20 Jahren – wenn auch überwiegend im Freiland – intensiv mit den Rotschwanzsittichen beschäftigt habe. Zudem hat motiviert, dass die Sittiche, ihre Haltung und Zucht in den letzten Jahren populär geworden sind.

***Thomas Arndt** mit einem Grünwangen-Rotschwanzsittich*

An dieser Stelle möchte ich mich bei all jenen bedanken, die das Erscheinen dieses Buches ermöglicht und unterstützt haben. Das ist vor allem René Wüst, der den Arndt-Verlag übernommen hat und dieses Buch verlegt, es sind aber auch die vielen Züchter, die im Register erwähnt werden und die ihre Erfahrungen und ihr Wissen beigesteuert haben.

Bedanken möchte ich mich ebenso bei den Kuratoren und Mitarbeitern folgender Sammlungen, die es mir freundlicherweise ermöglichten, das vorhandene Material zu untersuchen: American Museum of Natural History, New York (P. Sweet, P. Hart), Field Museum of Natural History, Chicago (J. Bates), United States National Museum, Washington (J. Dean), Louisiana State University Museum of Natural Science, Baton Rouge (J. V. Remsen, S. Cardiff, D. L. Dittmann), Carnegie Museum of Natural History, Pittsburgh (S. Rogers), British Museum of Natural History, Tring (R. Prys-Jones), Museu de Zoologia da Universidade de São Paulo, São Paulo (L. F. Silveira), Museu Nacional, Río de Janeiro (M. A. Raposo) , Museu Goeldi, Belém (Alexandre Aleixo), Museum Alexander Humboldt, Berlin (S. Frahnert), Forschungsinstitut und Museum Senckenberg, Frankfurt am Main (G. Mayr), Staatliches Museum für Tierkunde in Dresden, Dresden (M. Päckert), Zoologische Staatssammlung München (M. Unsöld), Museo de Historia Natural „Javier Prado“ de la UNMSM, Lima (I. Franke), Colección Ornitológica Phelps, Caracas (M. Lentino, M. Martínez) und Naturalis Biodiversity Center, Leiden (H. Van Grouw).

Ein besonderer Dank gilt W. Kiesling, R. Zamora Padrón und D. Waugh für die Erlaubnis, die Rotschwanzsittiche in der Zuchtanlage der Fundación Loro Parque zu fotografieren. Das gilt genauso für alle Fotografen, deren Fotos hier verwendet werden.

Für ihre tätige Mithilfe, wertvolle Informationen oder Kommentare bedanke ich mich bei T. Pittman, H. Kalbus, H. Schnitker, P. Hocking, A. Fergenbauer-Kimmel, R. Prinz, J. Asmus, R. Wüst, J. Ehlenbröker, M. Högner, P. Wolf, P. Teles, H. Gonzales Pinedo und dem verstorbenen H. Müller.

Th. Arndt

Allgemeine Vorbemerkungen

Vor Jahrzehnten habe ich bereits ein Buch über die Rotschwanzsittiche geschrieben. Es war das zweite Werk der Reihe über die südamerikanischen Sittiche innerhalb der „Enzyklopädie der Sittiche und Papageien", die im Horst-Müller-Verlag, Bomlitz, erschienen ist. Den Allgemeinen Teil, dessen Inhalt den grundsätzlichen Umgang mit Sittichen überhaupt behandelt, habe ich stark aktualisiert übernommen und dem heutigen Stand angepasst. Die einzelnen Kapitel werden in gestraffter Form behandelt, um den Umfang des Buches nicht zu sprengen, wobei Bereiche, die für die Rotschwanzsittiche von besonderer Bedeutung sind, ausführlicher dargestellt werden.

Zusätzlich habe ich im aktuellen Buch einen einführenden Teil über das Freileben der Rotschwanzsittiche verfasst, da – im Gegensatz zu früheren Zeiten – heute weitaus mehr Informationen hierüber existieren und die *Pyrrhura*-Vertreter nur artgerecht in Menschenobhut gehalten und gezüchtet werden können, wenn die entsprechenden Hintergrundinformationen aus dem Freiland bekannt sind.

Da mittlerweile praktisch von allen *Pyrrhura*-Vertretern Fotos in ausreichender Qualität vorliegen, wurde in diesem Buch auf gemalte Aquarelle verzichtet. Das ist nicht unbedingt ein Vorteil, da Fotos zwar wesentlich deutlicher die Körperform der Vögel widerspiegeln, aber zweifellos Nachteile in der Darstellung der korrekten Gefiederfärbung haben. Daher sollten Halter, die sich insbesondere bei der Bestimmung von Unterarten nicht sicher sind, die Gefiederbeschreibung im Artenteil besonders gründlich durchlesen und mit ihren Vögeln vergleichen.

Im Fall des Jaraquielsittichs (*Pyrrhura subandina*), der wohl schon ausgerottet ist, habe ich eine Fotomontage benutzt, um die Art darzustellen.

Demerarasittich (*P. egregia*)

Die Gattung *Pyrrhura*

Junge Rotkopfsittiche *(P. rhodocephala) haben eine weniger ausgedehnte rote Scheitelfärbung und besitzen oft rot-gelbe Federn auf dem Flügelbug, die nach dem Umfärben in das Adultgefieder verschwinden.*

Merkmale

Die Gattung zeigt, von einer Ausnahme abgesehen, ein recht einheitliches Bild. Die Grundfarbe des Gefieders ist grün. Die Schwanzunterseite ist bei den meisten Vertretern rötlichbraun, bei vier Arten allerdings auch mehr oder weniger schwarzgrau. Nur zwei der 34 Arten – der Hoffmanns Rotschwanzsittich (*P. hoffmanni*) und der Blaulatzsittich (*Pyrrhura cruentata*) – weisen auf dem Hals oder der Oberbrust keine Saumzeichnung auf, allen ist aber der nackte weiße bis schwärzliche Augenring gemeinsam.

Mit Ausnahme einer Subspezies (*Pyrrhura molinae phoenicura*) besitzen Vertreter der Gattung einen abgestuften Schwanz, der nicht länger als die Flügel und nicht kürzer als deren Dreiviertellänge ist. Lediglich bei der zuvor angeführten Unterart überschreitet das Schwanzlängenmaß das der Flügel.

Der Schnabel ist relativ breit, und der Oberschnabel zeigt eine deutliche Einkerbung.

Rotschwanzsittiche sind kleine bis mittelgroße Sittiche mit einer durchweg schlanken Figur. Die Größe unterschreitet 22 cm nicht und überschreitet 26 cm nur beim Blaulatzsittich, der 30 cm aufweist. Bei keiner Art sind äußere Geschlechtsunterschiede bekannt. Die Jungtiere ähneln mit Ausnahme von *Pyrrhura perlata* und *Pyrrhura roseifrons* den Eltern, sind aber oft matter gefärbt oder zeigen wie beim Rotkopfsittich (*Pyrrhura rhodocephala*) eine weniger ausgedehnte Rotzeichnung oder zusätzliche rote oder gelbe Federn am Flügelbug.

Das Verbreitungsgebiet der Gattung erstreckt sich von 36° südlicher Breite in Argentinien und Uruguay über den ganzen südamerikanischen Subkontinent bis 10° nördlicher Breite im mittelamerikanischen Costa Rica. Die Sittiche bewohnen hier neben tropischen und subtropischen Wäldern auch verschiedenartige Savannen und sind in den Gebirgen bis über 3.400 m in der kalten Páramo-Region angetroffen worden.

Formenaufspaltung

Heute weiß man anhand von molekularbiologischen Untersuchungen, dass die Gattung in der Zeit zwischen Anfang des Oligozän und Ende des Eozäns, also vor rund 30 bis 40 Millionen Jahren entstanden ist (Miyaki et al. 1998).

Jedem, der sich ohne vorheriges, eingehendes Studium der Gattung nähert, fällt es normalerweise schwer, sich in der Fülle der sich ähnelnden Arten und Unterarten zurechtzufinden. Auch mir erging es nicht anders, als ich erstmals einen Grünwangen-Rotschwanzsittich (*Pyrrhura molinae*) zu sehen bekam und ihn von einem Braunohrsittich (*P. frontalis*) unterscheiden sollte. Oftmals muss man sich aber selbst als Kenner der Gattung fragen, warum diese oder jene Form als eigenständige Art und nicht als Unterart einer anderen Spezies angeführt wird.

Bevor daher im Folgenden die Entwicklung der Gattung und die Beziehungen der Arten und Unterarten zueinander aufgezeigt werden, soll zuvor die Formenaufspaltung in Südamerika dargelegt werden. Haffer (1974) führt dazu an, dass wahrscheinlich die ökologische Konkurrenz ein wichtiger Faktor in der Bestimmung des Verbreitungsgebietes zahlreicher verwandter Arten ist, die oftmals zu sogenannten Superspezies zusammengefasst werden können. Haffer nimmt an, dass alle Vertreter einer Superspezies von einer häufig vorkommenden Urform abstammen, deren Verbreitungsraum durch Änderungen der Vegetation während widriger klimatischer Perioden des Quartärs aufgeteilt wurde. Die „Schwester"-Populationen bewohnten nun die verschiedenartigen „Restlebensräume", die von der Urform in unterschiedlichen Ausmaßen übrig gelassen wurden. Gleichzeitig unterschieden sie sich untereinander selbst durch Auswahl und gegebene Möglichkeiten. Nach der Rückkehr von günstigeren klimatischen und vegetativen Bedingungen kamen die neuentstandenen Formen in erneuten Kontakt miteinander. Das konnte mehrere mögliche Auswirkungen haben, je nachdem welches Stadium die einzelnen Populationen erreicht hatten. Hierzu gehören mehr oder weniger intensive Hybridisation, geografische Isolation

Der Blaulatzsittich *(P. cruentata) ist der größte Vertreter der Gattung.*

Der Blaustirn-Rotschwanzsittich (P. picta) ist wohl einer der bekanntesten Gattungsvertreter.

oder Überschneidung (mit Fortpflanzungshemmung oder ökologischer Trennung).

Cracraft (1985) geht allerdings davon aus, dass viele dieser von Haffer beschriebenen Vegetationsinseln deutlich älter sind und der oben beschriebene Prozess sehr viel früher begann.

Allen Arten der Superspezies ist gemeinsam, dass dort, wo sich die Unterarten zweier verschiedener Spezies geografisch sehr nahe liegen, die Unterschiede zwischen ihnen nicht größer sind als zwischen den Subspezies innerhalb einer Art. So liegen die Abweichungen zwischen den jeweiligen Formen auch fast ausschließlich in der Gefiederfärbung, hier differieren in erster Linie die Partien an Hals und Oberbrust sowie die Grünschattierung des Körpers. Die unterschiedlichen Wirkungen der Federsäume und Federbasen an Hals und Oberbrust sind durch eine unterschiedliche Ausprägung von Melaninen und Strukturfarben begründet. Melanine sind Farbstoffe, die vom Vogel selbst gebildet werden und an mikroskopisch kleine Teilchen gebunden sind, während Strukturfarben auf Bau und Anordnung des farberzeugenden Materials, das nur bestimmte Wellenlängen reflektiert, beruhen (Bezzel1977).

Eine weitere Abweichung in der Gefiederfärbung zweier Formen liegt oft in ihrem jeweiligen Rotanteil. Wie wenig konstant aber gerade das Rot in der Gefiederfärbung bei Papageien ist, unterstreicht sehr deutlich die Art *P. calliptera*. Vertreter dieser Art zeigen zwar in der Regel einen gelben Flügelsaum und gelbe Handdecken, doch sind diese bei vielen Vögeln auch rein rot, genauso wie bei der ihnen nächststehenden Form *P. chapmani*.

Betrachtet man die einzelnen Arten und Unterarten von *Pyrrhura* unter diesen Gesichtspunkten, so lässt sich leicht, insbesondere unter Berücksichtigung der einzelnen Verbreitungsgebiete, die sich im Anden-Bereich in keinem Fall überschneiden, eine Aufspaltung in drei Gruppen (Kladen) herauskristallisieren (siehe hierzu auch die Grafik über die Formenaufspaltung der Gattung), was mittlerweile durch molekularbiologische Untersuchungen (Ribas et al. 2006, Urantowka et al. 2016) bestätigt wurde. Die älteste Entwicklungslinie bildet der Blaulatzsittich (*P. cruentata*). die zweite besteht aus allen übrigen Taxa der Gattung mit Ausnahme des „*picta-leucotis*-Komplexes" und die dritte Gruppe bildet der „*picta-leucotis*-Komplex" selbst.

Recht isoliert steht lediglich die Art *Pyrrhura cruentata* da. Sie passt von ihrem ganzen Erscheinungsbild nicht zu den kleineren und schlankeren Vertretern

Der Pfrimers Rotschwanzsittich *(P. pfrimeri) ist eine der stammesgeschichtlich ältesten Rotschwanzsittich-Arten.*

der Gattung. Molekularbiologische Untersuchungen haben dies auch bestätigt. Diese Art jedoch als mögliche Übergangsform zur Gattung *Aratinga* anzusehen, wie ich es früher vermutet hatte, geht sicherlich zu weit. Die Nähe zu den anderen zwei *Pyrrhura*-Gruppen ist eindeutig.

Die zweite Gruppe schließt die Arten *melanura, chapmani, pacific, albipectus, orcesi, rupicola, calliptera, rhodocephala, hoematotis, viridicata, egregia, hoffmanni, perlata, anerythra, coerulescens, molinae, frontalis* und *devillei* ein. Die enge verwandtschaftliche Beziehung dieser 18 Arten ist zwischenzeitlich durch molekularbiologische Untersuchungen (Ribas et al. 2006) bestätigt und aus der beigefügten Grafik ersichtlich. Die zuvor genannten Untersuchungen haben auch gezeigt, dass der generell als eigene Art angesehene Weißbrustsittich (*Pyrrhura albipectus*) im Grunde genommen lediglich eine Unterart des Schwarzschwanzsittichs (*Pyrrhura melanura*) ist. Abgetrennt

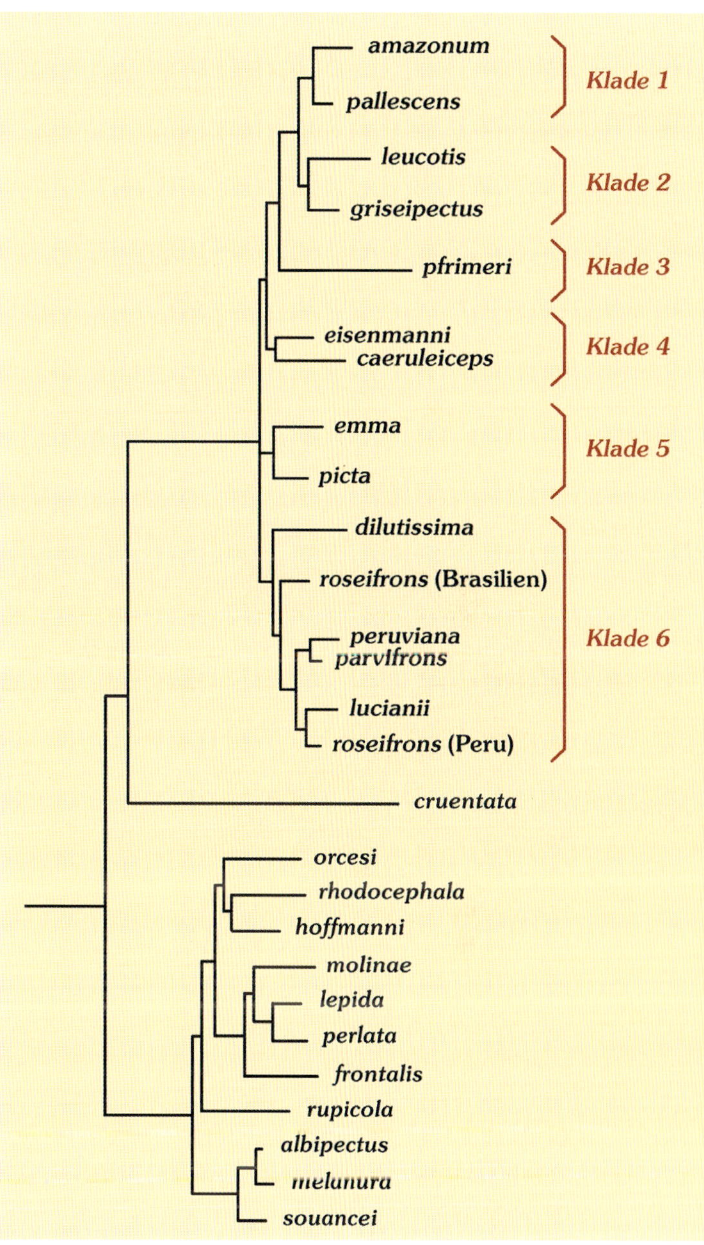

Der phylogenetische Baum *zeigt die Verwandtschaftsbeziehungen der Arten innerhalb der Gattung auf (modifiziert nach Ribas et al. [2006] und Arndt & Wink [2017]).*

von *P. melanura* wurden *P. pacifica* sowie *P. chapmani*, was die isolierte Lage dieser Taxa in den Anden wohl rechtfertigt. Ebenfalls neu ist die Aufspaltung

Weißohrsittiche *(P. leucotis) gehören zu den kleinsten Vertretern der Rotschwanzsittiche.*

von *Pyrrhura perlata,* deren Gründe hierfür an entsprechender Stelle im Artenteil erklärt werden. Bei anderen Arten wird ebenso verfahren. *P. devillei* wird hier als eigenständige Art behandelt, da sich dies allgemein durchgesetzt hat.

Die dritte große Gruppe bilden die Vertreter der ehemaligen Arten *P. leucotis* und *P. picta*, die heute neu geordnet und aufgespalten wurden. An ihr zeigt sich auch, wie schwer es sein kann, bestimmte Taxa systematisch und taxonomisch zu bewerten. Während molekularbiologische Untersuchungen hier Taxa wie *amazonum* und *pallescens* zu einer Art zusammenfassen, steht dies bei beiden Taxa im Gegensatz zu ihrer Verbreitung und Morphologie. Zurzeit wird deshalb unter Ornithologen heftig diskutiert, aus wie vielen Arten der *leucotis-picta*-Komplex nun wirklich besteht. Die jüngste Arbeit von Arndt & Wink (2017) zeigt, dass sich der Komplex aus sechs Kladen mit insgesamt 15 Arten zusammensetzt: *amazonum* und *pallescens*, *leucotis* und *griseipectus* sowie *pfrimeri* in den ersten drei Kladen, gefolgt von *eisenmanni*, *subandina* und *caeruleiceps* in der vierten Klade. Die fünfte Klade besteht aus *picta* und *emma* und die letzte aus *roseifrons*, *parvifrons*, *peruviana*, *dilutissima* und *lucianii*.

Aufgrund der neuen Erkenntnisse folgt die Auflistung der Arten den zuvor angeführten Veröffentlichungen und unterscheidet sich deutlich von der in anderen Büchern über Rotschwanzsittiche.

Freileben

Habitate

Bei der Vielzahl an Arten innerhalb der Gattung müsste man eigentlich erwarten können, dass eine große Bandbreite an Habitaten genutzt wird. Tatsächlich ist aber eher das Gegenteil der Fall: Rotschwanzsittiche sind in erster Linie Waldbewohner und auf das Vorkommen größerer Bäume angewiesen. Man kann sogar so weit gehen, die Art als Indikator für den Zustand eines Waldgebietes anzusehen. Immer dann, wenn bestehender Wald zu stark zerstückelt oder anderweitig geschädigt wurde, sind die meisten *Pyrrhura*-Vertreter nicht mehr anzutreffen. Im Gegensatz zu vielen anderen Arten sind sie nicht in der Lage, ganzjährig in Sekundärvegetation oder landwirtschaftlich genutzten Gebieten zu leben.

Wenige Arten wie z.B. der Braunohrsittich (*P. frontalis*) und der Grünwangen-Rotschwanzsittich (*P. molinae*) haben es allerdings geschafft, auch savannenartige Habitate oder sogar Siedlungsflächen zu nutzen.

Tropischer Regenwald

Typische *Pyrrhura*-Vertreter der Regenwälder, vor allem im Amazonasbecken, sind der Santarem-Sittich (*P. amazonum*), der Rotscheitelsittich (*P. roseifrons*), der Peru-Rotschwanzsittich (*P. peruviana*), der Blausteißsittich (*P. coerulescens*), der Rotbauchsittich (*P. perlata*), der Schwarzschwanzsittich (*P. melanura*) oder der Steinsittich (*P. rupicola*). Einige von ihnen nutzen auch die angrenzenden Waldgebiete der Andenausläufer und sind gelegentlich noch in Höhenlagen von 1.200 m ü. NN und mehr zu finden. Der Río-Ene-Sittich (*P. dilutissima*) und seine Unterart, der Río-Perené-Sittich (*P. dilutissima pereneensis*), die Nominatform des Steinsittichs (*P. r. rupicola*), der Azuero-Sittich (*P. eisenmanni*), der Chapman-Sittich (*P. chapmani*), der Berlepsch-Schwarzschwanzsittich (*P. melanura berlepschi*) und der Weißbrustsittich (*P. albipectus*) haben sich sogar vollständig auf diese Bergregionen spezialisiert.

***Tieflandregenwald** entlang des Rio Madeira bei Itaituba*

Eine Sonderform des Regenwaldes ist der „Weißflusssand-Regenwald", dessen Boden aus weißem Flusssand und nicht aus roter Lehmerde besteht. Er wird vom Amazonas-Rotstirnsittich (*P. parvifrons*) und teilweise vom Rio-Madeira-Sittich (*P. pallescens*) genutzt.

Bergwälder

Einige Rotschwanzsittich-Arten haben sich auf die Bergwälder der Anden spezialisiert, kommen jahreszeitlich aber auch regelmäßig in tiefere Gebiete, wenn dort entsprechende Futterpflanzen fruchten. Es sind dies z.B. der Santa-Marta-Sittich (*P. viridicata*), der El-Oro-Sittich (*P. orcesi*) oder der Hoffmanns Rotschwanzsittich (*P. hoffmanni*).

Atlantische Küstenwälder

Bei den Atlantischen Küstenwäldern handelt es sich um eine Regenwaldregion in Brasilien zwischen

Die offene Savannenlandschaft am Rande bewaldeter Hügel sind der Lebensraum des Deville-Sittichs.

35° westlicher Länge und 5° südlicher Breite bis 57° westlicher Länge und 30° südlicher Breite, die durch eine hohe Luftfeuchtigkeit und Niederschläge, die Westwinde aus dem Atlantischen Ozean in das Gebiet bringen, geprägt ist. Typische Bewohner hier sind der Weißohr- (*P. leucotis*) oder der Blaulatzsittich (*P. cruentata*).

Tropische Trockenwälder

Ausgedehnte Trockenzeiten sorgen in einigen Gebieten Südamerikas für die Entstehung trockener tropischer Wälder. Im Nordosten Brasiliens hat sich der Pfrimers Rotschwanzsittich (*P. pfrimeri*) auf dieses Habitat spezialisiert.

Baumsavannen

Sowohl die Deville-Sittiche (*P. devillei*) als auch die Braunohr- (*P. frontalis*) und Grünwangen-Rotschwanzsittiche (*P. molinae*) nutzen die verschiedenen Savannenlandschaften Südamerikas, allerdings nur dort, wo diese an Waldgebiete grenzen.

Freilandbestände

Schaut man sich einmal die Freilandbestände der Rotschwanzsittiche an, sieht man sowohl in den Verbreitungsgebieten als auch in den Populationsgrößen enorme Unterschiede. Generell kann man sagen, dass die Arten mit kleinem Verbreitungsgebiet in ihren Beständen potenziell gefährdet sind, während die großflächig verbreiteten kaum Probleme haben.

Die häufigsten Arten mit relativ großen Verbreitungsgebieten sind nahezu alle im Amazonasbecken zu finden. Es sind dies der Santarem- (*P. amazonum*), Rio-Madeira- (*P. pallescens*), Rotscheitel- (*P. roseifrons*), Prinz-Lucien- (*P. lucianii*), Stein- (*P. rupicola*), Schwarzschwanz- (*P. melanura*), Rotbauch- (*P. perlata*) und Neumanns Rotschwanzsittich (*P. anerythra*). Im Norden kann man sicherlich den Blaustirn-Rotschwanzsittich (*P. picta*) hinzurechnen, und im Süden haben der Grünwangen-Rotschwanz- (*P. molinae*) und der Braunohrsittich (*P. frontalis*) gute Populationsgrößen und große Verbreitungsgebiete.

Die Arten mit kleinen Verbreitungsgebieten bewohnen überwiegend die Anden, wo sie meist auf bestimmte Flüsse und deren Seitenzuläufe begrenzt sind. In Peru sind dies z.B. der Río-Ene-Sittich (*P. dilutissima*), der Amazonas-Rotstirnsittich (*P. parvifrons*) oder der Peru-Rotschwanzsittich (*P. peruviana*), in Ekuador der El-Oro-Sittich (*P. orcesi*), in Kolumbien der Chapman-Sittich (*P. chapmani*) oder der Prachtflügelsittich (*P. calliptera*), in Venezuela der Rotkopfsittich (*P. rhodocephala*) und in Panama der Azuerosittich (*P. eisenmanni*). In Venezuela sind der Emmas Weißohrsittich (*P. emma*) und der Blutohr-Rotschwanzsittich (*P. hoematotis*) auf die nördlichen Kordilleren begrenzt, in Brasilien der Blaulatzsittich (*P. cruentata*) und der Weißohrsittich (*P. leucotis*) auf die Atlantischen Küstenwälder sowie der Salvadori-Weißohrsittich (*P. griseipectus*) auf isolierte Berge in Nordbrasilien.

Eine Gruppe Salvadori-Weißohrsittiche (P. griseipectus) ist an ihrer Schlafhöhle angekommen.

Allein schon aufgrund des kleinen Verbreitungsgebietes sind etliche dieser Arten in ihren Beständen gefährdet oder sogar bereits bedroht. So wird in Kolumbien die Population des Santa-Marta-Sittichs (*P. viridicata*) auf gerade einmal 2.900 bis 4.800 Exemplare und die des Prachtflügelsittichs (*P. calliptera*) auf maximal 6.700 geschätzt, und in Peru gibt es vom Amazonas-Rotstirnsittich (*P. parvifrons*) noch 1000 Exemplare. Besonders drastisch hat es in Brasilien den Salvadori-Weißohrsittich (*P. griseipectus*) getroffen. Ihm wurde so intensiv nachgestellt, dass vor einigen Jahren gerade noch 400 Vögel übrig blieben. Erfreulicherweise führt aber die brasilianische Naturschutzorganisation Aquasis ein erfolgreiches Schutzprogramm in der Serra de Baturité durch, dem Verbreitungszentrum der Art, und die Bestände erholen sich langsam.

Tagesrhythmus

Wirklich gut erforscht wurde das Leben der Rotschwanzsittiche im Freiland bislang nicht. Von einigen Besonderheiten abgesehen, unterscheidet es sich aber wohl kaum von dem anderer Papageien. In Gruppen von bis zu zehn Vögeln verbringen alle Arten die Nacht in einer Baumhöhle, die über Jahre hinweg benutzt werden kann. Vermutlich sind es Familiengruppen, zu denen auch die Jungvögel aus mehreren vorangegangenen Bruten gehören. Dieses Verhalten zeigen nicht allzu viele Papageienarten, und es ist letztendlich dafür verantwortlich, dass die Rotschwanzsittiche durchweg standorttreu sind und nur einen sehr kleinen Bewegungsradius haben, der oft nur auf wenige Quadratkilometer begrenzt ist.

***Im Amazonasbecken** sind die Schwärme auf den Nahrungsbäumen deutlich größer als in den Gebieten außerhalb; die Aufnahme zeigt eine Gruppe Rio-Madeira-Sittiche (P. pallescens pallescens).*

Die Schlafhöhle verlassen die Gruppen bereits bei Sonnenaufgang. Sie verteilen sich aber und lassen sich zuerst in den Zweigen eines nahe gelegenen Baumes nieder, wo sie sich erst einmal putzen oder nur dösen. Sie verbringen so bis zu einer Stunde, bevor sie schließlich als Gesamtgruppe zu den Nahrungsplätzen aufbrechen. Bei nebeliger oder regnerischer Witterung geschieht dies deutlich später als bei schönem Wetter. Es ist nicht ganz klar, wo und wann sie sich mit anderen Gruppen zusammenschließen, vermutlich geschieht das aber bereits auf dem Weg zu den Nahrungsbäumen. Die Schwärme, die dann dort ankommen, können im Amazonasgebiet bis zu 100 Vögeln und deutlich mehr umfassen, in den Gebirgsregionen ist die Gruppengröße wesentlich kleiner und selten größer als 50 Vögel.

Die meisten Nahrungsplätze liegen ein gutes Stück entfernt von den Schlafhöhlen, in der Regel aber noch innerhalb des relativ kleinen lokalen Verbreitungsgebietes der Gruppen. Fast immer werden mehrere Bäume angeflogen, auf denen sich der Schwarm oder die Gruppe jeweils zwischen fünf Minuten und einer Stunde oder länger aufhält. Durch dieses Besuchen mehrerer Nahrungsbäume sind die Rotschwanzsittiche nahezu den gesamten Tag über aktiv und können dementsprechend auch häufiger gesichtet werden als andere Papageienarten. Das gilt sogar für die Mittagszeit, wenn nahezu alle Papageien über Stunden im Blattwerk der Bäume ruhen. Diese Ruhephase beträgt bei den Rotschwanzsittichen selten mehr als zwei Stunden.

In den Nahrungsbäumen selbst verteilt sich der Schwarm bzw. die Gruppe. Um an die Früchte zu kommen, klettern die Vögel von Ast zu Ast, und nur selten nutzen sie ihre Flügel, um die kurzen Strecken von Frucht zu Frucht zurückzulegen.

Die zweite Phase der Nahrungsaufnahme ist nicht so ausgeprägt wie die erste und hat ihren Höhepunkt in der Regel zwischen 16 und 17 Uhr. Selten findet man dann die Sittiche auf denselben Bäumen, vielmehr scheint es so, als haben sie eine feste Route, die den Tag über einmal abgeflogen wird. Ist die zweite Fressphase beendet, spalten sich die Schwärme wieder auf und jede Kleingruppe fliegt zu ihrer traditionellen Schlafhöhle.

Dort sind die Sittiche erst einmal vorsichtig und halten sich einige Zeit auf den umliegenden Bäumen auf, bis sich der erste auf den Schlafbaum wagt und nach langem Zögern und Prüfen schließlich in der Schlafhöhle verschwindet. Der Rest der Gruppe folgt nach und nach, und bis der letzte hineingeschlüpft ist, ist meist schon die Dunkelheit eingebrochen.

Collpas und Alternativen

Viele Arten besuchen die Collpas oder Lehmlecken nur in unregelmäßigen Abstanden. Es ist immer noch nicht abschließend geklärt, warum Papageien das machen. Durchgesetzt hat sich allgemein die Theorie, dass die Vögel mit der Aufnahme von mineral-

Weißbrustsittiche *(P. albipectus) an einer Felswand am Eingangsbereich zum Podocarpus National Park*

***Ein Rotscheitelsittich** (P. roseifrons) inmitten von Blauflügelsittichen (Brotogeris cyanoptera) an der schwefelhaltigen Wasserstelle nahe der Stadt Contamana (links); Prince-Lucien-Sittiche (P. lucianii) an einer verholzten Papaya (rechts).*

haltigen Stoffen die toxischen Bestandteile ihrer Nahrung neutralisieren.

Für diese Theorie spricht, dass die Papageien das Jahr über deutliche Schwankungen in der Besuchsfrequenz an den Collpas zeigen, was allerdings auch – zumindest bei den größeren Papageien – auf Wanderbewegungen zurückgeführt werden kann. Wenn das Futterangebot in der Umgebung der Collpas groß ist, sind auch die Collpas besetzt.

Es hat sich aber herausgestellt, dass die meisten Vögel die Collpas nur unregelmäßig besuchen, oft nur in Abständen von 14 Tagen. Das spricht nicht unbedingt für die Annahme, dass toxische Bestandteile der Nahrung neutralisiert werden müssen, sondern eher für die zweite Theorie, dass die mineralhaltige Erde als Genussmittel aufgenommen wird, vergleichbar mit dem menschlichen Trinken von Kaffee, an den man sich erst gewöhnen muss, bis er einem dann schmeckt. Dass bei den Papageien durch das Fressen der Erde auch jede Menge Mineralstoffe aufgenommen werden, ist dabei ein positiver Nebeneffekt.

Bei den Rotschwanzsittichen freilich verhält es sich etwas anders, da sie das ganze Jahr über nahezu standorttreu sind und nur in die tieferen Lagen ziehen, wenn dort bestimmte Futterpflanzen fruchten. Dann ist zwar ihr Bewegungsradius etwas größer als gewöhnlich, aber ihr „Stammgebiet" verlassen sie dabei nicht wirklich, sondern kehren jeden Abend zu ihren Schlafhöhlen zurück. Bei ihnen scheint der Besuch der Collpas – zumindest während der Trockenzeit – ein fester Bestandteil in ihrem üblichen Tagesrhythmus zu sein. Nur in wenigen Gebieten finden sie allerdings die großen Collpas, in der Regel sind es bei ihnen relativ kleine Uferstellen entlang von Bächen und Flüssen. Es kommen aber auch Abbrüche in hügeligen oder bergigen Waldgegenden infrage.

***Ein Neumanns Rotschwanzsittich** (P. anerythra) beim Fressen von beerenartigen Früchten in einem niedrigen Busch, aufgenommen in den Bergen westlich der brasilianischen Stadt Parauapebas.*

Während der Regenzeit sind diese kleinen Collpas aber aufgrund des höheren Wasserpegels oft nicht besuchbar. Interessanterweise weichen die Rotschwanzsittiche dann aus. An der bolivianisch-brasilianischen Grenze zum Beispiel kommen die Prince-Lucien-Sittiche (*P. lucianii*) dann sogar in die kleinen Städtchen und besuchen alte Papaya-Pflanzen (*Carica papaya*) in den Gärten der Einheimischen. Hier fressen sie aber nicht etwa die Früchte, sondern stürzen sich mit Heißhunger auf die verholzte Spitze. Spätestens jetzt sieht man, dass hier der Geschmack eine überwiegende Rolle spielt, denn wenn die Sittiche beim Beknabbern des Papayastammes gestört werden, fliegen sie zwar kurz weg, kehren bei nächstbester Gelegenheit aber wieder zurück.

Andere Arten oder Populationen haben wieder andere Vorlieben: Weißbrustsittiche (*P. albipectus*) besuchen Felswände, Prince-Lucien- und Schwarzschwanzsittiche (*P. melanura*) wurden beim Fressen von Palmwedeln beobachtet und Rotscheitelsittiche (*P. roseifrons*) beim Trinken von schwefelhaltigem Wasser.

Ernährung

Wie bereits erwähnt müssen die Rotschwanzsittichschwärme nicht allzu weit zu ihren Nahrungsbäumen fliegen. Sie haben mehrere Nahrungsplätze, die sie immer wieder besuchen, wenn dort Nahrung zu finden ist. Das hat für den Beobachter den Vorteil, dass er an solchen Bäumen oder Büschen nur geduldig warten muss, bis eine Gruppe oder ein Schwarm eintrifft.

Meist verteilen sich die Vögel über den gesamten Baum, der in der Regel so lange täglich besucht wird, bis sämtliche Nahrung aufgefressen ist. Die Sittiche rufen zwar beim Anflug an die Nahrungsplätze sehr laut, dort angekommen und beim Fressen sind sie

Amazonas-Rotstirnsittiche *(P. parvifrons) in einem Trema-micrantha-Baum beim Fressen noch unreifer Früchte*

aber sehr leise. Nur hin und wieder sind schwache Schreie zu hören, meist, wenn sich zwei Sittiche zu nahe gekommen sind und einer den anderen vertreiben will.

Unter den Rotschwanzsittichen gibt es offensichtlich keine Nahrungsspezialisten, und es fällt auf, dass die Anzahl der bislang bekannten Nahrungspflanzen für die Gattung bereits relativ groß ist (siehe hierzu die Tabelle auf Seite 21), sicherlich aber nur einen Bruchteil der tatsächlich genutzten Nahrungsquellen darstellt. Das liegt daran, dass die Beobachtungen von Rotschwanzsittichen bislang kaum gezielt durchgeführt wurde und nur selten ein größeres Gebiet umfassten.

Trotzdem gibt die Tabelle bereits einen Überblick über die Futterzusammensetzung der Sittiche im Freiland. Früchte, Beeren und Schoten tragende Bäume und Büsche machen allein rund 72% der Nahrungspflanzen aus, wobei der Begriff „Frucht" nicht mit dem gleichgesetzt werden darf, was wir hier in Europa oder in Nordamerika gemeinhin darunter verstehen. Oft fressen die Rotschwanzsittiche die Baumfrüchte in halbreifen Zustand, und diese haben dann noch eine feste Konsistenz, vergleichbar z.B. mit unreifen Kirschen. Natürlich fressen die Sittiche auch gerne reife und vor allem süße Früchte. Das kann man spätestens bemerken, wenn man die Vögel beim Fressen der Früchte in einem Guavenbaum beobachtet.

Etwa 22 % der Nahrungspflanzen werden wegen ihrer Blüten besucht, wobei es den Sittichen in erster Linie um den Nektar und die Pollen geht. Eine besondere Rolle spielen hierbei die Blüten der Korallenbäume (*Erythrina* sp.), die in Südamerika weit verbreitet sind und vermutlich allen *Pyrrhura*-Arten als Nahrungsquelle dienen.

Lediglich etwas mehr als 12 % sind Pflanzen, an denen Samen aufgenommen werden, diese allerdings meist im halbreifen Zustand oder, wie im Fall der Himbeeren, zusammen mit den Früchten. Es gibt keine Beispiele, in denen die Rotschwanzsittiche trockene Saaten fressen, mit denen sie zumindest früher in Menschenobhut überwiegend ernährt wurden.

In einigen Fällen wurden Rotschwanzsittiche bei der Aufnahme von Nahrungspflanzen beobachtet, bei denen man weiß, dass sie nur regional als Futter in Frage kommen, oder man nicht sagen kann, ob ihre Aufnahme allgemein bei den Gattungsvertretern üblich ist. So wird der Braunohrsittich (*P. frontalis*) im brasilianischen Rio Grande de Sul regelmäßig an Araukarien beim Fressen der öl- und eiweißhaltigen Samen beobachtet, eine Futterpflanze, die nur im Verbreitungsgebiet dieser Art vorkommt und heute selten geworden ist. Dieselbe Art wurde auch an Avocado-Bäumen gesichtet. Diese besuchen die Sittiche aber nicht, um von den Früchten zu fressen (die giftig für sie wären), sondern sie suchen die Blätter nach Wespengallen und Fliegenlarven ab.

Der Rio-Madeira-Sittich (*P. pallescens*) fischt sich in einigen Gegenden regelmäßig auch Algen aus Teichen und Flüssen, wenn er diese zum Trinken aufsucht. Möglicherweise dienen die Algen in erster Linie zur Deckung des Mineralstoffbedarfs.

Neben den zuvor angeführten Nahrungsquellen fallen die *Pyrrhura*-Schwärme zwar nur sehr selten, aber auch in Plantagen, Gärten und Anbauflächen ein. Be-

Natürliche Futterpflanzen:

Acacia tamarindifolia	Siete Cuero	kleine Früchte
Alchornea glandulosa	Tamanqueiro	Früchte
Alchornea iricurana	Mora blanca	Früchte
Allantoma lineata	Seru	Blüten, Früchte
Ambrosia sp.	Ambrosia	Blüten
Araucaria sp.	Araukarien	Zapfen mit Samen
Bertholletia excelsa	Paranussbaum	Blüten
Brunellia colombiana	Cedrillo	Früchte
Bursera simbaruba	Resbala mono	kleine beerenartige Früchte
Byrsonima sp.	Murici	Früchte
Campomanesia xanthocarpa	Guabiroba	Früchte
Cecropia sp.	Ameisenbäume	Samen, nussähnliche Früchte
Clusia sp.	Clusia-Bäume	Früchte
Cochlospermum orinocense	Bototo	Blüten, Früchte
Cordia sp.	Kordien	Früchte
Couroupita nicaraguarensis	Kanonenkugelbaum	Blüten
Croton lechleri	Sangre de Drago	Samen
Croton sp.	Croton	Samen
Dicella sp.	–	Früchte
Dioclea glabra	Leguminosen	Blüten
Drypetes sp.	–	Früchte
Erythrina sp.	Korallenbaum	Blüten
Espeletia uribei	Frailejones	Blüten, Samen
Euterpe oleracea	Acaipalme	Fruchtfleisch
Euterpe edulis	Juçarapalme	Fruchtfleisch
Faqara tachnelo	Colima	Früchte
Ficus benjamina	Birkenfeige	kleine Früchte
Ficus sp.	Feigenbaum	Früchte
Goupia glabra	Goupie	kleine Früchte
Heisteria spruceana	–	Früchte
Heliocarpus popayensis	Jangadeiro	Blüten, Früchte
Heteropterys sp.	Malpighien	Früchte
Hieronyma macrocarpa	Motilón	Früchte
Hirtella sp.	Hirtella-Baum	Beeren
Inga sp.	Mimosenbäume	lange große Schotenfrüchte
Leandra sp.	–	Früchte
Mabea fistulifera	Mabea	kleine Früchte
Machaerium sp.	Galliot	Schoten
Miconia hypoleuca	–	kleine Früchte
Miconia punctata	–	Früchte
Miconia sp.	–	Samen
Miconia theaezans	–	Früchte
Mikania leiostachya	–	Blüten
Mimosa sp.	Mimosen	Früchte
Mollia gracilis	–	Samen
Myrtus sp.	Myrte	Früchte
Persea americana	Avocadobaum	Wespengallen, Fliegenlarven
Plectocarpha peoppigiana	–	Blüten
Pinus sp.	Pinien	Samen
Podocarpus lambertii	Pinheirinho	Früchte
Pourouma sp.	–	Früchte
Proteum sp.	Silberbaumgewächse	Blütenstände
Protium sp.	Balsambäume	Früchte
Psidium sp.	Echte Guaven	Früchte
Rubus idaeus	Himbeeren	Früchte, Samen
Schinus sp.	Pfefferbäume	Früchte
Struthanthus sp.	Matapalo	kleine Früchte
Symphonia globulifera	Árbol de Leche Maria	Blüten, Früchte
Talisia esculenta	Pitomba	Früchte
Tetrorchidium macrophyllum	Pepe	Beeren
Trema micrantha	Guacimilla	unreife Früchte
Vernonia sp.	Vernonia	Blüten
Xylopia sp.	Xylopia-Bäume	Samen
Zanthoxylum rhoifolium	Tambataru	kleine Früchte

Eine Gruppe Magdalenasittiche *(P. c. caeruleiceps) besucht einem Korallenbaum, um von den roten Blüten zu fressen, die bei allen Rotschwanzsittichen zu den begehrtesten Nahrungspflanzen gehört.*

troffen hiervon sind Mango-, Guaven- und Orangenplantagen. In den gebirgigen Regionen Panamas und Costa Ricas richtet der Hoffmanns Rotschwanzsittich (*P. hoffmanni*) in Apfelplantagen Schäden an.

Ebenfalls in höheren Andenlagen besucht der Prachtflügelsittich (*P. calliptera*) die Brombeersträucher und Blaubeeranpflanzungen in den Gärten der Einheimischen, im Santa-Marta-Gebirge ist der Santa-Marta-Sittich (*P. viridicata*) regelmäßig an Himbeersträuchern zu sehen.

Die Schäden, die viele Papageienarten auf Getreide- und Maisfeldern anrichten, sind für die allermeisten Rotschwanzsitticharten eher die Ausnahme. Bekannt ist lediglich von den Prachtflügelsittichen und von den Río-Ene-Sittichen (*P. dilutissima*), dass sie in die Anbauflächen einfallen.

Wie alle Papageien müssen Rotschwanzsittiche natürlich auch trinken. Allerdings ist derzeit nur vom Rio-Madeira-Sittich (*P. pallescens*) und vom Rotbauchsittich (*P. perlata*) bekannt, dass sie hierfür Wasserstellen oder Flussufer aufsuchen. Sicher machen das auch noch andere Arten, die Mehrzahl der Rotschwanzsittiche aber deckt ihren Wasserbedarf in den Bäumen, wo die Vögel in Epiphyten oder Blütenkelchen Wasserreste finden.

Brut

Was die Brut anbelangt, zählen die Rotschwanzsittiche zu den Vögeln, die ein Bruthelfersystem entwickelt haben, bei dem in der Regel Jungtiere vorhergegangener Bruten oder Geschwister der Eltern diese bei der Brutpflege unterstützen. Diese Form des Brütens ist unter Papageien weiter verbreitet als bislang vermutet. Einer der bekanntesten Vertreter für dieses Brutverhalten ist z.B. der Sonnensittich (*Aratinga solstitialis*), andere sind die Schmalschnabelsittiche (*Brotogeris*) oder die Weißbauchpapageien (*Pionites*).

Der Vorteil für das brütende Paar liegt auf der Hand. Die Jungen werden von mehreren Vögeln gefüttert, was deutlich die Gefahr reduziert, dass die Jüngsten nicht genug Nahrung erhalten. Die Elterntiere müssen nicht so viel Energie in die Aufzucht investieren, die Jungen und das Nest werden von mehreren Vögeln geschützt und die meist noch jungen Helfertiere werden auf spätere, eigene Brutversuche vorbereitet.

Vergleichende Untersuchungen haben gezeigt, dass aus Nestern mit Bruthelfern durchschnittlich eine größere Zahl an Jungen ausfliegt als aus Nestern, in denen nur das Elternpaar für die Aufzucht zuständig ist. Die Reproduktionsrate, also wie viele Junge jährlich tatsächlich in einer Population aufgezogen werden, dürfte insgesamt identisch sein, da bei „normaler" Aufzucht zwar weniger Junge pro Nest ausfliegen, aber insgesamt mehr Paare zur Brut schreiten.

Rotschwanzsittiche nutzen Baum- oder Felshöhlen ganzjährig zum Schlafen. Diese dienen ihnen auch als Bruthöhlen. Nester wurden bislang in wilden Cashew-Bäumen (*Anacardium excelsum*), Schirmakazien (*Albizia polycephala*), Breiapfelbäumen (*Manilkara zapota*), Tanane-Bäumen (*Peltogyne purpurea*) und Mimosen (*Inga* sp.) entdeckt, wobei nicht klar ist, ob sich die einzelnen Rotschwanzsittich-Arten auf bestimmte Baumarten konzentrieren oder nicht.

El-Oro-Sittiche *(P. orcesi) an ihrer Schlaf- und Bruthöhle*

Untersuchungen (Strewe et al. 2017) in einem kleinen Brutgebiet des Magdalenasittichs (*P. caeruleiceps*) in den Perijá-Bergen haben gezeigt, dass sich die fünf gefundenen Nester in drei verschiedenen Baumarten befanden, was auf keine Spezialisierung hinweist.

Die von den Magdalenasittichen genutzten Bäume waren zwischen 16 m und 32 m hoch und hatten einen Durchmesser von 40 cm bis 77 cm. Der Höhleneingang hatte einen Durchmesser von 15 cm bis 30 cm, in einem Fall war es ein langer Spalt von etwa 16 cm Breite.

In kleinen Bäumen befindet sich die Nisthöhle mitunter nur wenige Meter über dem Boden und im

Ein Paar Magdalenasittiche (P. c. caeruleiceps) an der Bruthöhle

Stamm, bei größeren Bäumen oft in beträchtlicher Höhe und in Seitenästen.

Von zwei Arten, dem Emmas Weißohrsittich (*P. emma*) und Salvadori-Weißohrsittich (*P. griseipectus*), ist bekannt, dass sie örtlich Höhlen in Felswänden zum Brüten nutzen. Innerhalb ihrer Verbreitungsgebiete sind solche Felswände rar, wenn möglich werden sie aber von den Vögeln genutzt, weil sie einen größeren Schutz vor Nestplündern bieten.

Der Beginn der Brutzeit variiert je nach Art und Verbreitungsgebiet, als Regel lässt sich sagen, dass die Sittiche gegen Mitte der Regenzeit mit dem Brüten beginnen und sich dieser Termin nach Süden hin verschiebt. Rotschwanzsittichen mit einem Verbreitungsgebiet in den höher gelegenen Andenlagen brüten entsprechend der lokalen klimatischen Gegebenheiten. So dauert die Brutzeit des Hoffmanns Rotschwanzsittichs (*P. hoffmanni*) und des Azuero-Sittichs (*P. eisenmanni*) in Panama oder die des Chapman-Sittichs (*P. chapmani*) in Nord-Kolumbien von Januar bis April, während der Santa-Marta- (*P. viridicata*) und der Prachtflügelsittich (*P. calliptera*) als echte Gebirgsvögel erst ab Juni bzw. August zu brüten beginnen.

Der Magdalenasittich (*P. caeruleiceps*) an der Grenze von Kolumbien zu Venezuela fängt im März mit dem Nisten an, ebenso der Demerarasittich (*P. egregia*). Der Rotkopfsittich (*P. rhodocephala*) und der Emmas Weißohrsittich (*P. emma*) folgen im Mai. Der Blutohr-Rotschwanzsittich (*P. hoematotis*) brütet sogar erst ab Juli. In Ekuador schreiten der El-Oro-Sittich (*P. orcesi*) von März bis Mai, der Souncé-Schwarzschwanzsittich (*P. melanura souancei*) von April bis Juni und der Weißbrustsittich (*P. albipectus*) von Mai bis Juli zur Brut.

Im Amazonasbecken brüten die drei großflächig verbreiteten Arten, der Santarem- (*P. amazonum*), der Rio-Madeira-Sittich (*P. pallescens*) und der Rotscheitelsittich (*P. roseifrons*) erwartungsgemäß von Juli bis November, während der Rotbauchsittich (*P. perlata*) erst einen Monat später anfängt und der Steinsittich (*P. rupicola*) sogar erst im September.

In den Atlantischen Küstenwäldern Brasiliens schreitet der Blaulatzsittich (*P. cruentata*) bereits im Juni zur Brut, und der noch weiter südlich lebende Braunohrsittich (*P. frontalis*) von Oktober bis Dezember. Das am südlichsten gelegene Verbreitungsgebiet hat der Grünwangen-Rotschwanzsittich (*P. molinae*). Er brütet in Argentinien von Februar bis April.

***Prachtflügelsittiche** (P. c.alliptera) an einem aktiven Nest mit mehreren Jungen.*

Die Balz der Rotschwanzsittiche ist nicht sonderlich ausgeprägt und reduziert sich in der Regel auf ein Imponiergehabe der Männchen, bei dem es sich vor dem Weibchen aufrichtet, die Pupillen verengt, und seine Partnerin anschließend füttert oder mit ihr kopuliert.

Das Weibchen bebrütet die Eier allein und verlässt das Nest kaum. Interessanterweise zeigen sich bereits während des Bebrüten des Geleges weitere Vorteile des Bruthelfersystems: Von den Kleingruppen, die in der Regel aus sechs bis zehn Vögeln bestehen, bleiben immer ein bis drei Vögel in unmittelbarer Nähe der Bruthöhle und bewachen diese und das Weibchen. Dieses muss auch nicht auf Nahrungssuche gehen, sondern wird von mehreren Gruppenmitgliedern mit Nahrung versorgt.

Aus der Zucht in Menschenobhut weiß man, dass ein Brüten in der Gruppe wenig erfolgreich ist, da alle Gruppenmitglieder nachts den Nistkasten aufsuchen und es dort ein Gedränge gibt, bei dem die Eier so zerstreut werden, dass das Weibchen nicht mehr in der Lage ist, sie konstant zu bebrüten. Mögliche Erklärungen hierfür könnten sein, dass die Nistkästen falsch konstruiert und zu klein sind, aber auch, dass es sich bei der Gruppe um mehrere, nicht miteinander verwandte Paare (und nicht um einen Familienverband mit Jungen aus vorangegangenen Bruten) handelt, die nicht daran interessiert sind, das brütende Weibchen zu unterstützen.

Zumindest für das Brüten im Freiland haben die Nisthöhlen mit einem länglichen Spalt Einblicke in das Innere zugelassen. Die Erklärung, warum Bru-

***Río-Perené-Sittiche** (P. d. pereneensis) an der Bruthöhle*

ten im Freiland gelingen, obwohl die ganze Gruppe in der Nisthöhle übernachtet, ist simpel: Während das Weibchen am Nisthöhlenboden das Gelege allein bebrütet, schlafen die restlichen Gruppenmitglieder hingegen weiter oben, festgeklammert an den Innenwänden der Bruthöhle.

Die Jungen schlüpfen im Abstand der gelegten Eier, wobei die ersten zwei oder drei Jungen nahezu zur selben Zeit das Ei verlassen, da das Weibchen meist nie gleich mit dem Bebrüten des ersten Eies beginnt. Nach dem Schlüpfen hudert das Weibchen die Jungen noch konstant für zwei Wochen und verlässt das Nest nur wenige Male, um sich zu entleeren oder von den anderen Gruppenmitgliedern gefüttert zu werden. Ab der dritten Woche lässt es seinen Nachwuchs tagsüber allein und geht mit der Gruppe auf Nahrungssuche. Während die Jungen der Arten aus Tieflandgebieten hiermit gut zurechtkommen, haben jene aus höheren Gebirgslagen wie z.B. die Jungen der Prachtflügelsittiche (*P. calliptera*) oder der Santa-Marta-Sittiche (*P. viridicata*) zum Schutz vor Kälte ein dichteres Dunengefieder als die Tieflandarten.

Anfangs werden die Jungen noch mehrmals am Tag gefüttert, in einem Alter von sechs Wochen jedoch nur noch zweimal täglich. Nach etwa sieben Wochen fliegen sie aus und fressen in der Regel schon nach wenigen Tagen selbstständig, betteln ihre Eltern und die anderen Gruppenmitglieder aber noch einige Zeit um Futter an.

Wie lange die Jungen dann noch tatsächlich bei ihren Eltern bleiben, ist unbekannt. Aufgrund des Bruthelfersystems lässt sich vermuten, dass dies wenigstens ein Jahr ist und sie die Gruppe erst verlassen, wenn sie geschlechtsreif sind, einen Partner bzw. Partnerin gefunden haben und selbst brüten wollen.

Bei der eigenen Nisthöhlenwahl sind die Jungen wenig wählerisch, was meist damit zusammenhängt, das Bruthöhlen selten geworden sind. Gerne werden deshalb auch künstliche Nistkästen angenommen, was sich Schutzprogramme zunutze machen.

Brutdaten:

Gelegegröße:	4 - 6, gelegentlich bis zu 8 Eier
Brutdauer/Ei:	selten mehr als 23 Tage
Brutbeginn:	meist ab 2. Ei
Nestlingszeit:	in der Regel 45 - 50 Tage

Schutzstatus

Wie bei den meisten Papageienarten, gehen auch bei den Rotschwanzsittichen die Bestände mehr oder weniger schnell zurück. Auf Seite 14 wurde diese Problematik bereits angeschnitten.

CITES (Convention on International Trade in Endangered Species of Wild Fauna and Flora, deutsch „Übereinkommen über den internationalen Handel mit gefährdeten Arten frei lebender Tiere und Pflanzen), benutzt noch eine alte Systematik und listet lediglich 24 *Pyrrhura*-Arten, von denen 23 in Anhang II und eine in Anhang I für gefährdete Arten (Stand 2022) geführt werden. Die in Anhang I geführte Art ist der Blaulatzsittich (*P. cruentata*). Das Übereinkommen geht aber davon aus, dass keine Art unmittelbar vom Aussterben bedroht ist, der Handel mit den meisten von ihnen zwar nicht strikt, aber trotzdem reguliert werden muss.

Die Schutzorganisation BirdLife International, die sich detaillierter mit der Gefährdungssituation der Arten beschäftigt, führt 32 Arten, von denen 15 als nicht gefährdet (Least Concern), eine als potenziell gefährdet (Near Threatened), 8 als gefährdet (Vulnerable), 7 als stark gefährdet (Endangered) und eine als vom Aussterben bedroht (Critically Endangered) betrachtet werden (Stand 2022). Letztere Art ist der Jaraquielsittich (*P. subandina*), bei dem befürchtet wird, dass er bereits ausgerottet sei.

Als stark gefährdet stuft BirdLife neben dem Santa-Marta-Sittich (*P. viridicata*), El-Oro-Sittich (*P. orcesi*), Salvadori-Weißohrsittich (*P. griseipectus*), Pfrimers Rotschwanzsittich (*P. pfrimeri*), Magdalenasittich (*P. caeruleiceps*) und Azuero-Sittich (*P. eisenmanni*), die alle ein kleines Verbreitungsgebiet und einen Bestand von wenigen hundert bis wenigen tausend Vögeln haben, überraschenderweise auch den Santarem-Sittich (*P. amazonum*) ein, der derzeit kaum im

Santa-Marta-Sittiche (P. viridicata) haben lediglich noch eine Populationsgröße von 1.900 bis 3.200 Vögeln.

Bestand bedroht sein dürfte. Die Begründung ist aber vorausschauend. Nach einem Modell, das die künftige Entwaldung im Amazonasbecken errechnet hat, geht man davon aus, dass die Population in einem Zeitraum von drei Generationen sehr schnell abnehmen und der Bestand gefährdet sein wird.

Schutzprojekte existieren derzeit in Brasilien für den Salvadori-Weißohrsittich (Aquasis), in Ekuador für den El-Oro-Sittich (Fundación Jocotoco) und in Kolumbien für den Santa-Marta-Sittich (Fundación ProAves, Fundación Pro-Sierra Nevada de Santa Marta). Während die Projekte in Ekuador und Kolumbien vor allem den zunehmenden Habitatsverlust aufhalten müssen, geht es beim Salvadori-Weißohrsittich (*P. griseipectus*) darum, den Bestand, der durch massiven Fang auf 400 Tiere gesunken war, wieder deutlich anzuheben. Das ist Aquasis bislang hervorragend gelungen und die Populationsgröße ist im Jahre 2016 bereits auf bis zu 870 Exemplare gestiegen und dürfte inzwischen (Stand 2022) die 2.000er Grenze erreicht haben.

Rotschwanzsittiche in Menschenobhut

Vorbemerkungen

Sollte sich ein Leser noch genauer in den grundsätzlichen Umgang mit südamerikanischen Sittichen einarbeiten wollen, dem sei das Buch Keilschwanzsittiche i.e.S. (alte Gattung *Aratinga*), empfohlen, das jetzt im Arndt-Verlag e.K. erhältlich ist. Es beinhaltet einen ausführlichen Allgemeinen Teil, der in vielen Bereichen den grundsätzlichen Umgang mit südamerikanischen Sittichen überhaupt behandelt. Als Informationsquelle ist das Buch sicher empfehlenswert, zumal die dort angesprochenen Themen hier nur in gestraffter Form behandelt werden. Lediglich Bereiche, die speziell für die Rotschwanzsittiche von besonderer Bedeutung sind, werden ausführlich dargestellt.

***Rotbauchsittiche** (P. perlata) gehören zweifellos zu den attraktivsten Rotschwanzsittichen, die jeder Vogelfreund einmal pflegen möchte.*

Überlegungen vor dem Kauf

Rotschwanzsittiche sind anmutige, zierliche Papageien, deren Gefiederfärbung bei den meisten Vertretern sofort jeden Betrachter begeistert. So verwundert es nicht, dass sie oft spontan gekauft werden.

Trotzdem sollte man eigentlich den Kauf eines jeden Tieres sehr genau planen. Schließlich übernimmt man die Verantwortung für sein zukünftiges Wohlergehen. Dies ist zwangsläufig, neben aller zu erwartenden Freude, auch mit Konsequenzen verbunden. Hierzu zählen der Zeitaufwand für die Fütterung, die Pflege, die Säuberung und Beobachtung des Tieres genauso wie die äußeren Voraussetzungen für die Haltung. Mit letzterem ist die Unterbringung und die Wahl des Standortes gemeint. Hinzu kommt schließlich noch die Beantwortung der Frage, ob gerade die erwählte Rotschwanzsittichart den Wünschen gerecht wird, wegen der man sie eigentlich erwerben wollte.

Hierzu sind einige Anmerkungen im Voraus angebracht. Rotschwanzsittiche zählen, wie fast alle Papageien, zu den Vogelarten, die durch das Washingtoner Artenschutzübereinkommen seit 1981 geschützt sind. Für den Vogelliebhaber und Halter bedeutet dies, dass der Handel und die Einfuhr der Sittiche erschwert und nur mit behördlich ausgestellten CITES-Bescheinigungen möglich sind. Dies dürfte heute aber kein Problem mehr sein, zumal die meisten Rotschwanzsittiche, die in Menschenobhut gepflegt werden, auch in guten Stückzahlen nachgezogen werden. Als Vogelfreund sollte man sich trotzdem selbst auferlegen: Die gewählte Art sollte zum einen eine solide Populationsstärke in ihrer Heimat besitzen, und zum anderen in ausreichenden Stückzahlen regelmäßig in Menschenobhut nachgezogen werden.

Das Kapitel über den Kauf eines Rotschwanzsittichs müsste an dieser Stelle eigentlich unterbrochen und erst am Ende des Allgemeinen Teils weitergeführt werden; denn, lieber Leser, wenn Sie das zuvor Geschriebene beherzigen wollen, also den Vogelkauf gründlich zu planen, müssten Sie vor dem eigentlichen Erwerb erst die nachfolgenden Kapitel lesen. Der besseren Übersicht halber wollen wir aber trotzdem mit den wichtigsten Entscheidungsgrundlagen für den Kauf eines Rotschwanzsittichs weiter fortfahren.

Die Sittiche erhalten wir in der Regel bei einem Händler oder Züchter. Beide sind verpflichtet, nur beringte Vögel zu verkaufen. Dies dient als Schutzmaßnahme zur sicheren Herkunftsbestimmung der Vögel. Da der Kauf zu einem großen Teil auch eine Vertrauenssache ist, sollten wir uns nur an einen seriösen Händler oder Züchter wenden. Natürlich ist der Begriff „seriös“ relativ, aber über Bekannte oder andere Vogelliebhaber können wir vielleicht doch etwas über die Vertrauenswürdigkeit des Verkäufers erfahren.

Wir selbst müssen aber einigen gesetzlichen Bestimmungen genügen. Wollen wir züchten, so haben wir uns hierzu eine veterinärmedizinische Genehmigung einzuholen. Auskunft hierüber erteilen die Landratsämter oder die zuständigen Veterinärbehörden. Da alle Rotschwanzsittiche unter die Artenschutzgesetzgebung fallen, benötigen wir eventuell noch eine Haltegenehmigung. Dies ist aber von Bundesland zu Bundesland unterschiedlich und muss erfragt werden. Die Bestimmungen hierüber erfährt man mit Sicherheit bei den Naturschutzbehörden, aber auch der abgebende Händler oder Züchter sollte darüber Bescheid geben können.

Salvadori-Weißohrsittiche *(P. griseipectus) werden zwar in Menschenobhut regelmäßig gezüchtet, sind im Freiland aber stark gefährdet.*

Vor dem Kauf betrachten wir die Vögel grundsätzlich. Zuerst achten wir auf den Gesamteindruck des

***Diese Rotscheitelsittiche** (P. roseifrons) sind in einem äußerst schlechten Gefiederzustand; von ihrem Erwerb sollte man absehen.*

ins Auge gefassten Tieres. Hierbei ist der Gefiederzustand von Bedeutung. Kahle Stellen sind oftmals ein Hinweis auf ein Federrupfen oder eine Störung der normalen Gefiedererneuerung. Ebenso weisen ein stumpfes Gefieder, nicht aufgebrochene Federn oder andere Missbildungen auf eine Mangelerkrankung oder Stoffwechselstörung hin. All diese Symptome sollten uns von dem Kauf des Sittichs abhalten, da wir meist die Ursache nicht kennen und eine zukünftige Behandlung nicht nur Geld kostet, sondern auch oft nicht von Erfolg gekrönt ist.

Früher mussten Abstriche von dem zuvor Geschriebenen gemacht werden, wenn es sich um frisch importierte Vögel handelte. Durch den Fang, den Transport, die Quarantäne und meist noch durch zu enge Unterbringung war das Gefieder der Tiere oft stark in Mitleidenschaft gezogen worden.

Der Sittich sollte lebhaftes Verhalten zeigen und sich dabei sicher bewegen. Vorsicht aber bei Tieren, die einen übernervösen Eindruck machen. Auch dies kann ein Hinweis auf eine mögliche Erkrankung sein, deren Ursache verschiedener Natur sein kann.

Deutliche Krankheitszeichen sind ein gesträubtes Gefieder (ein gesunder Vogel zeigt ein glattes Gefieder), deutlich sichtbare Abmagerung, längeres träges Herumsitzen oder Schlafen, offensichtliche Verletzungen, eingefallene oder matte, kleine Augen, Augenentzündung, plötzliche Zahmheit, schwere oder geräuschvolle Atmung, verstopfte oder entzündete Nasenlöcher (eventuell sogar mit Ausfluss), Kotverschmutzung im Bereich der Kloake (was auf Durchfall hinweist) und eine Veränderung in der Konsistenz, Farbe oder Form des Kotes (nicht zu verwechseln mit dem dünnflüssigen Kot, den die Tiere aus Angst oder vor Schreck absetzen). Wichtig ist vor allem, dass wir den Vogel auch einmal dann betrachten können, wenn er sich unbeobachtet fühlt. Erst so wird er sein „wahres Gesicht" zeigen, da auch leicht erkrankte Tiere noch einen gesunden Eindruck machen können, wenn sie durch die Nähe des Betrachters zu erhöhter Aufmerksamkeit gezwungen werden.

Schließlich sollten wir den Sittich zu einer letzten Prüfung noch in die Hand nehmen. Erst jetzt können wir durch Abtasten Abmagerungen oder versteckte Verletzungen feststellen. Durch Überprüfen der Augenreflexe versichern wir uns, dass er nicht auf einem oder beiden Augen blind ist. Der Schnabel darf keine Wucherungen oder Verletzungen aufweisen. Deren Behandlung ist äußerst schwierig und meist nicht erfolgreich. Dagegen spielt es für eventuelle Zuchtabsichten meist keine entscheidende Rolle, ob unserem „Kaufobjekt" Krallen oder Zehen fehlen. Dies sei hier einmal betont, da in vielen Büchern oft ausdrücklich vor dem Kauf solcher Tiere gewarnt wird (siehe hierzu auch unter Zucht). Natürlich wird

Dieser Braunohrsittich *(P. frontalis) wurde zur Eingewöhnung erst einmal in einen kleinen Beobachtungskäfig gesetzt.*

man, sofern man die Auswahl hat, eher einen Vogel ohne Zehen- oder Krallenfehler wählen.

Auf einen Fehler, den selbst erfahrene Halter oftmals immer noch begehen, soll hier hingewiesen werden: das Verwenden von verschmutzten Transportkisten nach dem vorherigen Kauf. Sie sind ein möglicher Krankheitsherd, durch den sich ein gesunder Vogel anstecken kann. Die Transportkiste sollte nach jeder Benutzung gereinigt werden bzw. man sollte sich von dem Verkäufer eine saubere Kiste geben lassen.

Da alle Rotschwanzsittiche zu den geschützten Vogelarten gehören, sollte man sich vom Verkäufer immer einen Kaufbeleg geben lassen. Außerdem sind CITES-Bescheinigungen bei bei Importvögeln und Vögeln des WA I (Anhang A) vorgeschrieben. Bei WA II (Anhang) B genügt ein einfacher Herkunftsnachweis und ein geschlossener Ring als Nachweis gegenüber der Behörde. Die meisten Pyrrhura-Arten fallen in den zweitgenannten Sektor. Dies erspart späteren Ärger mit dem Naturschutzamt, das einen Herkunftsnachweis verlangt und mitunter den Vogelbestand einzelner Halter und Züchter überprüft.

Auf diesem Beleg kann man sich auch gleich eventuell zugesicherte Eigenschaften und Merkmale bestätigen lassen. Dies ist dann wichtig, wenn man zum Beispiel ein sicheres Weibchen, ein Männchen oder ein Zuchtpaar erwirbt. Manche Verkäufer nehmen es hiermit oft nicht so genau, bei Bedarf sind zwei Tiere bei ihnen immer ein „sicheres" Paar. Diese Bestätigungen sollte man sich auf jeden Fall immer im Voraus geben lassen, wenn man sich die Sittiche zuschicken lassen muss (was man möglichst vermeiden sollte). In diesem Fall muss man hoffen, dass der Verkäufer seriös ist und man einwandfreie Tiere erhält. Ist dies nicht der Fall, so hat man im Streitfall wenigstens den Zusicherungsbeleg zur Hand. Dies ist besonders wichtig, wenn man eine ganz bestimmte Art oder Unterart erwerben wollte.

Leider liegt bei vielen südamerikanischen Sittichen die Namensgebung und die Sicherheit in der Unterartenbestimmung noch sehr im Argen. Oft kann man es dem Verkäufer nicht verübeln, wenn er einen Blaustirn-Rotschwanzsittich (*P. picta*) als Weißohrsittich (*P. leucotis*) verkauft, meist fehlte ihm einfach die Kenntnis der Literatur, es besser zu wissen.

Eingewöhnung von Rotschwanzsittichen

Der neuerworbene Sittich kommt in eine für ihn ungewohnte Umgebung. Das bedeutet für ihn in erster Linie das Erleben einer Stresssituation. Stress führt aber nicht nur beim Menschen zu einer Überempfindlichkeit des Körpers und des Geistes gegenüber äußeren Einflüssen. Der Vogel ist zumindest in den ersten Tagen bei uns extrem anfällig für Krankheiten. Diese Tatsache wird leider von vielen Haltern und Züchtern immer noch unterschätzt. Aber alle, die schon seit Jahren Vögel halten, mögen einmal überlegen, ob ihnen der folgende Fall nicht schon passiert ist: Man entscheidet sich für einen Sittich, der beim Verkäufer einen einwandfreien Eindruck macht, nimmt ihn mit nach Hause und muss dort am nächsten oder übernächsten Tag feststellen, dass der neue Pflegling ein echter Pflegefall oder schlimmer noch sogar eingegangen ist. Leichtfertig gibt man die Verantwortung hierfür dem Verkäufer, der ein krankes Tier verkauft habe. Dieser aber fühlt sich unschuldig, denn hier kann genau das oben Beschriebene eingetreten sein: Der Vogel ist den für ihn zu starken Stresseinwirkungen erlegen.

Wenn das angeführte Beispiel in seiner Auswirkung erfreulicherweise nicht die Regel darstellt, so mag es zumindest unterstreichen, wie ernst jeder Halter den Eingewöhnungsprozess seiner Tiere nehmen sollte. Als oberstes und wohl einleuchtendes Gebot steht deshalb, jede Extremsituation zu vermeiden.

Dies gilt vor allem für das Futter. Wer schon längere Zeit Papageien und Sittiche hält, weiß, wie konservativ diese Vögel in ihren Fressgewohnheiten sein können. Dies gilt leider auch für einige Rotschwanzsittichvertreter. Es empfiehlt sich daher, sich vom Vorbesitzer wenigstens eine Wochenration der für die Sittiche gewohnten Futtermischung geben zu lassen. Diese wird in den ersten zwei Tagen ausschließlich verfüttert. Wenn die Vögel normal fressen, kann bei Anstreben eines Futterwechsels immer mehr untermischt werden. Das gilt natürlich gleichermaßen für Obst und Gemüse: Man gibt in den ersten Tagen und Wochen nur die Sorten, die der Vogel kennt und nicht neue, die man selbst für geeigneter und passender hält.

Eine weitere Gefahrenquelle ist die sofortige Unterbringung in Volieren, in denen der Sittich den Witterungseinflüssen direkt ausgesetzt ist. Das darf allenfalls im Sommer geschehen, in den anderen Jahreszeiten ist es leichtfertig, selbst dann, wenn der Vogel beim Vorbesitzer schon in einer solchen Weise untergebracht war. Wir erleichtern den Neuankömmlingen die Eingewöhnung, wenn wir sie so wenig wie möglich stören, am besten ganz in Ruhe lassen. Das heißt natürlich nicht, dass wir sie nicht unter Beobachtung halten, um zu sehen, was sie für einen Eindruck machen. Wie dies am unaufdringlichsten geschieht, muss jeder Halter selbst entscheiden. Nachts lassen wir zweckmäßig in den ersten Tagen das Licht an, da die Sittiche noch verunsichert sind, im Dunkeln in Panik geraten und sich verletzen könnten.

Für die Nacht sollten die Tiere einen Schlafkasten erhalten. Der gehört nicht nur zur natürlichen Lebensweise der Rotschwanzsittiche, sondern schützt im Frühjahr oder Herbst auch vor plötzlichen Kälteeinbrüchen. Er wird von fast allen *Pyrrhura*-Arten meist schnell angenommen.

Der Sinn der Eingewöhnungszeit für den neuen Pflegling ist aber noch ein anderer: Durch ein gezieltes Beobachten des Sittichs soll ausgeschlossen werden, dass er Krankheiten in einen schon vorhandenen gesunden Vogelbestand einschleppt. Dies setzt natürlich eine Isolation aller angekommenen Tiere voraus. Sie dürfen erst zu den anderen, wenn mit einiger Sicherheit feststeht, dass sie krankheitsfrei sind. Hierzu sind einige Vorsichtsmaßnahmen erforderlich. Dazu gehört immer eine Kotuntersuchung. Hierbei ist darauf zu achten, dass neben einer parasitologischen auch eine bakteriologische und virologische Untersuchung erfolgt. Durchgeführt wird sie von geeigneten, in Vogelkrankheiten erfahrenen Tierärzten und von den verschiedenen Tierkliniken, die meist einer Universität angeschlossen sind. Ihre Adresse erfährt man bei jedem Tierarzt.

Wir selber können den Eingewöhnungsprozess z.B. durch verstärkte Gaben von Vitaminen unterstützen. Hier ist besonders das Vitamin C hervorzuheben, das vorbeugend die Widerstandskraft gegen Infektionskrankheiten stärkt und nicht überdosiert werden kann. Es empfiehlt sich ebenfalls, dem Futter einen Zusatz auf Johannisbrotfruchtbasis beizumischen, was sich positiv auf den Verdauungstrakt auswirkt und bewirkt, dass unsere neuen Rotschwanzsittiche nicht so schnell Darmstörungen bekommen.

Eine Wurmkur erscheint in den ersten Tagen nur dann angebracht, wenn ein offensichtlicher Wurmbefall vorliegt, ansonsten sollte man das Ergebnis der Kotuntersuchung abwarten.

Unterbringung und Haltung

Wer zahme Hausgenossen haben möchte (man sollte Sittiche und Papageien nach Möglichkeit nie einzeln

Ein Käfig *darf nie zu klein gewählt werden; die Sitzstangen sollten aus Baumzweigen mit Rinde bestehen; die Aufnahme zeigt ein Paar Blausteißsittiche (P. coerulescens).*

halten) und für sie eine Behausung sucht, sollte zweckmäßigerweise einen handelsüblichen Käfig kaufen. Hier gilt der Grundsatz: so groß wie möglich. Leider rückt diese selbstverständliche Forderung angesichts des nicht unerheblichen Preises solcher Käfige bei manchem Vogelliebhaber schnell in den Hintergrund. Wir dürfen aber nicht vergessen, dass wir unseren Pfleglingen gegenüber eine ethische Verantwortung zu tragen haben. Die Mindestmaße für einen Käfig sollten daher nicht unterschritten werden (Maßangaben siehe Seite 35). Diese Maße gelten allenfalls für ein Paar und schließen ein, dass die Tiere täglich Freiflug erhalten. Bei Erwerb eines zweiten Paares sollte dies unbedingt einen separaten Käfig erhalten. Für eventu-

Freiflugvolieren *sind ideal für Rotschwanzsittiche; die Aufnahme zeigt eine Gruppe Pfrimers Rotschwanzsittiche (P. pfrimeri) in einer großen Außenvoliere.*

ell beabsichtigte Zuchtzwecke ist eine derartige Unterbringung natürlich ungeeignet.

Neben der Größe muss bei dem ja relativ kleinen Zimmerkäfig in erster Linie an eine hygienische Haltung gedacht werden. In der täglichen Praxis bedeutet dies, Futter- und Wassernäpfe dürfen nicht zu klein sein und müssen sich vor allem leicht reinigen lassen. Mit Ausnahme der Sitzstangen darf der Käfig keine Holzteile enthalten. Käfige mit vielen Verzierungen, Ecken und Nischen, wie sie als sogenannte „Luxusvogelheime“ im Handel angeboten werden, mögen zwar mitunter reizvoll aussehen, sind aber meist schlechter sauber zu halten.

Hier noch ein Wort zu den Sitzstangen, die vom Hersteller mitgeliefert werden. Für die *Pyrrhura*-Arten ist ihr Durchmesser in der Regel zu klein. Die Folge davon kann ein zu geringes Abnutzen der Krallen sein. Diese werden dann zu lang, behindern den Sittich und müssen gekürzt werden. Wenn aber die Krallen erst einmal beschnitten werden mussten, wird dies meist regelmäßig geschehen müssen, da das Kürzen offensichtlich ein verstärktes Wachstum hervorruft. Mit Sicherheit wird man diese für den Vogel unangenehme Tortur fortsetzen müssen, wenn die Sitzstangen nicht gegen solche in der richtigen Stärke ausgewechselt werden. Für die Rotschwanzsittiche bedeutet das, dass ein Durchmesser von 2 cm bis 2,5 cm nicht unterschritten wird (siehe hierzu auch Roth 1982). Da die meisten Käfige diese Forderung nicht erfüllen, sollte man die Sitzstangen gegen Naturäste aus ungespritzten Obstbäumen, Weiden oder Pappeln austauschen. Die Rinde muss man nicht entfernen, denn sie wird von den Sittichen meistens begeistert abgenagt und zerbissen. Hierbei nehmen die Vögel Mineralstoffe, Vitamine und Spurenelemente auf, was ihrer Gesundheit zugute kommt. Gleichzeitig wird durch das Benagen des frischen Holzes der Hornwuchs des Schnabels auf natürliche Weise kurzgehalten.

Als Bodenbelag für den Käfig sollte auf den altbewährten Sand nicht verzichtet werden. Er sorgt ebenfalls etwas für die Abnutzung von Krallen und Schnabel. Seine Hauptaufgabe liegt aber darin, dass er, von den Vögeln regelmäßig in kleinen Mengen aufgenommen, im Muskelmagen als Unterstützung

***Flugvolieren mit anschließendem Innenraum** sind die ideale Unterbringung für Rotschwanzsittiche.*

zum Zerreiben und Zerkleinern der Nahrung benötigt wird. Vögel, die nie die Gelegenheit erhalten, Sand oder kleine Steinchen aufzunehmen, erkranken über kurz oder lang aufgrund von schweren Verdauungsstörungen. Hierauf muss geachtet werden, wenn die Käfige zum Beispiel ein Schmutzgitter über dem Boden enthalten. Durch das Gitter soll der Sittich nicht mit seinem eigenen Kot in Berührung kommen, kann dadurch aber auch keinen Sand aufnehmen, es sei denn, man bietet solchen in einem gesonderten Napf an.

Dass man die kleinen, lebhaften Rotschwanzsittiche natürlich nicht angekettet oder angebunden auf einem Papageienständer halten kann, muss hier wohl nicht besonders betont werden. Das gilt selbstverständlich auch für die an den Flügeln beschnittenen Exemplare, eine Praxis, die man gelegentlich noch im Ausland findet und mittels der die Vögel schneller gezähmt werden sollen. In Deutschland ist diese Praxis erfreulicherweise verboten.

Geregelt ist dies z.B. im Gutachten für die „Mindestanforderungen an die Haltung von Papageien“ des Bundesministeriums für Ernährung und Landwirtschaft aus dem Jahre 1995, das zwar keinen rechtsverbindlichen Charakter hat, aber von den meisten deutschen Bundesländern (zum Teil mit erhöhten Anforderungen) als Grundlage für eine tiergerechte Haltung und Unterbringung herangezogen wird. Für die meisten *Pyrrhura*-Arten wird hier eine Unterbringung in Volieren bzw. Käfigen von 1 m × 0,5 m × 0,5 m (L × B × H) und ein Schutzraum mit einer Grundfläche von 0,5 m² bei einer Mindesttemperatur von 5 °C vorgeschlagen. Während die Mindesttemperatur in Ordnung ist, sind die Volieren- bzw. Käfigmaße natürlich viel zu klein.

Wer seinen Vögeln mehr Freiraum bieten kann, sollte dies unter allen Umständen tun. Die Möglichkeiten hierzu sind zahlreich und umfassen den Bereich der Zimmervolieren, der heute wieder in Mode gekommenen Vogelstube, des Vogelhauses,

***Blick auf eine Zuchtanlage** für Rotschwanzsittiche bei einem dänischen Züchter.*

der Flugvoliere oder der Kombinationen der zuvor angeführten Einrichtungen. Es kann und soll nicht die Aufgabe des vorliegenden Buches sein, genaue Beschreibungen oder Bauanleitungen hierfür zu vermitteln. Wer sich wirklich vertiefend damit befassen möchte, wird sich zweckmäßigerweise durch anderweitig angebotene Spezialliteratur informieren. Hier soll nur die für die Rotschwanzsittiche ideale Haltung erläutert und Anregungen gegeben werden. Dies geschieht zusätzlich vertiefend, wenn es um die Beschreibung der einzelnen *Pyrrhura*-Arten geht.

Die zweifelsohne beste Unterbringung für Vertreter der hier beschriebenen Gattung ist das Vogelhaus mit anschließender Freiflugvoliere. Erfahrungen der Praxis haben gezeigt, dass sie sich hierbei am wohlsten fühlen, die höchste Lebenserwartung haben und am ehesten geneigt sind, zur Brut zu schreiten. Das besagt natürlich nicht, dass andere Haltungsmöglichkeiten schlecht oder abzulehnen wären.

Wer sich an den Neubau eines Vogelhauses wagt, benötigt als erstes eine Baugenehmigung, die man beim zuständigen Bauamt erhält. Je nach Bundesland müssen auch noch die Zustimmungen der Veterinär- und Naturschutzbehörden eingeholt werden; die Regelungen sind hier sehr unterschiedlich.

Es ist von Vorteil, wenn man sich für eine massive Bauweise entscheidet. Sie ist haltbarer und bietet auf Dauer gesehen den Vogelinsassen mehr Schutz. Nach Möglichkeit sollte im Innern der gesamte Boden zementiert sein. Um jederzeit Sonne zur Verfügung zu haben, darf das Gebäude nicht nach Norden ausgerichtet sein. Ideal wären geflieste Seitenwände im Innenraum. Allerdings sollte unbedingt vermieden werden, dem Innenraum ein steriles Aussehen zu verleihen. Wie für die Menschen, sind auch für die Tiere Sinnesreize unentbehrlich, ein Faktor, den viele Halter und Züchter leicht übersehen.

Wenn mehrere Volieren aneinandergereiht werden, empfiehlt es sich, wenigstens im Hausinneren die einzelnen Boxen anstatt durch Drahtgeflecht, das meist bei den Außenvolieren verwendet wird, durch Mauern, Platten usw. abzutrennen. Dadurch erhalten die Rotschwanzsittiche wenigstens einen Bereich, in dem sie vollständig ungestört sind. Bei dieser Bauweise ist unbedingt darauf zu achten, dass keine Zugluft entstehen kann oder Ungezieferritzen vorhanden sind. Bewährt haben sich Fassadenplatten auf Faserzementbasis.

Eine gute Dachisolierung ist ratsam, nicht nur als Schutz gegen die Winterkälte (die meisten *Pyrrhura*-Arten vertragen eine gewisse Kälte gut, man sollte sie ihnen aber nicht leichtfertig zumuten), sondern auch für die Sommermonate, in denen sich die Hitze im Hausinneren staut. Dies gibt Probleme bei der Fütterung, da Koch-, Weich- oder Keimfutter leicht verdirbt, Vögel ungern warmes Wasser trinken und es in den Fällen, in denen Weibchen im Innenraum brüten, zu Hitzestaus in den Nistkästen kommen kann.

Die Fenster dürfen nicht aus klarem, durchsichtigem Glas sein. Die Rotschwanzsittiche lernen in der Regel zwar schnell, dass sich hier ein unsichtbares Hindernis befindet, in Panik fliegen sie dennoch hart gegen die Scheibe und verletzen sich. Milchglasscheiben oder Glasbausteine sind hier sinnvoll.

Eine im Innenraum angebrachte Heizung muss gesichert werden, wenn sie hohe Temperaturen entwickeln kann, wie es zum Beispiel bei den sogenannten „Frostwächtern" der Fall ist. Als Schutz eignet sich hierfür am besten ein Maschendrahtgestell. Hierdurch werden Verbrennungen vermieden, die sich ein darauf fliegender Vogel zuziehen könnte. Wie allerdings schon zuvor angedeutet, ist eine Heizung nicht bei allen *Pyrrhura*-Arten zwingend erforderlich, zu empfehlen ist sie aber allemal (genauere Angaben zum Wärmebedarf finden sich unter den Abhandlungen der einzelnen Arten und Unterarten).

Eine gute Beleuchtung sollte jedes Schutzhaus enthalten. Sie kann mit einer automatischen Dämmerungsanlage und einer Zeitschaltuhr kombiniert werden. So wird sie nachts als Notbeleuchtung eingesetzt und ist in dunklen Wintertagen eine unentbehrliche Hilfe bei der Fütterung. Zusätzlich kann der Tag für die Sittiche etwas verlängert werden, indem man das Licht in den dunklen Morgen- und Abendstunden des Winters anschaltet. Hierbei ist allerdings eine starke Beleuchtung notwendig, was von den meisten Haltern nicht beachtet wird. Besonders geeignet sind dazu die so genannten „True-lite"-Leuchtstoffröhren, sie besitzen das volle Tageslichtspektrum.

Als Belag für den zementierten Boden hat sich Sand als am zweckmäßigsten bewährt. Der Tierhandel bietet zwar solchen an, doch bekommt man ihn im Bautachhandel ebenso und meist billiger. Hierzu noch gleich eine Bemerkung zu seiner Reinigung: Er sollte regelmäßig mit einem Rechen gesäubert werden. Diesen Rechen kann man sich selbst herstellen, indem man in eine Holzleiste 8 bis 10 cm lange Nägel in einem Abstand von ca. 5 bis 10 mm schlägt und daran einen Stiel befestigt (hierzu kann auch ein Haushaltsschrubber verwendet werden, aus dem zuvor die Borsten mit einer Zange entfernt wurden). Zur Feinsäuberung des so zusammengeharkten, mit Kot und anderen Abfällen durchsetzten Sandes, benutzt man dann ein engmaschiges Sieb.

***Natursitzstangen in einer Innenvoliere** werden den Bedürfnissen der Rotschwanzsittiche gerecht; sie haben unterschiedliche Durchmesser und können benagt werden; hier ein Monagas-Weißohrsittich (P. emma auricularis).*

Zur weiteren Einrichtung des Hauses gehören die Sitzstangen. Für ihre Stärke gilt dasselbe wie unter der Käfigeinrichtung zuvor schon angeführt. Die Sitz-

***Futter- und Wassernäpfe** müssen leicht zu reinigen sein; die Aufnahme zeigt Rotbauchsittiche (P. perlata) beim Trinken an einem Wassernapf.*

stangen sollten möglichst weit voneinander entfernt angebracht werden, um den Vögeln das Fliegen zu ermöglichen. Daneben hat es sich für die Rotschwanzsittiche bewährt, ihnen einen Bereich zu bieten, in dem sie ausgiebig klettern können. Hierzu reichen schon verzweigte Äste, die an der Wand befestigt oder lose an die Sitzstangen gehängt werden. Man sollte sie regelmäßig auswechseln, da sie gleichzeitig in frischem Zustand von den Sittichen benagt werden und als wertvolle Mineralstoff- und Vitaminspender dienen (siehe hierzu auch unter Ernährung).

Die meisten *Pyrrhura*-Arten schlafen zwar regelmäßig in einem Nistkasten oder Naturstamm, doch ist dies nicht immer die Regel. Dann suchen sie sich, wie die meisten anderen Papageien auch, einen Schlafplatz. Hierzu wählen sie meistens die am höchsten gelegene Sitzstange aus. Abgesehen davon, dass wir uns bei diesem unüblichem Verhalten über die Form und Lage der Schlaf- und Nistkästen oder gar über die Unterbringung und Haltung Gedanken machen sollten, müssen wir unbedingt darauf achten, ob unsere Pfleglinge geschützt die Nacht verbringen. Am besten ist es deshalb, vorsorglich eine separate Stange in einer geschützten Ecke sehr hoch anzubringen.

Die Futterstelle sollte keinesfalls auf dem Boden des Schutzhauses platziert werden, sondern unerreichbar für Mäuse und andere Schädlinge an einer glatten Seitenwand, hängend an der Decke oder auf einem „klettersicheren" Metallgestell (es sei denn, die Rotschwanzsittiche selbst können den Futterplatz nicht fliegend erreichen). Als Material für die Futterstelle verwendet man leicht zu reinigende kunststoffbeschichtete Platten oder einen mit Drahtgitter versehenen Metallrahmen, durch den der größte Teil der Futterreste und des Kotes hindurch fällt. Auf jeden Fall muss die Futterstelle leicht zu säubern sein. Diese Bedingung gilt ebenfalls für die Futtergefäße und Wassernäpfe. An letzteren setzen sich leicht auf den Innenseiten Schmutzränder ab. Werden sie nicht regelmäßig entfernt, sind sie ein idealer Nährboden für Krankheitserreger. Aus hygienischen Gründen ist es daher wichtig, nicht nur das Wasser auszuwechseln, sondern den Napf täglich mit einem handelsüblichen Haushaltspapiertuch oder Ähnlichem zu reinigen und alle paar Tage auszuwechseln und zu desinfizieren.

Wie schon zuvor angedeutet, ist eine Kombination von Schutzhaus mit einer sich daran anschließenden Außenvoliere die idealste Haltungsform für die *Pyrrhura*-Arten. Wer dies nicht praktizieren kann und seine Sittiche in Innenräumen unterbringen muss, sollte wenigstens vor dem Fenster eine Art „Drahtbalkon" anbringen, in dem sich die Vögel von der Sonne bescheinen lassen oder ein Regenbad nehmen können.

Halter, die ihre Rotschwanzsittiche ganzjährig in reinen Außenvolieren halten, was in gemäßigten Klimazonen schon erfolgreich praktiziert worden ist, müssen für den Winter gewisse Vorkehrungen treffen. Hierzu gehören besonders dickwandige Schlafkästen, teilweise überdachte Sitzgelegenheiten, wintersichere Futterplätze und eventuell eine Verkleidung des Flugkäfigs mit lichtdurchlässiger Folie zum Schutz gegen extreme Witterungseinflüsse. Diese Maßnahmen sind natürlich nicht notwendig, wenn die Sittiche einen schützenden Innenraum aufsuchen können.

Wie sollte jetzt aber eine Freivoliere beschaffen sein? Von Bedeutung ist hier die Größe. Die „Idealgröße" gibt es sicher nicht, ja kann es nie geben, da wir die Weite der freien Natur in unseren Anlagen auch nicht annähernd nachvollziehen können. So möchte ich hier lediglich Mindestgrößen anführen, die sich in der Praxis herauskristallisiert haben. Als Maßstab für eine Außenvoliere sollte man darum die Maße von 3 m^2 Bodenfläche bei einer Höhe von 2 m für je ein Paar Rotschwanzsittiche nehmen. Nach oben sind bei diesen Maßangaben natürlich keine Grenzen gesetzt. Im Einzelfall erprobte Volierengrößen werden bei den Beschreibungen der einzelnen Unterarten gesondert aufgeführt.

Wenn man das Schutzhaus in mehrere Abteilungen aufgeteilt hat, wird man dies in der Regel auch bei den Außenvolieren tun. Dabei ist darauf zu achten, dass die Zugänge der einzelnen Volieren gegen ein mögliches Entfliegen der gefiederten Bewohner gesichert werden. Am zweckmäßigsten ist eine Personenschleuse in Form eines kleinen Drahtvorbaues vor der ersten Tür, die Einzelvolieren sind dann durch eine Tür miteinander verbunden. Der Nachteil einer solchen Einrichtung liegt jedoch darin, dass man, um in den letzten Freiflugkäfig zu gelangen, zwangsläufig erst alle anderen betreten muss, was äußerst umständlich ist. Außerdem können die Sittiche in die Nebenvolieren entfliegen und dort für Unruhe sorgen, was sich besonders in der Zuchtsaison nachteilig auswirkt.

Bepflanzte Volieren *wirken zwar optisch sehr reizvoll, die Bepflanzung fällt aber über kurz oder lang den Schnäbeln der Rotschwanzsittiche zum Opfer; Die Aufnahme zeigt einen Mato-Grosso-Rotschwanzsittich (P. molinae hypoxantha).*

Praktischer, aber auch aufwendiger, ist ein durchgehender Gang vor der gesamten Volierenfront, von dem man jeweils die einzelnen Volieren betreten kann. Bei einer reinen Außenvolierenanlage ist diese Bauweise sogar notwendig, da er hier als Futtergang benutzt werden muss. In diesem speziellen Fall ist es zwingend notwendig, ihn zu überdachen, sonst würde man an verregneten Tagen bald die Freude an seinem Hobby verlieren.

***Flugvolieren aus einer soliden Metallkonstruktion** sind auch für die relativ kleinen Rotschwanzsittiche eine ideale Unterbringung, da sich unter ihnen viele Arten befinden, die alles benagen, was aus Holz besteht.*

Als Bodenbelag eignet sich auch hier Sand, doch sollte man immer einen Flecken mit natürlichem Mutterboden freilassen. Hier können verschiedene Futterpflanzen ausgesät werden, die in halbreifer Form ein gern genommener Leckerbissen für die Rotschwanzsittiche darstellen (siehe auch unter Ernährung). Pflanzen, wie Sträucher oder kleine Bäume, würden über kurz oder lang den Schnäbeln der Rotschwanzsittiche zum Opfer fallen. Sie gehören aber vor oder neben die Volierenanlage. Die *Pyrrhura*-Arten sind fast ausschließlich Bewohner der Regen- oder Bergwälder. Hier fühlen sie sich wohl. Eine nach allen Seiten offene, in allen Teilen helle Voliere, würde ihrem Sicherheitsbedürfnis nicht gerecht werden. Sie lieben den Schatten (nicht das Dunkle!), versteckte Winkel und von Rankengewächsen überwucherte Volierenteile. Das macht eine Voliere zwar tiergerechter, darf aber selbstverständlich nicht dazu führen, dass die Vögel überhaupt nicht mehr beobachtet werden können oder nicht mehr die Möglichkeit haben, ein Sonnenbad zu nehmen.

Für die Sitzstangen in der Freivoliere gilt das gleiche wie das zuvor bei der Beschreibung des Schutzhauses Angeführte.

Als sehr nützlich hat sich gerade bei den *Pyrrhura*-Vertretern ein kleines, flaches Badebecken erwiesen, das fast immer rege benutzt wird. Denselben Zweck erfüllt aber auch eine Berieselungsanlage, mit der man die täglichen, schweren Regengüsse der tropischen Regenwälder imitieren kann. Wem die Kosten hierfür zu hoch sind, kann hierzu auch einen Wasserschlauch mit feiner Spritzdüse nehmen.

Im Folgenden seien noch kurz einige Aspekte für den Bau der Volierenanlage aufgeführt, die leider oft vernachlässigt werden, die aber helfen, Ärger zu vermeiden. Hierzu gehört der Schutz gegen Mäuse, Ratten und andere unliebsame Eindringlinge. Es empfiehlt sich daher, dass das Fundament für die Flugkäfige 80 cm tief (bei einer Stärke von ca. 10 cm) in die Erde eingelassen oder aber der gesamte Volierenboden mit engmaschigem Draht ausgelegt wird. Mäusesicher ist der Draht erst ab einer Maschenweite von 3/8 Zoll oder 12,5 mm. Dies gilt natürlich auch für die Decken- und Seitenbespannung der Voliere. Alternativ können für die Seitenwände wetterfeste Spanplatten verwendet werden oder bei größeren Flugkäfigen Mauern. Das wird zwar aus Kostengründen nur sehr selten praktiziert, bringt aber entscheidende Vorteile: Zum einen werden die Sittiche auch in der Außenanlage besser vor den Unbilden des Wetters geschützt, und zum anderen sind sie weniger den Störungen der Umwelt oder der Nachbarkäfige ausgesetzt. Hinzu kommt noch, dass sich Infektionskrankheiten einerseits nicht so schnell ausbreiten und andererseits aber auch gezielter bekämpft werden können. Bei dieser Bauweise sollte die Volierenbreite aber wenigstens 1,5 m betragen.

Wer sich dennoch für die althergebrachte Seitendrahtbespannung entscheidet, sollte eine Doppelbespannung mit einem Zwischenraum von mindestens 4 cm vorsehen. Sie bietet einen sicheren Schutz gegen Beißereien, die zwischen Volierennachbarn nicht ausbleiben.

Der Tragrahmen wird nach Möglichkeit aus Metall hergestellt. Man kann zwar bei den kleinen *Pyrrhura*-Arten auch Vierkanthölzer (8 cm × 8 cm) verwenden, doch müssen diese eventuell mit Blechstreifen vor der Nagewut einzelner Sittiche geschützt werden.

Gleich, ob Eisen oder Holz verarbeitet wird, beide Materialien benötigen einen ungiftigen Schutzanstrich.

Wenigstens einmal jährlich sollte die gesamte Voliere, einschließlich Schutzhaus, desinfiziert werden. Neben einem handelsüblichen Desinfektionsmittel eignet sich für den Innenraum auch ein Kalkanstrich, der ebenfalls keimtötend wirkt. Ansonsten soll die Anlage das ganze Jahr über regelmäßig gereinigt werden, wobei in erster Linie der ständig anfallende Kot und die Futterreste entfernt und Sitzäste ausgewechselt werden.

Vor allem in Nordamerika, aber auch schon vereinzelt in Europa haben sich in großen Zuchtanlagen für den Innenraum als auch für den Außenbereich Volieren durchgesetzt, die meist nur aus Drahtgitter bestehen und nicht bis zum Boden reichen, sondern einen Abstand von 80 cm und mehr haben und oft aus Stabilitätsgründen an den Ecken an einer Metallschiene aufgehängt sind. Sie haben den Vorteil, dass sie zum einen günstig herzustellen sind und zum

Die sogenannten „Hängevolieren“ *haben einen Gitterboden, weswegen Sand und Grit gesondert angeboten werden müssen; die Aufnahme zeigt einen Blausteißsittich (P. coerulescens) in der Volierenanlage der Loro Parque Fundación, die zu einem großen Teil diese Hängevolieren bei der Zucht von Papageien und Sittichen verwendet.*

***Hoch- oder Hängevolieren** in der Zuchtstation „La Vera“ der Loro Parque Fundación auf der spanischen Insel Teneriffa; diese Art der Unterbringung ist hygienischer als die in Normalvolieren, wird meist aber nur von großen Zuchtanlagen eingesetzt, die Wert auf eine kostengünstige Unterbringung ihrer Vögel legen.*

anderen, dass Kot, Futterreste und sonstiger Abfall durch den Gitterboden fallen, die Voliere dadurch sauberer gehalten wird und der Bereich unterhalb der Voliere leicht gesäubert werden kann, ohne die Insassen im Innern zu stören. Es gibt aber auch bereits solche „Hochvolieren“ im Handel, die deutlich stabiler sind.

Die Schlaf- und Nistkästen werden außen angehängt und durch ein Loch im Gitter zugänglich gemacht. Meist befinden sich nur zwei Sitzstangen im Innern, und da der Boden aus Drahtgeflecht besteht, müssen Sand und Grit separat in einem Napf angeboten werden. Diese Konstruktion hat zweifellos hygienische Vorteile, sieht aber oft wenig attraktiv aus und birgt die Gefahr, dass die Volieren insgesamt zu klein ausfallen, da der Halter die Vögel doch einmal herausfangen muss, selbst diese Drahtkonstruktion aber nicht betreten kann. Aus Sicht der Tiergartenbiologie sind solche Käfige übrigens kritisch zu sehen, verhindern sie doch eine naturnahe Volierengestaltung und beeinträchtigen die Orientierung und die Flugmöglichkeiten der Vögel. Hinzu kommt, dass der Standort, zumindest bei reinen Freivolieren, ein mildes Klima voraussetzt, das Minusgrade ausschließt. Es ist deshalb nicht zu erwarten, dass sich dieser Volierentyp z.B. in Nordeuropa mit entsprechend winterlichen Temperaturen durchsetzt. Welche Art der Unterbringung der Vögel man nun aber tatsächlich bevorzugt, muss jeder Halter und Züchter selbst entscheiden.

Abschließend soll noch auf die Möglichkeit hingewiesen werden, Rotschwanzsittiche im Freiflug zu halten. Mir sind zwar nur vereinzelte Fälle bekannt, wo dies überhaupt versucht wurde, doch verlief das Experiment in der Regel erfolgreich (siehe unter Grünwangen-Rotschwanzsittich). Es erscheint mir daher lohnenswert, hierin weitere Erfahrungen zu sammeln, zumal als Vorteil für den Vogel einerseits eine ihm artgerechte Haltung, und für den Züchter andererseits eine höhere Brutwilligkeit seiner Tiere zu Buche schlägt.

Für das „Abenteuer Freiflug“ müssen die Tiere sorgfältig vorbereitet werden. Dazu gehört aber auch, dass die Voliere, zu der sie ja immer wieder zurückkehren sollen, eine gut sichtbare Lage für die freifliegenden Sittiche hat. Dies gilt ebenfalls für die Einflugtür, die anfangs nicht zu klein sein sollte. Zuerst darf nur ein Partner das Gehege verlassen, der andere „wartet“ unterdessen in einem kleinen separaten Käfig im Inneren. Erst wenn der bereits frei fliegende Vogel sicher ein- und ausfliegt, darf der andere auch hinaus (nach ca. 14 Tagen). Wer ganz sichergehen will, fängt den zuvor Freifliegenden wieder ein, bevor sein Partner hinaus darf. Nach weiteren 14 Tagen dürfen dann beide Sittiche in die Freiheit. Die Gewöhnung an den Freiflug gelingt dann vor allem gut, wenn das Paar Junge gerade aufzieht und immer zurückkehren muss, um diese zu füttern. Hinweis an dieser Stelle: Das Freisetzen ist in den deutschsprachigen Ländern gesetzlich verboten.

Beschäftigung

In den letzten Jahren ist immer deutlicher geworden, dass Papageien und Sittiche Beschäftigung und dementsprechend Beschäftigungsmöglichkeiten benötigen. Unsere Rotschwanzsittiche sind zwar relativ klein, aber intelligent und aufgeweckt. Kurzum: ihnen darf in Menschenobhut nicht langweilig werden und sie wollen, wie alle anderen Papageien und Sittiche auch, beschäftigt werden.

Erfahrene Züchter haben dies schon immer mehr oder weniger bewusst gemacht, indem sie z.B. den Vögeln frische Zweige und verrottete Baumstämme zum Benagen anboten oder sie vor allem an heißen Tagen mit einem Regenschauer berieselten. Aber dabei sollte es nicht bleiben, sondern die Möglichkeiten, damit unseren Rotschwanzsittichen nicht langweilig wird, sind vielfältig. Alle Möglichkeiten hier aufzuzeigen, würde den Rahmen des Buches sprengen. Für Züchter empfiehlt sich daher der Artikel von Rafael Zamora Padrón (2008) in den PAPAGEIEN-Ausgaben 6/2008 und 7/2008, der ausführlich beschreibt, wie eine Voliere bereichert werden kann. Als Beispiele sollen hier lediglich freischwingende Seile oder diverse Arten von Schaukeln, die von den Rotschwanzsittichen meist begeistert angenommen werden und jeweils der körperlichen Fitness zugute kommen, angeführt werden.

Für Halter von wenigen Rotschwanzsittichen, die ihre Tiere als zahme Hausgenossen pflegen, eignen sich besser die Bücher von Carolin Wagner (2011) und Jennifer Gekeler (2019) sowie die Artikel des WP-Magazins 02/2020 oder 04/2020 des Arndt-Verlags, die kreative Beschäftigungsmöglichkeiten für Papageien und Sittiche aufzeigen. Die Möglichkeiten machen nicht nur den Vögeln Spaß, sondern auch dem Halter.

Für Halter, die ihre Vögel zumindest den Sommer über in einer Außenvoliere unterbringen, hat Jennifer Gekeler (2018) beschrieben, wie man z.B. mit einer künstlichen Felswand den Flugkäfig sowohl für die Vögel als auch für den Betrachter interessanter gestalten kann. In dem Artikel, erschienen in der PAPAGEIEN 4/2018, kann man nachlesen, wie solch eine Felswand selbst gebaut werden kann und worauf

Schwingende Seile fördern die Kondition und damit die Gesundheit unserer Rotschwanzsittiche; die Aufnahme zeigt einen Rotscheitelsittich (P. roseifrons) auf einem Seil.

man achten sollte, damit die Wand später nicht zum Gesundheits- bzw. Sicherheitsrisiko für die Sittiche wird, sondern ihren Zweck erfüllt. Für die Volieren von Züchtern sind solche künstlichen Felswände natürlich auch geeignet.

Ernährung und Fütterung

Kein Vogel kann ohne Nahrung leben. Diese „Weisheit" leuchtet jedem Vogelhalter ein, und darum füttert er, all zu oft aber auch leider zu gedankenlos oder unüberlegt. Meist wird von ihm nicht bedacht, dass die Futteraufnahme eines Vogels weitaus mehr Bedeutung hat, als nur die reine Lebenserhaltung. Weitere Aufgaben der Ernährung sind zum Beispiel die Förderung des eigenen Wachstums, der Schutz gegen Krankheitsanfälligkeit oder einfach nur die Möglichkeit, Jungtiere aufzuziehen.

Wie bedeutend eine vernünftige Fütterung für den Vogel ist, wird immer dann besonders deutlich, wenn dieser an ungeeigneten Futtermitteln erkrankt. Leberverfettungen oder Wachstumsstörungen des Gefieders sind meist immer Hinweise auf Ernährungsfehler. Sie lassen sich vermeiden, wenn wir uns um ein tiergerechtes Futterangebot bemühen. Einen guten Überblick über die Ernährungsgrundlagen verschafft das PAPAGEIEN-Sonderheft „Ernährung" (Wolf 2018), das ich nur empfehlen kann.

Eine artgerechte Ernährung setzt die entsprechenden Kenntnisse aus Naturbeobachtungen voraus. Hierüber wissen wir bislang nur von einer beschränkten Anzahl von *Pyrrhura*-Arten Genaueres. Diese Angaben stimmen meist erfreulicherweise überein und lassen die Vermutung zu, dass sie für die meisten, wenn nicht alle Rotschwanzsittiche zutreffen. Demnach dürften alle unspezialisierte Fruchtfresser sein. Dieser Ausdruck besagt, dass Früchte, Blüten und Samen den größten Anteil ihrer Nahrung ausmachen.

Schaut man sich auf Seite 21 die Liste der bekannten Futterpflanzen genauer an, erkennt man, dass die überwiegende Nahrung der Rotschwanzsittiche aus Beeren, Früchten und dem Fruchtinhalt von Schoten besteht. Der Prozentsatz sagt nicht aus, dass er den tatsächlichen Anteil an der Nahrung der Sittiche widerspiegelt (schließlich sind noch nicht alle Futterpflanzen bekannt und auf einigen von ihnen dürfte die Beobachtung der Vögel leichter sein als auf anderen), aber man kann wohl mit einiger Sicherheit davon ausgehen, dass man Rotschwanzsittiche in Menschenobhut ebenfalls überwiegend mit Früchten ernähren sollte. Die Freilandbeobachtungen zeigen auch, dass die *Pyrrhura*-Arten tatsächlich das Fruchtfleisch fressen, während andere Papageien, wie zum Beispiel der Schwarzohr- (*Pionus mestruus*) oder der Goldwangenpapagei (*Pyrilia barrabandi*) meist nur die Samen fressen, die sich im Fruchtfleisch befinden. Man kann auch davon ausgehen, dass der Reifegrad der Früchte unterschiedlich ist.

***Die roten Blüten des Korallenbaumes** (Erythrea sp.) haben es auch diesem Ró-Ene-Sittich (P. dilutissima) angetan.*

Überraschend dürfte für die meisten Züchter sein, dass Rotschwanzsittiche regelmäßig an Blüten zu beobachten sind, und erst an dritter Stelle kommen Samen, wobei es keine Beobachtungen gibt, dass die Vögel auch trockene Saaten aufnehmen würden.

Der Besuch von Collpas und Barreiros *zeigt , dass Rotschwanzsittiche einen Bedarf an Spurenelementen und Mineralstoffen haben; die Aufnahme zeigt zwei Blauflügelsittiche (Brotogeris cyanoptera) und einen Sandia-Steinsittich (P. rupicola sandiae) beim Besuch einer Collpa am Heath River.*

An letzter Stelle folgt das Fressen von tierischem Eiweiß.

Wie wichtig die Deckung des Mineralienbedarfs (scheinbar vor allem Natrium) ist, zeigt der regelmäßige Besuch der „Barreiros" und „Collpas".

Wie bereits im Freilandkapitel erwähnt, fallen, im Gegensatz zu vielen anderen Papageien, Schwärme von *Pyrrhura*-Vertretern offensichtlich kaum in Obstplantagen oder sonstige Anbaugebiete ein.

Aus diesen Kenntnissen aus den Freilandbeobachtungen Schlüsse zu ziehen, erscheint relativ einfach, ist es in der Praxis aber leider nicht. So wissen wir zum Beispiel nicht, wie groß der jeweilige Anteil von den Früchten, Blüten, Samen oder der tierischen Nahrung ist. Es bleibt uns daher nur der Weg, unseren Pfleglingen eine möglichst umfangreiche Auswahl anzubieten.

Obst- und Gemüse

Das Grundfutter für die Rotschwanzsittiche besteht aus einer Obst und Gemüsemischung und einem Kochfutter. Ziel sollte es sein, dass täglich mindestens fünf bis zehn verschiedene Sorten Obst, Gemüse und auch Grünzeug vorhanden sind. In erster Linie kommen hierfür die Früchte und Gemüsesorten in Betracht, die saisonal vorhanden sind und die man

Rote Johannisbeeren sind reich an Vitaminen und werden von nahezu allen Rotschwanzsittichen, hier ein Rotkopfsittich (P. rhodocephala), gern gefressen; sie sollen zusätzlich Darmstörungen lindern.

idealerweise im eigenen Garten ernten kann. Das können insbesondere neben Äpfeln und Birnen auch Kirschen, Mirabellen und Pflaumen sein, die ohne Kerne angeboten werden. In kleinerem Umfang können noch rote, weiße und schwarze Johannisbeeren sowie Stachelbeeren gereicht werden. Hinzu kommen Gemüsesorten wie Gurken, Zucchini, Möhren, Rote Bete, Paprika oder Mais und als Grünfutter Vogelmiere, Löwenzahn oder Mangold. Idealerweise kann man diese Mischung mit Ebereschen- Mehl-, Weißdorn-, Schnee-, Wacholder- und Maulbeeren sowie Hagebutten ergänzen, die man auch für diesen Zweck sammeln und einfrieren kann, sodass sie das ganze Jahr über verfüttert werden können. Im Supermarkt gibt es ganzjährig Möhren und Bananen, die beide sehr vitaminreich sind und deswegen immer anteilig in der Obst- und Gemüsemischung enthalten sein sollten. Äpfel und Mohren können aber auch separat, z.B. aufgespießt auf einen Nagel in einer Sitzstange angeboten werden

In den Wintermonaten, wenn das einheimische Obst und Gemüse nicht mehr zur Verfügung steht, bieten sich zum Beispiel Apfelsinen, Mandarinen, Mangos, Papaya, Melonen, Erdbeeren oder manchmal Weintrauben sowie Auberginen, Chicorée und anderes Gemüse aus dem Supermarkt an, die aber auch schon ganzjährig gereicht werden können.

Kochfutter

Zur Grundmischung gehört auch ein Kochfutter, das den Vorteil hat, dass es weich und zumindest am Anfang relativ keimfrei ist. Man kann sich eine Mischung selbst zusammenstellen oder eine der zahlreich angebotenen kaufen. Eine Kochfuttermischung könnte sich zusammensetzen aus Natur- und Paddyreis, Distelsamen, Hanfsaat, Sesam, Adzuki-, Soja- und Kidneybohnen, grüne und Kichererbsen, Quinoa (Reismelde), Wicken, Buchweizengrütze, Weizen und Rollgerste (Graupen). Die aufgelisteten Bestandteile sind lediglich Vorschläge und können variiert werden. Der Handel bietet verschiedene Mischungen an, wichtig ist hier lediglich, dass diese keine getrockneten Früchte- oder Gemüsestücke enthalten, die sowieso schon in der Obst- und Gemüsemischung enthalten sind.

Nach Möglichkeit sollte immer nur die tatsächlich verbrauchte Menge an Kochfutter zubereitet werden. Diese Menge wird im Kochtopf gerade mit so viel Wasser bedeckt, das von den Saaten aufgenommen werden kann. Dann lässt man das Kochfutter ca. vier Stunden (es geht auch über Nacht) quellen. Danach wird die Mischung mit Wasser aufgefüllt, sodass

Eine Obst- und Gemüsemischung sowie ein Koch- oder Keimfutter *sind eine gute Grundlage bei der Ernährung von Rotschwanzsittichen; sie können bei Bedarf z. B. mit Spurenelementen, Mineralstoffen oder Eifutter überstreut und angereichert werden.*

sie fingerbreit bedeckt ist. Das Ganze wird ca. zehn Minuten gekocht und danach ziehen gelassen. Das restliche Wasser wird nun abgegossen, und das fertige Kochfutter kann den Sittichen noch lauwarm angeboten werden.

Bei größeren Mengen kann man das nicht verwendete Kochfutter entweder im Kühlschrank aufbewahren oder besser einfrieren.

Worauf man unbedingt achten sollte ist, dass das Kochfutter nicht zu kalorienhaltig ist. Man kann den Kaloriengehalt selbst ausrechnen, wenn man weiß, wie groß der Nährstoffgehalt und der Anteil der einzelnen Bestandteile ist, oder man greift gleich zu einer Mischung, die diese Angaben auflistet. Meist sind es die Großsittichmischungen, die mit einem Nährstoffgehalt von rund 1.850 Kilo-Joule pro 100 g für unsere Rotschwanzsittiche infrage kommen.

Von der Kochfuttermischung benötigen die Vögel nicht allzu viel. Reinschmidt (2020) weist darauf hin, dass kleine Sittiche lediglich eine Menge entsprechend 8 % ihres Körpergewichts an Futter bekommen sollten. Das sind bei den kleinen Weißohrsittichen (*P. leucotis*) mit 60 g lediglich rund 5 g Kochfutter und beim relativ großen Rotbauchsittich (*P. perlata*) mit 90 g gerade einmal rund 7 g. In EL (Ess-

Ein Rotbauchsittich *(P. perlata) beim Fressen eines Obststücks aus der Grundmischung; obwohl die Art zu den größeren Pyrrhura-Vertretern gehört , sollte sie pro Vogel nicht mehr als sieben Gramm täglich von der Grundmischung erhalten.*

löffel) ausgedrückt sind das beim Rotbauchsittich maximal ein schwach gehäufter EL pro Vogel.

Anmerkungen zur Grundmischung

Grundsätzlich können die Obst- und Gemüsemischung und das Kochfutter zusammen in einem Napf gereicht werden. Es sollten nicht mehr als etwa ein bis eineinhalb Esslöffel pro Vogel gereicht werden, wobei allerdings zu beachten ist, dass jeder Vogel auch alles frisst und nichts im Napf übrig bleibt.

Insgesamt kann man als Grundsatz nehmen, dass die Mischung am frühen Nachmittag komplett gefressen sein sollte. Das ist auch aus hygienischen Gründen notwendig, da insbesondere manche Obstsorten, vor allem, wenn sie in kleine Stücke geschnitten worden sind, doch schnell verderben und dann ein Krankheitsrisiko für die Vögel darstellen.

Sind nachmittags noch Futterreste im Napf, sollte man diese auf jeden Fall entfernen. Dass bei dieser Fütterung hygienische Grundsätze eingehalten werden müssen, versteht sich wohl von selbst.

Falls man die Vögel in der Gruppe hält, ist wichtig, auch mehrere Futterstellen einzurichten, um eventuelle Streitigkeiten zu vermeiden und dafür zu sorgen, dass auch die jungen und schwächeren Tiere ohne Probleme an ihre Nahrung kommen.

Wie bereits erwähnt, bietet sich an, Zusatzstoffe wie z.B. Vitamine, Mineralstoffe (hier vor allem Futterkalk) oder Eifutter über die immer etwas feuchte Grundmischung zu streuen, wobei dies aber vor allem in der Zuchtzeit von Februar/März bis Juli oder wenn die Vögel kränkeln Sinn macht.

Keimfutter

Insbesondere in den wärmeren Monaten des Jahres können wir Sämereien gekeimt anbieten (siehe hierzu auch unter Zucht). Der Handel bietet verschiedene Samenmischungen hierfür, mit denen man üblicherweise auf der sicheren Seite ist. Man kann aber auch die Mischung, die man üblicherweise für das Kochfutter verwendet, für das Herstellen von Keimfutter benutzen. Sinn der angekeimten Saaten ist es bei Züchtern, die Brutwilligkeit der Vögel anzuregen, und bei Haltern ohne Zuchtabsichten, ein gesundes Futter zu reichen. Das klappt aber nur, wenn die notwendige Hygiene eingehalten wird, da der hohe Wasseranteil während des Keimprozesses rasch zu einer Vermehrung von Schimmelpilzen, Pilzgiften und Bakterien führen kann. Der Handel bietet jedoch

Keim-Boxen werden im Handel angeboten und erleichtern das Ankeimen von Saaten.

auch Zusätze an, die deren Vermehrung hemmen und dabei ungiftig für die Vögel sind.

Durch das Keimen bilden sich eine ganze Menge an wichtigen Vitaminen und ein Teil der Eiweiße wird in Aminosäuren umgewandelt, die vom Vogel besser aufgenommen werden können. Das Futter wird also wertvoller für unsere Sittiche. Die Sämereien sind am leichtesten zum Keimen zu bringen, wenn man sie gründlich spült, dann einen halben Tag im Wasser aufquellen lässt (u.U. mit Zugabe eines Mittels, das die Vermehrung von Schimmelpilzen und Bakterien hemmt) und danach ca. einen Tag in feuchter Wärme aufbewahrt. Hierzu reicht im Sommer meist schon die Aufbewahrung in einer Schüssel oder einem Sieb, jedoch ohne direkte Sonnenbestrahlung. Der Handel bietet aber auch sehr praktische „Keimsilos" an, deren Kauf sich bestimmt lohnt. Vom ernährungsphysiologischen Standpunkt aus sind die Körner dann am wertvollsten, wenn die Keime gerade durchbrechen.

Während der Zuchtsaison sollte das Kochfutter gegen das Keimfutter ausgewechselt und die angebotene Menge der Obst-Gemüse-Keimfutter-Mischung etwas erhöht werden.

Halbreife Saaten

Besonders wertvoll sind die verschiedenen Sämereien, wenn wir sie im halbreifen Zustand anbieten können. Entweder bauen wir hierzu selbst kleinere Flächen von Hirse, Weizen, Hafer und Mais oder die ansonsten geschmähten Sonnenblumen an, oder wir wenden uns an einen Landwirt; allerdings ist bei letzterem immer Vorsicht geboten, da in der Landwirtschaft eventuell sehr viele Insektizide oder giftige Düngemittel verarbeitet werden. Dieses Problem haben wir nicht beim halbreifen Mais, dessen Kolben ja von einer Blätterhülle umgeben sind. Haben sich Rotschwanzsittiche erst einmal an ihn herangewagt, wird er rasch zu ihrer Lieblingsspeise. Eingefroren bietet er eine ideale Ergänzung für die meist vitaminärmere Winterfütterung. Man sollte allerdings nicht allzu viel von ihm reichen, im Normalfall reicht eine 4 cm dicke Scheibe eines Kolbens für ein Paar.

Hier noch einen Tipp für das Einfrieren von Maiskolben: Dies sollte erst geschehen, wenn die Körner eine erste, schwache Gelbfärbung besitzen. Werden die Kolben in einem früheren Stadium eingefroren, sind sie nach dem Auftauen matschig und werden nur ungern von den Sittichen angenommen.

Grünpflanzen, Blüten und Zweige

In der Praxis spielten bislang neben dem Obst und Gemüse bei der Fütterung auch die Grünpflanzen, allen voran die Vogelmiere eine überragende Rolle. Während sich die meisten Rotschwanzsittiche nur zögernd an andere Grünpflanzen, wie jungen Löwenzahn, Kopf-, Endivien- und Feldsalat, Spinat oder Chinakohl heranmachen, stürzen sie sich geradezu auf die Vogelmiere. Deren Verfütterung ist ausgesprochen vorteilhaft: Zum einen ist sie ein äußerst wertvolles und bekömmliches Grünfutter, und zum anderen erhalten wir es umsonst aus der Natur. Daneben können wir noch eine Reihe weiterer Grün-

***Halbreife Sonnenblumenkerne** sind nicht nur reich reich an Vitaminen, sondern werden von allen Rotschwanzsittichen, hier Rotbauchsittiche (P. perlata), gierig gefressen.*

pflanzen suchen, von denen die Rotschwanzsittiche allerdings zumeist, wenn überhaupt, nur die Samen fressen. Haben sie sich aber erst einmal an das Grünfutter gewöhnt, sind sie ganz versessen darauf. Zu den beliebtesten Sorten zählen dann das Hirtentäschelkraut, der Breitwegerich, die Milchdistel, das Kreuzkraut, die verschiedenen Knöterich-Arten und noch viele andere mehr.

***Rotbauchsittiche** (P. perlata) beim Fressen der Büten einer der einheimischen Knöterich-Arten.*

Nicht nur vom Knöterich fressen die Sittiche besonders gerne die Blüten. Praktisch alle ungiftigen Kräuter, die Blüten tragen, können mit diesen gereicht werden. Leicht zu sammeln sind hier vor allem der Löwenzahn mit seinen relativ großen Blüten, aus denen sogar in einigen Gegenden ein wohlschmeckender, honigähnlicher Sirup hergestellt wird. Es ist also kein Wunder, wenn diese Blüten auch den Rotschwanzsittichen schmecken.

Äußerst wichtig sind zudem frische Zweige zum Benagen. In ihrer Rinde sind wertvolle Vitamine und Mineralstoffe enthalten. Bevorzugt sollte man den Vögeln alle (ungespritzten) Obstbaumarten, aber

Rotkopfsittich *(P. rhodecephala) beim genüsslichen Verzehr von Büten und Knospen der Gemüse-Gänsedistel (Sonchus oleraceus).*

auch Pappel-, Weißdorn-, Holunder- und Weidenzweige anbieten. Sie werden von den Rotschwanzsittichen bald systematisch entrindet, wobei sicherlich auch kleine Mengen der Rinde und Baumsäfte aufgenommen werden.

Trockensaaten

Trockene Saaten sollten eigentlich nur eine untergeordnete Rolle bei der Ernährung von Rotschwanzsittichen spielen. Sie können aber als „Futterreserve", also wenn die anderen Nahrungsbestandteile bereits gefressen wurden, die Sittiche aber immer noch Hunger haben, angeboten werden. Hierbei sind die mehlartigen Sämereien (Hafer, Weizen, Glanz, die verschiedenen Hirsesorten, Mais und Reis) unbedingt den fetthaltigen (Sonnenblumen, Hanf, Kardi, die verschiedenen Nussarten, Leinsamen, Negersaat, Mohn und Bucheckern) vorzuziehen. Der Grund hierfür ist leider noch wenig bekannt. Die Gefahr der letzteren für die *Pyrrhura*-Arten liegt weniger darin, dass die Sittiche verfetten könnten, sondern dass der durchweg hohe Fettanteil eine ständige Leberbelastung darstellt und auf Dauer gesehen zu einer ernsthaften Erkrankung des Organs führen kann. Aus diesem Grunde sollten die in der Papageien- und Sittichhaltung weitverbreiteten Sonnenblumenkerne nicht oder nur in sehr kleinen Mengen verfüttert werden. Ihr hoher Fettanteil von 54 % macht sie zwar schmackhaft, stellt jedoch eine ständige Belastung für die relativ kleinen Rotschwanzsittiche dar.

Wer es sich einfach machen möchte, reicht einfach eine gute Saatenmischung für Wellensittiche. Der Handel (z.B. Witte Molen oder Versele Laga) bietet auch eine Saatenmischung speziell für Rotschwanzsittiche an. Wer seine Trockenfuttermischung selbst zusammenstellen möchte, kann Glanz (1 Teil), verschiedene Hirsesorten (3 Teile), ungeschälten Hafer (1 Teil), Weizen (1 Teil), Reis (1 Teil), Hanf oder Nigersaat (1 Teil) und

Eine Saatenmischung für Wellensittiche kann ohne Weiteres als „Reserve-Mischung" für hungrige Rotschwanzsittiche dienen.

Kardi (1 Teil) nutzen. Diese Mischung ist erprobt und wird, wenn auch nicht immer sofort, von den Rotschwanzsittichen angenommen und vollständig gefressen. Die ölhaltigen Sämereien Hanf, Nigersaat und Kardi werden zwar von den Vögeln zuerst herausgepickt, sind aber als Gefahrenquelle für die Gesundheit gegenüber den Sonnenblumen „relativ harmlos": Ihr Fettgehalt beträgt ca. 30 bis 40 %. Der ungeschälte Hafer ist übrigens nicht nur billiger als die geschälte Variante, in seiner äußeren Schale befinden sich auch Vitamine und Spurenelemente, die beim geschälten Hafer verloren gehen.

Diese Mischung kann ganzjährig als Reserve angeboten werden. Da die Saaten trocken sind und deshalb nicht verderben können, kann ein mit ihnen versehener Futternapf auch ein paar Tage stehen bleiben und muss nicht, wie das andere Futter täglich erneuert werden. Allerdings muss man regelmäßig kontrollieren, ob die Mischung verschmutzt wurde.

Eine besondere Rolle spielt die Kolbenhirse. Sie wird von den Sittichen ausgesprochen gern gefressen und kann hin und wieder als Leckerbissen in kleinen Mengen zusätzlich gereicht werden.

Eiweißlieferanten

Neben Kohlehydraten und Fetten enthalten alle Sämereien auch noch Eiweiße, die lebensnotwendig für die Tiere sind. Sie werden unter anderem zum Wachstum (nicht nur der Federn) und zur Jungenaufzucht benötigt. Leider enthalten die zuvor angeführten Futtermischungen weniger als den notwendigen Anteil an Eiweiß für unsere Rotschwanzsittiche; die zuvor beschriebene Reservemischung hat z.B. nur einen Anteil von ca. 13 % statt der benötigten 17 %. Letztlich erweist sich dies jedoch als Vorteil, da wir jetzt gezielt eiweißhaltige Futtermittel zusätzlich anbieten können. Hierzu eignen sich insbesondere getrocknete Garnelen. Sie enthalten ungefähr 42 % des wertvollen tierischen Eiweißes. Zudem sind sie haltbar und können so der Reservekörnermischung beigegeben werden. Nach anfänglichem Zögern werden sie von den meisten Rotschwanzsittichen auch angenommen.

Weiterhin kann hin und wieder, auf jeden Fall aber regelmäßig während der Brutzeit, ein gutes Weichfutter angeboten werden, zwischendurch auch Quark, Joghurt oder hartgekochtes Ei. Mit letzterem sollte man allerdings vorsichtig sein, da es schwer verdaulich ist und in größeren Mengen leicht zu einer Eiweißvergiftung führen kann. Es ist überhaupt wichtig, die Eiweißaufnahme unserer Vögel regelmäßig zu kontrollieren. Genauso gefährlich wie ein Zuwenig ist ein Zuviel: Es belastet die Leber und kann zu ernsthaften Erkrankungen führen.

Was spätestens zur Brutzeit gereicht werden sollte, ist ein gutes Eifutter. Rezepte für dieses gibt es zuhauf, und die meisten sind gut. Es ist aber auch in Ordnung, wenn man ein käufliches erwirbt und dies eventuell noch mit kleinen Mengen Eigelb, Honig

***Ein Eifutter** darf während der Brutzeit nicht fehlen; ihm können diverse Dinge beigemischt werden, z. B. kleine Mengen Eigelb, Honig oder getrocknete Mehlwürmer.*

***Vitamin-, Mineralstoff- und Spurenelementpräparate** gibt es zwar zahlreich auf dem Markt, manche sind jedoch für Rotschwanzsittiche nur bedingt geeignet.*

oder getrocknete Mehlwürmern, Shrimps, Daphnien oder Wasserflöhen anreichert. Die Mehlwürmer können auch lebend in einem extra Napf gereicht werden. Sinn macht außerdem der Zusatz von etwas Bierhefe und Futterkalk.

Zusatzstoffe

Spätestens in den dunklen und kalten Wintermonaten müssen viele Halter zum Beispiel bezüglich des Keim- und Grünfutters passen. Unsere Sittiche werden dann nicht ausreichend mit Vitaminen, Spurenelementen und Mineralstoffen versorgt. Zum Glück springt die pharmazeutische Industrie in diese Lücke. Es sind mehrere Präparate auf dem Markt, aber Vorsicht, nicht alle sind empfehlenswert oder für unsere Zwecke geeignet. Wir sollten deshalb nicht nur auf den Rat eines uns bekannten Züchters hören, sondern vergleichen. Vitaminpräparate, die keine genaue Analyse der enthaltenen Vitamine, Spurenelemente und Mineralstoffe enthalten, haben vielleicht etwas zu verbergen. Wichtig sind für uns vor allem die Vitamine des B-Komplexes, hier insbesondere B_{12}, da dieses bei allen Getreidesorten gänzlich fehlt. Aber Vorsicht – die Vitamingaben des B-Komplexes sollte man nicht übertreiben. Sie zu verabreichen reicht einmal die Woche. Weitere für uns bedeutsame Vitamine sind A, D, K und C. Notfalls sollte man das letztere sowie Vitamin D auch im Winter getrennt über das Trinkwasser zweimal wöchentlich verabreichen. Das unterstützt das Immunsystem und hat sich als vorbeugender Schutz gegen Erkältungs- und Darmkrankheiten bewährt.

Nur wenige Präparate enthalten neben den Vitaminen auch die Mineralstoffe und Spurenelemente in ausreichendem Maße. Nach Bedarf kann man zusätzlich Kalksteine, Futterkalk, Sepiaschalen (Vorsicht, sie müssen erst gewässert werden, um ihren Salzgehalt zu verringern), geschrotete Eier- und Austernschalen oder einfach nur frische Erde anbieten.

Unverständlicherweise verwenden noch immer einige Züchter und Halter Lebertran. Davon sollte man aufgrund des hohen Fettgehalts von 99,8 % absehen.

Vögel im schlechten Gefiederzustand, wie dieser Blaustirn-Rotschwanzsittich (Pyrrhura picta), haben oft ein Defizit an Mineralstoffen.

Es ist sicherlich nicht die Intention dieses Buches, für ein spezielles Produkt Werbung zu machen, aber es gibt ein Präparat, das man wohl uneingeschränkt empfehlen kann: Es ist „Korvimin", ein Vitamin- und Mineralfuttermittel, das von Tierärzten speziell für Vögel und Reptilien entwickelt wurde. Insgesamt beugt es durch eine ausgewogene Mischung von Vitaminen, Aminosäuren, Mineralstoffen und Spurenelementen Mangelerscheinungen vor und ist deshalb eine vernünftige Ergänzung der Fütterung. Sollten die Rotschwanzsittiche zu stark mausern oder ein schlechtes Federkleid aufweisen, ist es sicherlich das Mittel der Wahl.

Pellets und Extrudate

Viele Halter und Züchter unterscheiden nicht zwischen Pellets und Extrudaten, sondern benutzen für beide den Begriff Pellets.

Futterpellets sind umgewandeltes, fein gemahlenes Futter, Futterzusätze und Zutaten, die in einem konstanten Verhältnis zueinander gemischt und mittels Feuchtigkeit, Wärme und mechanischen Druck zu Pellets gepresst werden. Einige Hersteller verwenden Lebensmittelfarben, um die Pellets für Sittiche und Papageien natürlicher und interessanter aussehen zu lassen. Extrudate sind diverse Nahrungsmittel (z.B. Saaten) und Zutaten (z.B. Vitamine), die in einem konstanten Verhältnis breiig gemischt und erhitzt und bei der Verarbeitung durch eine Öffnung in einer Lochplatte oder Düse gepresst werden, um die erforderliche Form zu erzeugen. Das extrudierte Nahrungsmittel wird dann auf eine bestimmte Größe geschnitten. Die Mischung ist als Extrudat bekannt.

Sowohl Pellets als auch Extrudate garantieren eine bestimmte Zusammensetzung von Kohlenhydraten, Eiweißen und Fetten sowie einen nur geringen Anteil an Ballaststoffen. Beide sind aber darauf angewiesen, Vitamine, Mineralstoffe und Spurenelemente als Zusatz hinzuzufügen, da durch den Herstellungsprozess

***Pellets und Extrudate** gibt es für die Rotschwanzsittiche in vielen Varianten; man muss allerdings erst verschiedene Sorten ausprobieren, um herauszufinden, welche den Sittichen wirklich schmecken.*

spätestens die natürlichen Vitamine zerstört werden. Ihr Vorteil ist, dass den Sittichen eine Grundversorgung bereitgestellt wird, die praktisch alle Nahrungsbedürfnisse befriedigt (Wolf et al. 2009). Nachteil ist, dass den Vögeln die Vielfalt der Geschmacksrichtungen vorenthalten wird.

Vor allem Züchter hatten befürchtet, dass die Vögel weniger Zeit bei der Nahrungsaufnahme benötigen und ihnen als Folge schneller langweilig werden würde. Untersuchungen des Institutes für Tierernährung in Hannover haben allerdings gezeigt, dass diese Befürchtung grundlos ist und nahezu kein Unterschied im Zeitverbrauch beim Fressen der herkömmlichen Nahrung und dem der Pellets bzw. Extrudate besteht.

Pellets und Extrudate werden verstärkt bei den großen Züchtern in den USA, aber auch in einigen Teilen Europas wie z.B. den Niederlanden verfüttert und allgemein akzeptiert. Im deutschsprachigen Raum scheint es hingegen Pellets-Befürworter und -Ablehner zu geben und die Fütterung eine Glaubensfrage zu sein.

Auch ich bin kein Freund einer reinen Pelletsfütterung, kann aber trotzdem empfehlen, diese als Zusatzfutter anzubieten und die Sittiche langsam an sie zu gewöhnen. Dabei wird es notwendig sein, die Pellets und Extrudate verschiedener Hersteller (z.B. Nutribird G14 von Versele Laga) auszuprobieren, da nicht jede Sorte auch unseren Rotschwanzsittichen schmeckt. Am einfachsten stellt man dies fest, indem man einige Pellets oder Extrudate der Obst-Gemüse-Kochfutter-Mischung untermengt und schaut, ob sie gefressen wurden oder nicht. Wurden sie nicht akzeptiert, muss man auf eine andere Sorte umsteigen.

Geschlechtsbestimmung

Es gibt lediglich zwei sichere Möglichkeiten einer Geschlechtsbestimmung: die endoskopische Untersuchung durch einen erfahrenen Tierarzt oder die DNA-Geschlechtsbestimmung durch ein entsprechendes Labor. Sie allein bieten eine nahezu 100 %ige Sicherheit, und letztendlich ist diese auch notwendig. Wenn man bedenkt, dass die Chance, ein sicheres Paar zu erwerben nur dann 1 : 1 steht, wenn der Züchter oder Händler auch wirklich zu gleichen Teilen Männchen und Weibchen anbieten kann (was selten vorkommt!), und dass von diesen echten Paaren etliche nie zu einer Brut schreiten, andere vor der ersten Brut sterben oder einfach nur unfruchtbar sind, erkennen wir schnell, warum der Bestand an Rotschwanzsittichen in Menschenobhut früher nur durch ständige Neuimporte überhaupt existierte. Wenn auch die Probleme der Arterhaltung und des Naturschutzes vielschichtig und von Art zu Art differenziert zu sehen sind, müssen wir akzeptieren, dass weitere Entnahme vieler *Pyrrhura*-Vertreter aus der Natur nicht mehr zu verantworten sind. Der jetzige Bestand kann also nur durch eine intensive und gezielte Zucht gehalten werden. Dies setzt zuallererst die Bereitstellung wirklicher Paare voraus, die nur durch eine der beiden zuvor angeführten Untersuchungen festgestellt werden können.

Wenn ich zuvor darauf hingewiesen habe, dass die endoskopische Untersuchung nahezu 100 %ig sei, beinhaltet diese Aussage doch die Möglichkeit einer Fehlerquelle. Tatsächlich sind in der Praxis schon etliche erwiesene Fehldiagnosen bekannt geworden. Der Grund hierfür liegt einmal in der mangelnden Anfangserfahrung mancher Tierärzte und zum anderen darin, dass bei jungen, noch nicht geschlechtsreifen Tieren ein Erkennen der Sexualorgane nur schwierig, oft gar nicht möglich ist. Mitunter wird auch die Sonde, die mittels eines kleinen Einschnitts im Bereich der vorletzten Rippe eingeführt wird, mit Blut verschmiert. Hoden oder Eierstöcke sind dann verständlicherweise nur schwer zu identifizieren. Da die Wunde meist weiter blutet, führt oft auch ein erneutes Einführen der Sonde zu keiner besseren Sicht. Hier kommt es auf die Ehrlichkeit des Untersuchenden an, für den es ja auch unangenehm ist, dem Züchter mitzuteilen, der Eingriff müsse an einem anderen Tag wiederholt werden.

Es soll hier auch auf die Gefahren einer endoskopischen Untersuchung hingewiesen werden. Sie sind mittlerweile erfreulicherweise gering, können teilweise vermieden werden und sollten den Besitzer von

***Die Geschlechtsbestimmung** ist bei vielen Rotschwanzsittichen ohne endoskopische oder DNA-Untersuchung extrem unsicher; die Aufnahme zeigt zwei Rio-Araguaia-Sittiche (P. amazonum araguaiaensis).*

Rotschwanzsittichen nicht von einer Untersuchung seiner Vögel abhalten. Das Hauptproblem ist wohl sicher die Narkotisierung der Sittiche. *Pyrrhura*-Vertreter sind recht klein und dementsprechend leicht. So wiegt zum Beispiel der Rotbauchsittich (*P. perlata*) im Durchschnitt 90 Gramm und der Weißohrsittich (*P. leucotis*) gar nur 60 Gramm. Die Narkosedosierung richtet sich nach dem Gewicht des Sittichs und muss exakt berechnet werden. Ist sie zu gering, wacht der Vogel womöglich zu früh auf und kann sich durch heftige Bewegungen verletzen, ist sie zu hoch, stirbt er gar daran. Um solche schwerwiegenden Komplikationen zu vermeiden, sollte man den Sittich auf einer einwandfreien Waage genauestens wiegen.

Wie beim Menschen, darf der Sittich einige Zeit vor dem Eingriff keine Nahrung zu sich nehmen. Dadurch soll vermieden werden, dass er sich während oder nach der Narkose erbricht und an dem Erbrochenen erstickt.

Nach dem Erwachen aus der Narkose darf der Sittich nicht sofort in seine vertraute Umgebung zurück. Die Nachwirkungen dauern noch mehrere Stunden an. Um daraus resultierende Verletzungen zu vermeiden, sollte der Vogel noch einige Zeit in einer kleinen Transportkiste verbleiben.

Selbstverständlich dürfen nur gesunde und kräftige Tiere zu einer Untersuchung gebracht werden.

Die Vorteile einer endoskopischen Untersuchung sind aber enorm: Der Tierart kann sich während des Eingriffs auch gleich den Zustand der anderen Organe anschauen oder, was für viele Züchter wichtig ist, im Idealfall am Zustand der Geschlechtsorgane erkennen, ob es sich um einen potenziell guten Zuchtvogel handelt oder nicht.

Das ist bei einer DNA-Geschlechtsbestimmung natürlich nicht möglich. Sie ist dafür sehr einfach durchzuführen: Das Labor benötigt lediglich zwei frisch gezupfte mittelgroße Schwungfedern. Haftet an einem Federkiel Blut, reicht eine einzige Feder aus, die dem Labor in einer Tüte oder einem Briefumschlag geschickt wird. Innerhalb weniger Tage erhält der Züchter per E-Mail das Ergebnis und ein wenig später per Post ein Zertifikat.

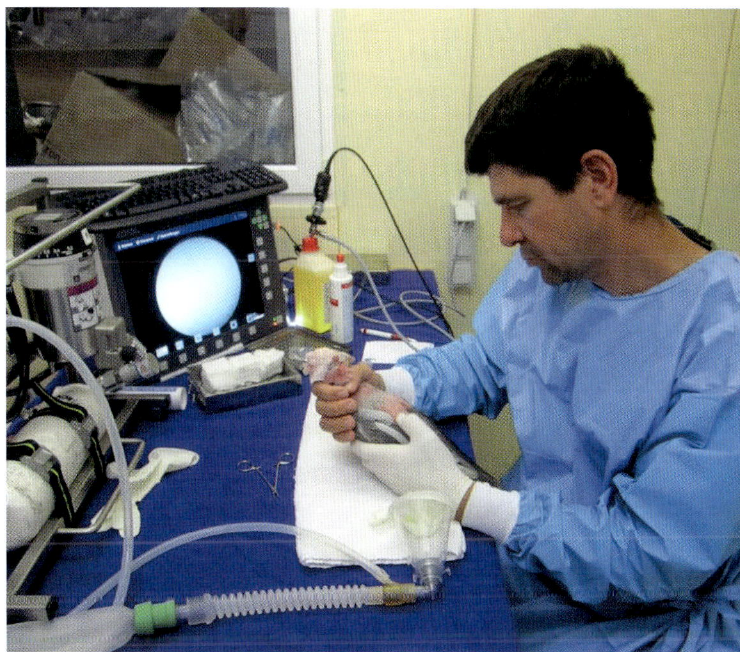

Tierarzt Dr. Marcellus Bürkle bei einer endoskopischen Geschlechtsbestimmung, bei der gleichzeitig eine Zuchttauglichkeitsuntersuchung durchgeführt wird.

Eine endoskopische oder DNA-Geschlechtsbestimmung ist zwar sehr praktisch, doch kostet sie auch Geld, das sich mancher Züchter sparen möchte und seine Jungtiere ohne Geschlechtsgarantie weitergibt. Wer trotzdem solche Vögel erwerben möchte, will meist trotzdem ein echtes Paar bekommen. Aus diesem Grunde werden im Folgenden einige Hinweise für eine vorläufige Vorabbestimmung der Geschlechtsmerkmale bei den Pyrrhura-Arten gegeben. Ihnen allen aber mangelt es an Sicherheit, meist lässt nur eine Kombination mehrerer Merkmale, die natürlich von Tier zu Tier unterschiedlich ausfallen kann, Hinweise auf das Geschlecht zu.

Zuerst wäre die Körperform anzuführen, denn die Weibchen sind meist durchschnittlich etwas kleiner, schlanker und zierlicher als Männchen, im Gegensatz hierzu wirken diese im Idealfall wuchtig und untersetzt.

Bei diesem Paar Rotscheitelsittiche (P. roseifrons) sind die äußerlichen Geschlechtsmerkmal wie z. B. die kleinere Körperform, der stärker abgerundete Kopf und der schmalere, längliche Oberschnabel des Weibchens (links) gut zu erkennen.

Wer hier genau sein möchte, kann die Flügel- und Schwanzlängen durch Messen vergleichen. Wenn mehrere Sittiche zur Verfügung stehen, wählt man die Tiere mit den geringsten und den größten Maßen. Dieses Verfahren sollte man aber nur anwenden, wenn wirklich mehrere Vögel zur Verfügung stehen. Die meisten Züchter übersehen einfach, dass selbst bei den kleinen Rotschwanzsittichen Differenzen von über 20 mm zwischen den Flügellängen innerhalb eines Geschlechts auftreten können.

Einen weiteren, wichtigen Hinweis gibt uns die Kopfform der Vögel. Die Weibchen besitzen von der Seite gesehen einen rundlichen, bald nach hinten abfallenden Kopf, der bei den Männchen flacher ist, dafür aber erst spät in den Hinternacken abfällt. Er zeigt daher eher die Form eines Rechtecks. Betrachtet man die Breite der Kopfplatten von oben (besonders gut lässt sich der Abstand der beiden Augen messen), bemerkt man im Idealfall einen deutlichen Unterschied. Die Männchen haben in der Regel den dickeren Schädel.

Das wohl eindeutigste Geschlechtsmerkmal ist die Form des Schnabels. Von der Seite gesehen besitzen die Männchen einen hohen, stark gebogenen Oberschnabel, die Weibchen dagegen einen schmaleren, länglichen. Ihr Oberschnabel ist dementsprechend

Chiriquí-Sittiche (P. hoffmanni gaudens) sind wie alle Rotschwanzsittiche sehr sozial; an ihrem Partnerverhalten kann man nicht erkennen, ob man ein wirkliches Paar hat oder nicht.

von oben gesehen auch spitzer und an der Wurzel schmaler als der der Männchen.

Nur bedingt lässt die bei vielen Züchtern weitverbreitete „Beckenknochenmessmethode" Rückschlüsse auf das Geschlecht zu. Hierbei wird der Abstand der beiden Beckenknochen ertastet. Mitunter findet man aber auch Tiere, bei denen die Knochen so eng zusammenstehen, dass sie nur als Einheit ertastet werden können. Hier hat man mit einiger Sicherheit ein Männchen vor sich. Im umgekehrten Fall, wenn die Beckenknochen extrem weit auseinanderstehen, ist die Chance, ein Weibchen identifiziert zu haben, sehr groß. Unabhängig vom Abstand sind die Enden der Beckenknochen bei den Männchen meist als scharfkantige, spitze, die der Weibchen aber als abgerundete Verdickungen zu erfühlen. Vorsichtig muss man bei jungen Rotschwanzsittichen sein, sie haben meist noch einen engen Abstand, unabhängig, ob es sich um Männchen oder Weibchen handelt.

Vom Verhalten der Rotschwanzsittiche auszugehen ist nicht unproblematisch. Im Gegensatz zu vielen anderen Papageien zeigen sie kein geschlechtsspezifisches Benehmen. Ebenso funktioniert die normalerweise beste Methode zur Zusammenstellung von Paaren oft nicht: Man setzt mehrere Tiere zusammen und wartet, bis sich Paare abgesondert haben. Wenn

***Eine unterschiedliche Gefiederfärbung** ist bei den Rotschwanzsittichen normal und kein Hinweis auf das Geschlecht der Vögel; das gilt auch für die Breite des nackten Augenringes, wie diese beiden Gelbseitensittiche, die Mutationsform Opal des Grünwangen-Rotschwanzsittichs (P. molinae), zeigen.*

man dies bei den *Pyrrhura*-Arten versucht, stellt man oft fest, dass alle Tiere eine so starke soziale Gemeinschaft bilden, dass man innerhalb der Gruppe keine sichere Zweierbeziehung beobachten kann. Zum Glück ist das aber nicht immer der Fall und auch nicht an bestimmte Arten oder Unterarten gebunden. Einen Versuch, so ein Paar zu erhalten, ist es allemal wert, denn die Vögel, die sich so gefunden haben, sind später meist auch sichere Brutaspiranten.

Wenn man die Tiere bei einem Händler oder Züchter erwerben will und diese bieten mehrere Exemplare an, lohnt es sich, sie zuvor eine Weile zu beobachten. Teilweise kann man innerhalb einer Gruppe schon feste Paare ausmachen. Diese dann allerdings herauszufangen, ist wieder ein Problem eigener Art, auf das ich hier nicht näher eingehen möchte. Zumindest kann man die ins Auge gefassten Vögel mittels eines Blumensprühers nass spritzen und so kennzeichnen, bevor man dann diese Sittiche herausfängt.

Warnen möchte ich an dieser Stelle jene, die glauben, die Geschlechter von Rotschwanzsittichen lassen sich durch die oftmals deutlich abweichenden Gefiederfärbungen oder durch die Größe und Breite des nackten Augenrings feststellen. Diese Varietät ist kein geschlechts-, sondern ein art-, wenn nicht gar ein gattungsspezifisches Merkmal.

Zucht

Grundlagen für die Zucht der Rotschwanzsittiche in den Anlagen der Vogelliebhaber sind letztendlich Erkenntnisse aus dem Freileben. Leider sind aber die Beobachtungen aus dem Freileben der Sittiche recht dürftig. Dies trifft vor allem auf die Brutsaison zu. Hier verhalten sich die *Pyrrhura*-Arten besonders vorsichtig. So gelang es offensichtlich erst wenigen Ornithologen, überhaupt einmal Nester von ihnen zu entdecken. Feststehen dürfte aber, dass alle das Bruthelfersystem nutzen und lokal jede Art ihre mehr oder weniger fest fixierten Brutzeiten besitzt. Dies trifft auch für die Bewohner der tropischen Zonen im Amazonasbecken zu, die ja fast ganzjährig gleiche Bedingungen vorfinden und eigentlich nicht an bestimmte Zeiten gebunden wären. Sie stehen aber in ökologischer Konkurrenz zu anderen Vertretern der Papageienfamilie oder zu anderen Höhlenbrütern.

Früher vermutete man, dass einzelne *Pyrrhura*-Arten auch in örtlichen Brutkolonien nisten würden, und Freilandbeobachtungen ließen sogar vermuten, dass eine Höhle von zwei Paaren gleichzeitig benutzt worden ist. Diese Beobachtungen lassen sich aber durch das Bruthelfersystem erklären. Nach der Brutsaison ziehen die Altvögel mit ihren Jungen in kleineren Familienverbänden umher, wobei sie fast immer standorttreu sein dürften. Diese Informationen und die aus dem Abschnitt **Brut** im Kapitel Freileben ist das, was wir mehr oder weniger genau wissen, was uns aber trotzdem Hinweise gibt, wie die Zucht in Menschenobhut aussehen könnte.

Bevor wir uns aber deren Voraussetzungen und Problemen zuwenden, seien hier noch einige grundsätzliche Überlegungen über den Sinn und Zweck des Züchtens von Vögeln, von *Pyrrhura*-Arten insbesondere, angebracht. Wir befinden uns in einer Zeit des Umdenkens, was den Umgang mit der Natur und den Tieren anbelangt. Wurden zum Beispiel noch um die Jahrhundertwende die Tiere nur um ihres Schauwertes wegen gehalten, so änderte sich dies spätestens nach dem zweiten Weltkrieg. In immer größerer Zahl konnten jetzt Vögel gefangen werden, und immer öfter gelang auch ihre Nachzucht. Dies wiederum lockte neue Anhänger, die Zahl der Vogelzüchter stieg. Leider beschränkten sie sich fast ausschließlich auf die Haltung und Zucht australischer Sittiche, andere Papageien wie die Rotschwanzsittiche wurden vernachlässigt. Dies traf vor allem auf die südamerikanischen Vertreter der Familie zu, die zwar nie in Massen eingeführt, aber eben auch nicht von den Züchtern beachtet wurden, sondern als Haustiere unproduktiv ihr Leben fristeten.

Braunohrsittiche *(P. frontalis) gehörten mit zu den ersten Rotschwanzsittich-Arten, die nach Europa eingeführt, von den damaligen Züchtern aber kaum beachtet wurden.*

Jahrzehntelang haben die beiden amerikanischen Subkontinente diese konstante Plünderung ihrer Avifauna verkraftet. Sank die Stärke der Population, so verbesserten sich bei gleichbleibender Umwelt die Lebensbedingungen für die verbliebenen Tiere. Die Folge war eine verstärkte Jungenproduktion. So einfach war das: Die Natur sorgte selbst für den Ausgleich des ihr durch die ständigen Entnahmen entstandenen Ungleichgewichts. Leider gehört auch dieser Zustand der Vergangenheit an. Der Fehler, der immer häufiger in dieser Rechnung auftaucht, ist die Grundbedingung der gleichbleibenden Umwelt. Sie ist nämlich in Süd- und Mittelamerika in einem für uns heute noch unvorstellbarem Maße der wirtschaftlichen Ausbeutung preisgegeben. Die Folgen für die Tierwelt zeichnen sich teilweise recht krass ab. Man denke nur an die Puerto-Rico-Amazone (*Amazona vittata*), die 1981 nur noch in 17 Exemplaren vorhanden war und deren Existenz durch Abholzung und die konkurrierende Perlaugen-Spottdrossel aufs Äußerste bedroht war.

Der Salvadori-Weißohrsittich *(P. griseipectus) ist ein Beispiel für jene Arten, die im Freiland stark bedroht, in Menschenobhut aber noch zu finden sind.*

Ganz so schlimm sieht es freilich bei den meisten Papageien nicht aus, oder: noch nicht aus. Oft verbleiben vielen akut bedrohten Arten und Unterarten noch kleine Refugien, Restbestände der ursprünglichen Landschaft. Hier darf allerdings nichts die natürliche Ordnung aus dem Gleichgewicht bringen. Waldbrände, Dürreperioden oder nur der Kultivierungstrieb würden das Aus für die meisten Arten bedeuten. Und selbst, wenn einige dieser ökologischen Oasen von derartigen Katastrophen verschont bleiben, droht der Klimawandel mit ungeahnten Auswirkungen. Die jeweilige Population ist oft einfach zu klein, um auf Dauer letztlich die meist nachteiligen Auswirkungen einer ständigen Inzucht verkraften zu können.

Gerade die Rotschwanzsittiche sind direkt oder indirekt von diesem Problemkreis betroffen. Vom Schutzprojekt für den El-Oro-Sittich (*P. orcesi*) in Ekuador weiß man, dass der Klimawandel dafür sorgen wird, dass sich die Vegetationsgrenzen verschieben. Waldgebiete, die heute noch in Höhenlagen zwischen 600 m und 1.100 m anzutreffen sind, werden mittelfristig in höheren Lagen vorkommen. Das Projekt hat aber auch gezeigt, dass die Sittiche offenbar nicht in der Lage sind, diesen Wandel mitzuvollziehen. Die Folge wird sein, dass ein großer Teil der ohnehin schon kleinen Population verschwinden wird. Der El-Oro-Sittich ist aber nicht das einzige Beispiel: Heute darf man folgende Vertreter als akut gefährdet ansehen: Blaulatzsittich (*P. cruentata*), Weißohrsittich (*P. leucotis*), Salvadori-Weißohrsittich (*P. griseipectus*), Blausteißsittich (*P. coerulescens*), Weißbrustsittich (*P. albipectus*) und Prachtflügelsittich (*P. calliptera*).

Einige *Pyrrhura*-Vertreter wiederum bewohnen im Verhältnis zu anderen Papageien ein geradezu winziges Verbreitungsgebiet, in dem sie einer Bedrohung ihrer Umwelt kaum oder nicht ausweichen könnten. Hierzu zählen der Azuera-Sittich (*P. eisenmanni*), Amazonas-Rotstirnsittich (*P. parvifrons*), Peru-Rotschwanzsittich (*P. peruviana*), Río-Ene-Sittich (*P. dilutissima*), Magdalenasittich (*P. caeruleiceps*), Emmas Weißohrsittich (*P. emma*), Pfrimers Rotschwanzsittich (*P. pfrimeri*), Chapman-Sittich (*P. chapmani*), Pazifik-Schwarzschwanzsittich (*P. pacifica*), Santa-Marta-Sittich (*P. viridicata*), Demerarasittich (*P. egregia*), Blutohr-Rotschwanzsittich (*P. hoematotis*), Rotkopfsittich (*P. rhodocephala*) und Hoffmanns Rotschwanzsittich (*P. hoffmanni*).

Wir sehen also, die paradiesischen Zustände früherer Jahrzehnte haben sich teilweise schon in das Gegenteil umgewandelt. Wir können es uns einfach nicht mehr erlauben, die Natur zusätzlich durch den Fang von Vögeln auszubeuten.

Zugegeben, dieses pauschale Urteil trifft nicht auf alle Papageien zu. Als Beispiel seien hier die australischen Rosakakadus (*Eolophus roseicapilla*) und die südamerikanischen Mönchssittiche (*Myiopsitta monachus*) angeführt. Beide Arten haben sich in weiten Teilen ihres Verbreitungsgebietes als Landplagen erwiesen. Ihr Fang würde wohl selbst von manchem eingefleischten Vogelschützer begrüßt werden. Wer aber will die Grenzen ziehen, wer kann garantieren, dass beschränkte Fanggenehmigungen nicht aus Prestigesucht der Vogelhalter und Profitgier der Fänger für bedrohte Arten erschwindelt werden? So dürfen wir uns nicht wundern, wenn Ornithologen, Naturschützer und Behörden versuchen, dem Handel und dessen Abnehmern „den Hahn noch stärker abzudrehen" als schon geschehen. Wir sollten nicht gegen diese Entwicklung wettern, schließlich sind wir, die Vogelhalter, dafür mitverantwortlich. Wir müssen vielmehr die einzig vernünftige und zeitgemäße Konsequenz daraus ziehen: Als Züchter planvoll die uns anvertrauten Vögel zu züchten. Diese Aufgabe stellt heute die einzige Rechtfertigung unseres Umgangs mit den Vögeln dar. Für die Rotschwanzsittiche gilt dies insbesondere.

Als Vogelfreund ohne Zuchtintention sollte ich dementsprechend nur die Vögel halten, die in großen Mengen nachgezüchtet werden oder deren Freilandbestände nicht gefährdet sind.

Im Folgenden werde ich versuchen, die Bedingungen und Probleme der Zucht von *Pyrrhura*-Arten näher zu erläutern.

***Rotschwanzsittiche** brüten auch in einem großen Kistenkäfig, wobei eine geräumige Voliere natürlich idealer für die Zucht ist.*

Zuchtvoliere

Beginnen wir mit der Voliere. Ihre Einrichtung wurde bereits in einem vorhergehenden Kapitel beschrieben. Wichtig wäre noch die Größe. Für die Zucht spielt sie eigentlich eine untergeordnete Rolle, denn ein brutlustiges Paar brütet zum Beispiel auch in einem größeren Kistenkäfig erfolgreich. Allerdings ist die Chance, dass die Rotschwanzsittiche brutlustig werden, in einer großen Voliere eher gegeben als in einer kleineren. Das Mindestmaß, sofern es für die einzelnen Unterarten nicht im systematischen Teil anders angegeben wird, lässt sich leicht durch folgende Rechnung ermitteln: Länge: 10 x Vogellänge Breite: 3 x Vogellänge. Das würde für ein Paar Braunohrsittiche (*P. frontalis*), deren Größe mit 26 cm angegeben ist, eine Volierengröße von 2,60 m x 0,78 m bedeuten. Ab dieser Volierengröße darf man einigermaßen sicher mit einer Zucht rechnen.

Dabei möchte ich unbedingt noch einmal darauf hinweisen, dass der Zuchtraum seinen Bewohnern auch Sinnesreize bieten sollte. Achten Sie einmal darauf: Züchter mit den einfachsten, aus Holz und Drahtabfällen zusammengebastelten Volieren, haben oft erstaunliche Erfolge, während die Besitzer von ordentlich angelegten Reihenkäfigen noch nach Jahren verzweifelt auf Vogelnachwuchs warten. Aber die zuerst genannten Volieren erscheinen den Sittichen wohl eher interessanter, hier finden sie Verstecke und ihre natürliche Neugier kann befriedigt werden. Falls Sie diese Argumente immer noch nicht überzeugen, so schauen Sie sich doch einmal die Bilder des tropischen Regenwaldes an, in dem viele Rotschwanzsittiche zu Hause sind, er sieht auch nicht wie eine Obstplantage aus.

Und noch einen entscheidenden, vielleicht bedeutsamsten Vorteil besitzen diese Volieren: Sie kommen dem Sicherheitsbedürfnis der *Pyrrhura*-Arten entgegen, das bei ihnen in der näheren Umgebung des Schlaf- und Nistkastens stark ausgeprägt zu sein scheint. Sie brauchen einfach eine versteckte Ecke, in die sie sich zurückziehen können. Wenn Ihre Anlage solche schützenden Winkel nicht enthält, befestigen Sie einfach ein größeres Brett im rechten Winkel zur Volierenseite, hinter dem Sie dann den Nistkasten anbringen. Es mag dann zwar sein, dass Sie ihre Sittiche kaum noch zu Gesicht bekommen, Sie haben nun aber auch die Gewissheit, dass sich die Vögel zuvor nicht sicher genug gefühlt hatten.

Es gibt noch eine andere Möglichkeit, den Tieren in ihrem Sicherheitsbedürfnis entgegenzukommen: durch die Gewöhnung an den Pfleger. Es ist sicher nicht nachteilig, wenn man das Vertrauen seiner Tiere gewinnt, was auch bei vielen Rotschwanzsittichen gar nicht so schwer zu bewerkstelligen ist. Viele erfolgreiche Züchter schwören, dass das einer der Gründe ihrer Erfolge ist.

Die Besetzung der Nachbarvolieren spielt für die Zucht der Rotschwanzsittiche meist eine untergeordnete Rolle. So dürfen sie sogar artgleiche Tiere beherbergen, ohne dass sich die Paare durch Scheingefechte von dem Brutgeschäft ablenken lassen, wie es mitunter bei den australischen Sittichen der Fall ist. Mit etwas Glück tritt eher der umgekehrte Fall an: Die Paare stimulieren sich gegenseitig zur Brut.

Nistkasten

Zu den äußeren Voraussetzungen zählen der Nistkasten oder der Naturstamm. Die Größe und Form hängt zuerst einmal davon ab, ob man die Vögel in der Gruppe oder paarweise hält. Meist sind Rotschwanzsittiche hier nicht wählerisch. Zur Zucht in der Gruppe sollte man aber immer nur Auswahlmöglichkeiten bieten, die dem brütenden Weibchen einen Nistplatz am Boden des Kastens zur Verfügung stellt und den restlichen Gruppenmitgliedern ermöglicht, an einer anderen Stelle des Nistkastens zu schlafen. Hierzu eignet sich z.B. Nistkästen, wie sie in den Fotos auf Seite 65 zu sehen sind.

Wer seine Rotschwanzsittiche zur Zucht paarweise hält, braucht sich über die Größe und Form des Nistkastens nicht allzu viele Gedanken machen. Es reicht, dem Paar einen Kasten (oder Naturstamm) im Hochformat und einen im Querformat anzubieten.

Aber nicht nur die Anzahl der Kästen oder Stämme sollten eine Auswahl ermöglichen, sondern auch die Größe und die Form sollten variieren. Als Mindestmaß für den Innendurchmesser nimmt man Dreiviertel der Körpergröße. Das wären beim Blausteißsittich (*P. coerulescens*), der eine Größe von 24 cm

***Zwei Nistkastentypen**, die den Brutbedürfnissen der Rotschwanzsittiche auch bei der Gruppenhaltung deutlich entgegenkommen.*

besitzt, genau 18 cm. Obwohl Rotschwanzsittiche meist lieber kleinere Kästen bevorzugen, sollte man doch besser immer einen mit einem etwas größeren Durchmesser wählen. Mitunter ist das Gelege doch recht groß und die Jungen sitzen in zu kleinen Kästen dann buchstäblich übereinander.

Kästen im Hochformat sollten im Innern eine Kletterhilfe besitzen, die man sich selber aus stabilem Maschendraht herstellen kann. Sie muss gut befestigt werden und sollte nicht ganz bis zum Kastenboden reichen, wo ja das Weibchen brüten soll.

Als Nistmaterial gibt man eine ein bis zwei Zentimeter dicke Lage aus leicht groben Hobelspänen. Den oft empfohlenen Torf verwendet man aus hygienischen Gründen besser nicht, da er Pilzsporen enthalten kann. Eventuell kann man die Mischung durch Zugabe von Vogelsand noch etwas fester machen. Durch das Nistmaterial soll verhindert werden, dass der Kastenboden durch den Kot der späteren Jungtiere zu stark verschmutzt wird, und dass die Eier herumrollen können, wenn keine Nistmulde vorhanden ist. Viele Weibchen säubern ihren Nistkasten vor der ersten Eiablage und werfen die Einstreu heraus. Man sollte nicht gleich eingreifen, sondern warten, ob Eier gelegt werden. Im Idealfall enthält der Kasten eine Nistmulde, die das Gelege zusammenhält. Erst, wenn Junge im Alter von mehreren Tagen im Kasten sind, kann man wieder anfangen, nach und nach Nistmaterial in den Kasten zu geben.

Der Nistkasten (oder Naturstamm) wird möglichst hoch angebracht. Denken Sie aber an die Notwendigkeit von Nistkontrollen, die möglichst schnell und leicht durchgeführt werden sollten.

Paarverhalten

Wie man ein wirkliches Paar erhält, wurde schon ausführlich in dem Kapitel „Geschlechtsbestimmung“ besprochen. Hier möchte ich noch einmal betonen, wie wichtig die Harmonie zwischen den Partnern ist. Bei den Rotschwanzsittichen wird man hierin aber leicht getäuscht. Zwei Vögel sitzen bei ihnen nahezu immer eng beisammen, kraulen sich gegenseitig oder füttern und begatten sich sogar. Dabei spielt es auch keine Rolle, welchem Geschlecht der andere Partner angehört. Sollte aber der umgekehrte Fall eintreten, dass ein sicheres Paar nicht eng beieinandersitzt, die

Vögel sich womöglich aus dem Weg gehen oder sich gar regelmäßig streiten, darf man nicht zögern und muss einen der beiden auswechseln.

Ein wirklich gut harmonierendes Paar erkennt man bei längerem Beobachten daran, dass es schier un-

Ein harmonisierendes Paar *wie diese beiden Grünwangen-Rotschwanzsittiche (P. m. molinae) sitzt immer eng aneinandergeschmiegt und die Partner unternehmen alles gemeinsam.*

zertrennlich zu sein scheint. Beide Partner sitzen immer eng aneinandergeschmiegt, alles unternehmen sie gemeinsam, und ihre Liebe zueinander scheint unerschöpflich zu sein.

Für die Bereitschaft, in Menschenobhut zu brüten, scheint es nicht entscheidend zu sein, ob wir Import- (die es kaum noch gibt) oder Nachzuchttiere ansetzen. Bei Nachzuchten hat sich gezeigt, dass sie in ihrem Brutverhalten den Eltern ähnlich sind. Für uns kann hier die jeweilige Anzahl der pro Zucht aufgezogenen Jungen bedeutend sein. In der Praxis heißt das: Haben die Eltern immer überdurchschnittlich viel Nachwuchs auf die Stange gebracht, so wird dies wahrscheinlich auch später bei ihren Nachkommen der Fall sein. Auswirkungen kann das aber auch auf die Ernährung, Voliere oder die Nistkastenart haben. Vorsorglich sollte man sich also wenigstens Notizen über diese Aspekte machen, wenn man Jungvögel von einem Züchter erwirbt.

Vermeiden sollte man bei den Rotschwanzsittichen immer eine Inzucht. Die Nachteile scheinen sich bei den Vertretern der Gattung besonders schnell, meist schon in der dritten Generation auszuwirken. Die Jungen fallen kleiner aus, sind schwächlicher und ziehen selbst nur unbefriedigend Junge auf. Allerdings ist es heute nicht immer einfach, einen blutsfremden Partner für seine Tiere zu finden. Das gilt vor allem für die selteneren Arten wie z.B. den Weißohrsittich (*P. leucotis*), den Blaustirn-Rotschwanzsittich (*P. picta*) oder den Pfrimers Weißohrsittich (*P. pfrimeri*). Selbst wenn man einen tauschwilligen Züchter findet, ist es nicht immer sicher, ob er nicht selbst Tiere besitzt, die mit den unsrigen verwandt sind. Der Grund hierfür ist einfach: In den letzten Jahren haben einige wenige Pioniere der *Pyrrhura*-Zucht „halb Europa" mit den seltenen Vögeln versorgt. Eine vorsorgliche Recherche, woher denn unser Tauschpartner seine Sittiche habe, erscheint deshalb immer ratsam.

Hier noch einen Ratschlag für das Zusetzen eines neuen Vogels, was immer einmal notwendig ist, wenn das alte Paar nicht harmoniert, ein blutsfremder Vogel beschafft werden konnte oder ein Tier eingegangen ist. Nehmen Sie den bisherigen Bewohner für drei Tage aus seiner gewohnten Voliere und setzen in dieser Zeit schon den Neuankömmling hinein. (Der sollte zuvor seinen Eingewöhnungsprozess durchlaufen haben). Er hat dann die Möglichkeit, sich an die ungewohnte Umgebung zu gewöhnen. Wird der andere Sittich wieder zurückgesetzt, ist er meist so froh darüber, dass er nun seinen neuen Mitbewohner auch akzeptiert. Trifft man diese Vorsichtsmaßnahme nicht, geht man das Risiko ein, dass der neue Vogel sofort angegriffen und verletzt wird.

Voraussetzungen zur Zucht

Bevor wir uns dem eigentlichen Brutgeschäft zuwenden, seien noch zwei weitere Vorbedingungen angeführt, die leider von den Züchtern immer wieder vergessen werden. Die erste lautet: Setzen Sie nur kräftige Tiere in guter Kondition zur Zucht an. Bei schwächeren oder gar kränkelnden Sittichen sollte man zumindest im Sommer den Kasten oder Naturstamm entfernen. In den meisten Fällen brüten solche Vögel sowieso nicht, aber tun sie es doch einmal, so kann sich das negativ auf ihre Gesundheit und den gesamten Brutverlauf auswirken. Zum einen bedeutet eine Zucht, insbesondere für die Weibchen, eine ungeheure Anstrengung und zum anderen können von einem schwächlichen Tier nur schwächliche Junge erwartet werden. Diese sind oftmals nicht einmal in der Lage zu schlüpfen. Schaffen sie es dennoch, so entwickeln sie sich fast immer mangelhaft.

Die zweite Vorbedingung lautet: Man sollte lieber mit zwei oder drei Paaren einer Art als mit möglichst vielen verschiedenen *Pyrrhura*-Arten züchten. Sie kennen das Problem: Man erhält eine neue Art angeboten und möchte sie gern erwerben, also gibt man ein Paar von der Art ab, die man doppelt hat. Mit etwas Glück wird das verbleibende Paar schon züchten. Wie leicht betrügt man sich selbst und sieht nicht, dass die Chance auf Jungvögel mit nur einem Paar wesentlich geringer ist als mit zwei oder drei. Und was macht man, wenn sich ein Vogel als zuchtunfähig herausstellt oder gar einer eingeht? Demgegenüber sind die Vorteile doch beträchtlich: Befinden sich mehrere Paare einer Art in Sicht- oder wenigstens Rufkontakt zueinander, steckt meist ein brutlustiges Paar die anderen mit an. Das hört sich für manchen Leser sicher unglaubhaft an, aber erkundigen Sie sich einmal bei alten „Zuchthasen", die werden Ihnen dieses Phänomen bestimmt auch bestätigen können.

***Volieren in der Anlage** eines italienischen Züchters, der mehrere Paare Chiriqui-Sittiche (P. hoffmanni gaudens) in benachbarten Volieren untergebracht hat.*

Hat man mehrere Paare einer Art, ist es auch möglich, zum Beispiel einem Weibchen, das nur drei Eier bebrütet, zusätzlich Eier von einem Weibchen, dessen Gelege vielleicht aus acht Eiern besteht, unterzulegen. Dasselbe lässt sich später auch mit den Jungtieren machen, was spätestens dann immer notwendig ist, wenn ein Weibchen nicht richtig füttert, seine Jungen vielleicht rupft, oder wenn es während der Brut eingegangen ist. Gerade in dem letzten Fall ist man überhaupt froh, einen Ersatz parat zu haben. Das ist besonders bei den selteneren Rotschwanzsittichen wichtig.

Ernährung während der Brutzeit

In ihrer Heimat unterliegen die Rotschwanzsittiche in der Regel mehr oder weniger stark festgelegten Brutrhythmen, das heißt sie brüten nur unter bestimmten, naturgegebenen Bedingungen. Meist besteht die Grundvoraussetzung hierfür in einem optimalen Futterangebot. Dieses wiederum hängt von besonderen klimatischen Verhältnissen ab, in der Regel von der Regenzeit. Zusätzlich besitzen aber die Sittiche so etwas wie eine „innere Uhr", einen instinktiven Brutauslöser. Letzterer ist oftmals dafür verantwortlich, wenn manche *Pyrrhura*-Vertreter mitten im Winter mit dem Brutgeschäft beginnen. Die Mehrzahl hat unser Klima adaptiert und richtet sich beim Brüten nach der, für unsere Verhältnisse günstigsten Jahreszeit: dem Frühling. Da wird es spürbar wärmer, die Tage werden länger und das Grün der Pflanzen bricht hervor. Das alles sind für die Rotschwanzsittiche Brutstimulatoren. Die Stimulation durch das Futter wird zwar überbewertet, wir sollten trotzdem versuchen, die äußeren Verhältnisse noch durch ein entsprechendes Futterangebot zu unterstützen (siehe auch unter „Ernährung und Fütterung"). Insbesondere ist es wichtig, den Protein- und Vitamingehalt des Futters zu erhöhen. Konkret heißt das, dass wir mehr von der Grundmischung reichen, wobei wir den Obstanteil erhöhen und das Kochfutter gegen Keimfutter austauschen.

Sollten wir feststellen, dass dieser Stimulus nicht oder nicht ausreichend wirkt (z. B. weil das Paar kein Eifutter anrührt), können wir versuchen, mit zusätzlichen Gaben von gekeimten Sonnenblumenkernen den Eiweißgehalt zu erhöhen. Diese Vorgehensweise sollte aber nicht der Normalfall werden, da der Fettgehalt der Sonnenblumenkerne einfach zu hoch ist, während der Eiweißanteil bei 20 % liegt. Gekeimt verfüttert werden sie für die Sittiche leichter aufschließbar und ihr Vitamingehalt steigt spürbar. Alternativ können wir Kürbiskerne (Eiweißgehalt um 27 %) reichen oder verstärkt Hanf füttern. Als ideales Stimulierungsmittel hat sich auch gekeimter Hafer bewährt, der bereits in der empfohlenen Keimfuttermischung enthalten ist und nicht fehlen sollte, da er reich an Vitamin E ist. Dieses Vitamin begünstigt und fördert die Fruchtbarkeit, den Geschlechtstrieb und die Befruchtung der Eier.

Dieselbe Wirkung erzielt man auch durch halbreife Maiskolben und mit den meisten grünen Pflanzen.

***Mehlwürmer sind ein idealer Eiweißlieferant**, der jedoch zur Vermeidung eines Eiweißschocks während der Brutzeit nur ein- bis zweimal wöchentlich gefüttert werden sollte; die Menge hängt dann immer noch davon ab, wieviel Obst und Gemüse die Vögel fressen.*

Wer es ermöglichen kann, sollte deshalb gerade für die Zuchtsaison immer halbreifen Mais eingefroren parat haben. Grünpflanzen, allen voran die Vogelmiere, nicht zu reichen, ist eine leichtfertige Vernachlässigung.

Das gilt genauso für das Eifutter und für tierisches Eiweiß, allen voran die bekannten Mehlwürmer. Nicht alle Rotschwanzsittiche rühren sie an, aber wenn die Vögel erst einmal auf den Geschmack gekommen sind, würden sie Unmengen davon fressen. Deshalb ist es notwendig, ihre Menge zu begrenzen und sie nur ein- oder zweimal pro Woche zu verabreichen. Wie viel genau die Vögel von diesem tierischen Eiweiß fressen dürfen, muss jeder Züchter selbst entscheiden, da die Menge davon abhängt, wie viel Obst und Gemüse sowie Kohlenhydrate die Vögel ansonsten aufnehmen.

Alle oben angeführten Futtermittel sollten bereits ab Mitte Februar verstärkt angeboten werden. Dabei sind die Rationen langsam aber ständig zu steigern, sodass die Menge ab Mitte April ihr Maximum erreicht. Fangen die Vögel vorher mit der Brut an, verschiebt sich der Zeitpunkt natürlich entsprechend. Spätestens ab September/Oktober bzw. nach einem Brutende sollten die Vögel wieder ihre geringere Normalmenge des Grundfutters sowie die Trockensamenmischung erhalten.

Brutverlauf

Wie kündigt sich nun eine bevorstehende Brut bei Rotschwanzsittichen an? Die Antwort ist: Oftmals überhaupt nicht. Schon mancher Züchter, der besorgt sein Weibchen suchte, fand es überraschenderweise auf einem Gelege. Der Grund für dieses Verhalten liegt darin, dass die Vögel instinktiv schon einige Zeit vor der ersten Eiablage vorsichtiger sind und sich auch vor dem Pfleger zurückziehen.

Andere *Pyrrhura*-Vertreter kündigen eine bevorstehende Brut dagegen schon recht deutlich an. Die typischsten Verhaltensweisen sind ein verstärktes und manchmal rastloses Hin- und Herfliegen, ein Imponiergehabe mit gesträubtem Gefieder und fortwährendem Gezwitscher gegenüber eventuellen Mitbewohnern und dem Halter, ein intensives Untersuchen aller vorhandenen Nistgelegenheiten, ein Anbalzen des Partners mit einem ständigen Auf- und Abwiegen des Oberkörpers, ein häufiges Füttern und ein ausdauerndes Kraulen des Partners. Weitere Anzeichen sind ein Herauswerfen des Nistmaterials aus dem Kasten, ein aggressives Verhalten gegenüber anderen Vögeln (sofern vorhanden), ein plötzliches starkes Nagebedürfnis oder ungewöhnlich laute Rufe.

Begattungen sind erst ein Hinweis, wenn man sie öfter beobachten kann. Dies möchte ich hier gesondert vermerken, da mancher Züchter schon anfängt, die vermeintlich zu erwartenden Eier zu zählen, wenn er einen Tretakt seiner Vögel gesehen hat. Nur wenn

Rotscheitelsittiche *(P. roseifrons) beim gegenseitigen Füttern; das kann ein Hinweis auf eine bevorstehende Brut sein, ist allerdings bei Rotschwanzsittichen noch kein sicheres Zeichen hierfür.*

dies öfter geschieht, ist es ein sicherer Hinweis auf eine bevorstehende Brut.

Einige Zeit vor der ersten Eiablage hält sich das Weibchen auch tagsüber häufiger im Nistkasten auf. Wenige Tage vor dem Legen kann man schon die typischen anormal großen Kotabsetzungen beobachten, die dadurch zustande kommen, weil das Weibchen nur noch wenige Male täglich das Nest verlässt. Jetzt zeigt es auch schon einen geschwollenen Unterleib, der die Ausbildung eines Eies signalisiert.

Der zeitliche Abstand zwischen Begattung und Eiablage kann variieren, er dauert aber ungefähr 14 Tage. Wir können uns daher in etwa ausrechnen, ab wann mit dem ersten Ei zu rechnen ist. Das ist deshalb notwendig, weil unsere Sittiche jetzt in Ruhe gelassen

Ein Chiriquí-Sittich-Junges (P. hoffmanni gaudens) nach dem Schlüpfen (rechts); links die Zuchtvolieren mit Teilansicht des Nistkastens im Hochformat.

werden sollten, um ein Gelingen der Brut nicht zu stören.

Der Abstand der Eiablagen beträgt im Regelfall zwei bis drei Tage, kann aber auch einmal größer sein, ohne dass wir gleich an eine Legenot denken müssten. Das Gelege fällt von Paar zu Paar recht unterschiedlich aus, die Varianten reichen von zwei bis in Ausnahmefällen zwölf Eiern, wobei aber der Durchschnitt bei fünf oder sechs liegen dürfte. Die Befruchtungsrate ist bei fast allen *Pyrrhura*-Arten sehr groß, nur selten ist mehr als ein Ei unbefruchtet.

Ist ein Gelege völlig unbefruchtet, gibt es hierfür mehrere Gründe: Das vermeintliche Männchen könnte in Wirklichkeit ein Weibchen sein, Männchen oder Weibchen könnten zu alt sein, sich nicht füreinander interessieren oder eines von beiden oder beide einfach nur unfruchtbar sein.

Das Weibchen bebrütet das Gelege nur selten schon ab dem ersten Ei. Normalerweise fängt es ab dem zweiten oder dritten, seltener erst ab dem vierten oder fünften Ei an. Der Zeitpunkt, ab wann es damit beginnt, ist für alle jene wichtig, die über den Brutverlauf genau Buch führen.

Chiriquí-Sittich-Junge *(P. hoffmanni gaudens) im Alter von 5 bis 12 Tagen (links) und 14 bis 21 Tage, (rechts).*

Bei den *Pyrrhura*-Arten brütet das Weibchen allein. Das Männchen hält sich zwar mitunter auch für kurze Zeit mit im Kasten auf, aber meist sitzt es als „Wachtposten" auf der Stange vor dem Einschlupfloch oder in dessen Nähe.

Mitunter befinden sich in einem Gelege auch Eier, in denen die Embryos in einem bestimmten Stadium abgestorben sind oder deren Inneres einfach verfault ist. Erstere erkennt man an ihrer scheckigen Schalenfärbung und daran, dass sie sich mitunter wie „Stehaufmännchen" verhalten, wenn man sie zur Seite rollt. Bei den letzteren wandert die Luftblase, was sich leicht feststellen lässt, wenn man sie durchleuchtet. Diese Eier sind sofort zu entfernen. Würden sie zerbrechen, könnten Fäulniserreger spätere Jungtiere, aber auch die Eltern gefährden.

Unbefruchtete Eier erkennt man im Gegenlicht an ihrer Lichtdurchlässigkeit. Am besten lässt man sie vorläufig noch im Gelege. Vielleicht muss man sie später einmal gegen befruchtete Eier eines anderen Paares austauschen.

Die Jungen schlüpfen normalerweise nach einer Brutzeit von 22 bis 23 Tagen. Durch extreme und anhaltend schlechte Witterungseinflüsse oder bei Weibchen, die sehr locker auf ihrem Gelege sitzen, kann sich der Schlupftermin auch pro Ei verlängern. Andere Zeiten, die man hin und wieder in Zuchtberichten findet, sind entweder auf eine ungenaue Beobachtung des Züchters zurückzuführen, oder sie geben die Brutdauer für das gesamte Gelege an, wobei meist nicht berücksichtigt wird, dass Rotschwanzsittiche nur selten schon ab dem ersten Ei brüten.

Die mangelnde Schlupffähigkeit mancher voll entwickelter Embryos hat bei den Rotschwanzsittichen nur in äußerst extremen Fällen etwas mit der Lufttrockenheit zu tun. Diese wird leider immer noch in vielen Büchern als entschuldigende Erklärung angegeben. Der eigentliche Grund liegt aber fast immer in der mangelnden Kondition der Elterntiere. Spritzen Sie also nicht unnötigerweise Wasser in den Kasten oder schwemmen gar die Eier in lauwarmem Wasser, wie es oft empfohlen wird. Wenn es wirklich einmal zu trocken wird, sorgen die Rotschwanzsittiche schon selbst für eine ausreichende Luftbefeuchtung in ihrem Nistkasten: Sie baden dann nämlich ausführlich und, wenn es sein muss, mehrmals täglich.

Ebenso wird, wenn auch nur vereinzelt, in manchen Büchern geraten, im Notfall eine Schlupfhilfe zu leisten. Das hört sich einfach an, ist es aber gar nicht. Man muss den genauen Tag des Schlüpfens kennen, was nur geht, wenn man genau Buch führt und jedes

***Die Chiriquí-Sittich-Jungen** (P. h. gaudens) haben ein Alter von 28 und 35 Tagen.*

Ei kennzeichnet. Da dies die wenigsten Züchter aber machen, greifen sie oft schon „helfend" ein, wenn sie die piepsende Stimme des Embryos durch die Eischale hören oder wenn diese erste Pickstellen zeigt. Beides ist aber oft schon zwei bis drei Tage vor dem Schlupf der Fall und völlig natürlich. Wird das Junge nun vorzeitig aus seiner schützenden Behausung gepellt, so hat es seinen Dottersack noch anhängen, der normalerweise erst wenige Stunden vor dem Schlupf in den Körper eingesogen wird. Es ist dann unweigerlich zum Tode verurteilt.

Trifft man aber den richtigen Zeitpunkt, tritt meist eine Blutung an der durchgetrennten Nabelschnur auf. Sie muss sofort durch ein blutstillendes Pulver behandelt werden. Schlupfhilfe sollte man aber grundsätzlich nur dann leisten, wenn einwandfrei zu erkennen ist, dass sich das Junge nicht allein aus der Eihülle befreien kann. Mitunter kleben die Jungen an Teilen der Eischale fest, die man äußerst vorsichtig mittels Öl entfernt.

Wenn Sie das zuvor über die Schlupfhilfe Geschriebene lesen, könnten Sie vielleicht dem Irrglauben verfallen, ich würde diese befürworten. Das Gegenteil ist der Fall! Der Schlupfvorgang ist Bestandteil der natürlichen Auslese, die immer die stärksten Tiere begünstigt und letztendlich nur so der ganzen Art eine Überlebenschance garantiert. Das gilt entsprechend auch für unsere Vögel in Menschenhand.

Verständlich ist die Schlupfhilfe freilich – welcher Züchter verzichtet schon gerne auf mehr Junge? Nur sollte man dann diese Tiere im Auge behalten und dafür sorgen, dass sie später nur mit einem überdurchschnittlich kräftigen Vogel verpaart oder erst gar nicht zur weiteren Zucht eingesetzt werden.

Jungenentwicklung

Wenn die Jungen schlüpfen, besitzen sie bei den meisten *Pyrrhura*-Arten einen weißlichen Flaum, durch den die rosafarbene Haut deutlich hindurch scheint. Sie sind blind, auf dem Schnabel befindet sich der Eizahn. Ab dem 9. Tag sind die aufkommenden Federn schon als kurze, dunkle Striche durch die Haut zu erkennen. Nach 13 Tagen öffnen sie ihre Augen und der anfangs weißliche Schnabel zeigt jetzt einen grauen Anflug (natürlich nur bei den Arten mit schwärzlichem Schnabel), gleichzeitig stoßen die Federkiele durch die Haut.

Im Zeitraum von der dritten bis zur vierten Woche brechen am ganzen Körper, mit Ausnahme des Unter-

Ein Chiriquí-Sittich-Junges (P. h. gaudens) im Alter von 45 Tagen; rechts Junge nach dem Ausfliegen mit den Elterntieren.

rückens, die Kiele auf. Jetzt ist der Nachwuchs schon deutlich als Rotschwanzsittich zu identifizieren, denn man sieht schon die für die meisten Arten typische Halsfedersäumung sehr gut.

Nach ca. 40 Tagen ist der Vorgang der Befiederung so gut wie abgeschlossen. Viele Rotschwanzsittichjunge unterscheiden sich jetzt von ihren Eltern im Wesentlichen nur durch ihre blassere Schnabel- und mattere Gefiederfärbung, durch den Schnabelwulst und durch die dunklen, großen „Kinderaugen".

Die Jungen werden während der gesamten Entwicklungszeit fast ausschließlich vom Weibchen allein gefüttert. Erst, wenn die Jungtiere schon eine beträchtliche Größe erreicht haben, scheinen sie auch direkt vom Männchen mitgefüttert zu werden. Dieses kann den Nachwuchs aber auch allein aufziehen, wenn das Weibchen plötzlich eingegangen sein sollte.

Mit Nistkontrollen sollte man in der Brutzeit sehr vorsichtig sein, insbesondere dann, wenn das Paar zum ersten Mal Junge aufzieht. Es kommt zwar recht selten vor, doch hin und wieder reagieren Rotschwanzsittiche empfindsam auf Kontrollen. Sie verlassen zum Beispiel das Gelege oder beißen ihre Jungen tot. Insgesamt nehmen sie aber Überprüfungen nicht übel. Um jedoch unliebsame Überraschungen zu vermeiden, empfiehlt es sich, nur dann nachzuschauen, wenn sich die Alttiere außerhalb ihres Kastens befinden. Ganz verzichten darf man aber auf die Kontrollen nie, es könnten unbefruchtete Eier ausgelaufen oder Junge eingegangen sein, die dann eine Infektionsquelle für die anderen Tiere darstellen.

Junge Rotschwanzsittiche verlassen das schützende Nest erstmals im Alter von 45 bis 50 Tagen. Zielsicher fliegen sie sofort, Schwierigkeiten bereitet ihnen anfangs nur das Landen. Sie besitzen eine angeborene Scheu und fliegen aufgeschreckt davon, wenn sie etwas Fremdes erblicken. Wir sollten uns daher nur vorsichtig der Voliere nähern.

Junge Rotschwanzsittiche werden noch ungefähr drei bis vier Wochen von beiden Elternteilen gefüttert, was sie meist auch ausgiebig nutzen. Selbständig fressen sie allerdings meist schon wesentlich früher, unter Umständen bereits zehn Tage nach dem Ausfliegen.

Sie können noch eine ganze Zeit lang bei den Alttieren bleiben. Wenn diese aber schon bald ein zweites Gelege tätigen, ist bei einigen wenigen Paaren Vorsicht geboten. Die Jungtiere könnten von den Alttieren weggebissen und verletzt werden, was allerdings die

Ausnahme ist. Trotzdem ist es ratsam, immer die ganze Familie zu beobachten.

Wer seine Jungtiere behalten möchte, um später mit ihnen zu züchten, sollte sich gleich eines speziellen Tricks bedienen: Kurz vor dem Ausfliegen werden die Jungen in einen separaten Kasten umgesetzt, der neben dem alten angebracht werden sollte. Die Alttiere schauen dann zwar für kurze Zeit etwas verdutzt, aber spätestens, wenn das erste Junge nach Futter schreit, werden sie zu ihrem Nachwuchs in den Kasten schlüpfen. Nach dem Ausfliegen erkennen die Jungen den neuen Nistkasten als den ihren an und werden ihn auch weiterhin zum Schlafen benutzen. Nun können sie getrost mit ihrer eigenen Behausung in eine neue Voliere umgesetzt werden, da sie diese weiterhin zum Schlafen benutzen werden. Dies ist besonders wichtig, wenn sie in einer reinen Freivoliere untergebracht sind. Jungvögel, die ohne eigenen Kasten umgesetzt werden, beziehen oftmals erst nach Wochen oder Monaten einen neuen und nächtigen bis dorthin auf einer Stange.

Haben Rotschwanzsittiche erst einmal mit dem Brüten begonnen, scheinen manche Paare unter ihnen damit überhaupt nicht mehr aufhören zu wollen. Oftmals legen die Weibchen bereits wieder, wenn das letzte Junge den Kasten noch nicht verlassen hat. Mehr als zwei, allerhöchstens aber drei Bruten pro Jahr sollte man nicht zulassen. Immerhin stellt jede Jungenaufzucht eine enorme Anstrengung für die Sittiche dar. Das zeigt sich meist schon bei der dritten Brut in Reihenfolge in Form von nicht mehr schlupffähigen Jungen oder bei solchen mit Mangelerscheinungen. Spätestens jetzt sollte man rigoros sein und den Alttieren den Brutkasten vorsorglich wegnehmen.

Der Brutkasten (bzw. Brutstamm) sollte übrigens nach jeder Zucht gründlich gereinigt und desinfiziert werden. Das ist bei den *Pyrrhura*-Arten besonders wichtig, da nur wenige von ihnen den Kot der Jungen aus dem Kasten schaffen.

Zucht in Gemeinschaftshaltung

Das bisher Geschriebene galt für die Haltung und Zucht von einem Paar pro Voliere. Wie lassen sich aber Rotschwanzsittiche in einer Gemeinschaftsvoliere züchten? Diese Frage ist nicht leicht zu beantworten.

Werden verschiedene *Pyrrhura*-Arten oder *Pyrrhura*-Vertreter mit anderen Sittichen zusammen gehalten, so unterliegen alle Vögel einer bestimmten Rang- oder Hackordnung, in der immer die stärksten Tiere dominieren. Diese sind dann meist auch die einzigen, die zur Brut schreiten. Man kann davon ausgehen, dass diese, für die schwächeren Sittiche ungünstigen Verhältnisse, gemildert werden, je größer die Voliere ist oder je mehr Ausweichmöglichkeiten sie bietet. Wer also Rotschwanzsittiche in einer gemischten Haltung züchten möchte, sollte nur gleichgroße Arten zusammen halten. Als Mindestmaß sollten jedem Paar drei Quadratmeter Bodenfläche zur Verfügung stehen. Hier ist es wichtig, dass alle Sittiche gleichzeitig in den Flugkäfig eingesetzt werden. Setzt man später einzelne dazu, wird sich meist sofort der ganze Schwarm auf sie stürzen. Nur wesentlich größere Vögel können sich dann noch behaupten, sie stören aber später wieder das Brüten von schwächeren Paaren.

Aber auch so muss man mit gelegentlichen Raufereien zwischen den Bewohnern rechnen. Besonders zur Brutzeit werden die Weibchen recht aggressiv, und es kann schon gelegentlich Blut fließen, wenn zwei denselben Brutkasten beanspruchen. Diese Situation bessert sich erst in sehr großen Gemeinschaftsvolieren, die jedem eingesetzten Paar wenigstens zehn Quadratmeter Bodenfläche zur Verfügung stellen. Leider aber besitzen nur wenige Züchter die

Ein Schwarm Pfrimers Rotschwanzsittiche *(P. pfrimeri) in einer Großvoliere bei einem brasilianischen Züchter; die Nistkästen sind an der Volierendecke aufgehängt (rechts).*

Möglichkeit, ihren Tieren solche Idealverhältnisse zu bieten.

Die bisher angeführten Schwierigkeiten und ihre Bewältigungsmöglichkeiten gelten sinngemäß auch für die Gemeinschaftshaltung von artgleichen Rotschwanzsittichen. Hier hat man aber noch ein weiteres Problem. Fast immer bezieht die gesamte Gruppe gemeinsam einen Kasten. Der Züchter kann sich hier die größten Mühen geben und den Tieren jede erdenkliche Auswahl an Nistmöglichkeiten bieten; umsonst, kaum einmal sondert sich ein Paar ab oder löst sich die Gruppe auf.

Die Gruppenhaltung *von Rotschwanzsittichen ist zwar ein besonderes Erlebnis, birgt für die Zucht aber etliche Probleme; das Foto zeigt je zwei Rotscheitel- (P. roseifrons) und Sandia-Steinsittiche (P. r. sandiae).*

Bei dieser Haltung können die Weibchen ohne weiteres brutlustig werden, Eier legen und erfolgreich Junge aufziehen. Meist brüten dann sogar mehrere Weibchen gemeinsam in dem Nistkasten, aber wenige dieser Bruten sind in der Praxis ein echter Erfolg. Der Grund ist, dass meist die falschen Nistkästen angeboten werden, weshalb viele Eier von nicht brütenden Schwarmmitgliedern beschädigt werden, bei Panik im Nistmaterial verschwinden oder einfach nur einmal für eine Nacht zur Seite rollen und deshalb in dem Gewimmel von Sittichen abkühlen und somit absterben. Zusätzlich verschmutzen die Eier, so dass den Embryos der notwendige Sauerstoff fehlt. Auf jeden Fall ist aber die Schlupfrate spürbar geringer, was im Übrigen auch auf einen Mangel an Luftzirkulation innerhalb des Kastens zurückgeführt werden kann.

Wenn es aber unter den oben beschriebenen Verhältnissen zur Eiablage eines oder mehrerer Weibchen gekommen ist, hilft meist nur noch ein Mittel: Alle nicht brütenden Vögel müssen für die Dauer der Brut aus der Voliere herausgenommen werden. Hierbei spielt es keine Rolle, ob nun „der leibliche Vater" der noch ungeborenen Jungen unter den Delinquenten ist, er stört genauso wie die anderen Bewohner. Viele Züchter haben Angst vor diesem Schritt, aber seien Sie sicher, die Chance, so Jungvögel zu bekommen, ist wesentlich größer, als alle Tiere in der Voliere zu lassen und zu hoffen, dass den Eiern oder den Jungen vielleicht nichts passieren würde.

Mehr Glück kann man haben, wenn man in eine Gemeinschaftsvoliere Tiere setzt, die bereits fest verpaart sind.

Allerdings ist es nicht ratsam, von einer Art nur zwei Paare in einer Voliere zu halten, hier sollten es drei Paare sein. Von zwei Paaren ist immer eines das stärkere, dessen Aggressivität die anderen beiden Tiere unter Umständen voll zu spüren bekommen. Bei drei Paaren hingegen verteilt sich der mögliche Zorn des überlegenen Paares auf vier Vögel. Wenn nicht alle Paare, wie zuvor beschrieben, den selben Nistkasten benutzen, ist hier die Chance größer, dass alle Paare brüten.

Als Voraussetzung müssen die Nistkästen möglichst weit voneinander angebracht und Eingangslöcher mit den Anflugstangen so ausgerichtet werden, dass sich die Männchen während der Brutzeit nicht sehen können, wenn sie als „Alarmposten" das Einschlupfloch bewachen.

Ammenaufzucht

Mitunter wird man gezwungen sein, Jungvögel vorzeitig aus dem Nest zu nehmen, weil die Eltern nicht mehr füttern oder vielleicht eingegangen sind. Was macht man aber nun mit den kleinen Sittichen? Auf diese Frage gibt es nur zwei mögliche Antworten: Entweder schiebt man sie Ammeneltern unter oder zieht sie künstlich mit der Hand auf.

Geeignete Ammen für die Jungen zu finden, ist nur möglich und problemlos, wenn man mehrere Zuchtpaare von Rotschwanzsittichen besitzt, die zur gleichen Zeit brüten bzw. Junge aufziehen. Von ihnen werden die Jungtiere meist problemlos akzeptiert und mit aufgezogen. Sicher werden sich auch andere südamerikanische Vögel wie der Goldstirnsittich (*Eupsittula aurea*) oder die verschiedenen Unterarten des St.-Thomas-Sittichs (*Eupsittula pertinax*) hierfür einsetzen lassen. Ob eine Ammenaufzucht aber auch mit australischen Sittichen möglich ist, kann hier mangels Erfahrung nicht beantwortet werden.

Handaufzucht

Für die künstliche Aufzucht durch den Menschen haben leider nur wenige Züchter die Zeit. Anfangs braucht man dazu sehr viel Geduld, da die Jungen erst lernen müssen, aus einer Futterspritze (Einwegspritze, erhältlich in jeder Apotheke, oder handelsübliche Haushalts-Tortenspritze) sieben- bis zweimal täglich den Nahrungsbrei aufzunehmen. Diesen stellte man früher noch selbst her, erfreulicherweise bietet heute der Handel ausreichend verschiedene Sorten, die lediglich mit warmen Wasser angerührt werden müssen und auch für die Aufzucht von Rotschwanzsittichen geeignet sind.

Bis zu einem Alter von 20 Tagen füttert man die Jungen sieben- bis fünfmal, danach, wenn sie gut gedeihen, zwei- bis viermal täglich, nachts nie. Es ist unbedingt darauf zu achten, dass die verabreichte Menge nicht zu hoch gewählt wird, der Kropf muss elastisch bleiben. Hier schadet ein Zuviel mehr als ein Zuwenig. Ab dem 25. Tag darf der Nahrungsbrei mit Obst- und Karottensaft, Banane, Honig usw. angereichert und dickflüssiger werden. Langsam gewöhnt man jetzt die kleinen Sittiche daran, den Brei von einem Löffel abzunehmen und aus einem Napf zu fressen. Hier kann man wiederum, wenn sie selbstständig fressen, dem Futter feingehackte Petersilie, Vogelmiere, Speisehirse usw. beifügen. Ab dem 60. Lebenstag werden kleinere Mengen Körnerfutter angeboten und selbstverständlich auch Trinkwasser.

Handaufgezogene Rotschwanzsittiche *können – wie dieser Grünwangen-Rotschwanzsittich (P. molinae) es demonstriert – recht zutraulich werden.*

Bis zur Befiederung müssen die Jungtiere bei einer konstanten Temperatur von ca. 28 bis 35 °C untergebracht sein, später bei Zimmertemperatur. Auf eine normale Luftfeuchtigkeit ist immer zu achten.

Eine exakte Vorgehensweise zu beschreiben, würde hier den Buchrahmen sprengen, ich empfehle daher das Buch „Zucht von Papageien und Sittichen – Brut, Aufzucht und Pflege von Jungvögeln“ von Matthias Reinschmidt (2020), das die Handaufzucht genau beschreibt.

***Mischlingszuchten** kommen vor allem in Gemeinschaftsvolieren mit verschiedenen Arten vor, sollten jedoch nicht bewusst angestrebt werden; das Foto zeigt einen Rotbauchsittich (P. perlata), der sich als Partnerin einen Gelbseitensittich (Farbmutante von P. molinae) ausgesucht hat.*

Ein einzelner, von Hand aufgezogener Vogel wird nach den bisherigen Erfahrungen meist zwangsläufig auf den Menschen geprägt und ist dann ein anhänglicher Hausgenosse. Leider kann er aber oft mit seinen Artgenossen nichts mehr anfangen, schließlich kennt er von seinen ersten Lebenstagen an nur den Menschen. Somit ist er dann auch meist für die Zucht ungeeignet.

Letzteres ist nicht der Fall, wenn mehrere Rotschwanzsittiche gleichzeitig von Hand aufgezogen werden. Sie sind dann zwar dem Menschen gegenüber auch zahm, nicht aber auf ihn geprägt. Für spätere Zuchtzwecke eignen sie sich deshalb genauso wie ein wildgefangener oder nachgezogener Sittich.

Mischlingszucht

Anschließend soll hier das Problem der Kreuzung zweier Rotschwanzsitticharten angesprochen werden. Viele Züchter glauben immer noch, etwas Sinnvolles vollbracht zu haben oder womöglich die Fragwürdigkeit des zoologischen Systems zu beweisen, wonach die Nachkommen zweier Arten eigentlich unfruchtbar sein müssten. Um alle jene zu dämpfen, die aus diesem Grunde bewusst die Mischlingszucht von zwei Vertretern verschiedener Arten versuchen, möchte ich hier bestätigen, dass man alle Rotschwanzsittiche erfolgreich kreuzen kann, und ich möchte hier noch weitergehen und behaupten, dass viele Hybriden aus diesen Verbindungen fruchtbar sind. Damit wäre aber nichts bewiesen, schon gar nicht, dass das biologische Artkonzept falsch ist. Der Grund ist einfach: Bestimmte, in der freien Natur bestehende Hemmschwellen bei der Hybridisierung zweier sympatrischer, in einem Gebiet vorkommender Arten werden unter den Bedingungen in Menschenhand aufgehoben. Nur aus diesem Grunde sind die meisten Kreuzungen überhaupt möglich. So sind bewusst durchgeführte Mischlingszuchten letztendlich nur eine Vergeudung von Zuchtpotenzial. Leider scheint aber gerade in den USA ein Trend zum Züchten von Mischlingen vorhanden zu sein, und die Ergebnisse werden sogar noch stolz in Fachzeitschriften veröffentlicht. Bei allem Spaß, den uns unser Hobby bereitet, dürfen wir heute nicht eine der wichtigsten Aufgaben aus dem Auge verlieren: Einen Beitrag zur Erhaltung der Art oder Unterart zu leisten.

Ideale Zucht

Zum Schluss möchte ich noch anführen, wie die ideale Zucht von Rotschwanzsittichen künftig aussehen könnte. Wie wir bereits wissen, nutzen alle Rotschwanzsittiche das Bruthelfersystem, bei dem die Jungtiere aus vorherigen Bruten bei der Aufzucht von

Dieses Rotbauchsittichpaar *(P. perlata); rechts, hat mit Hilfe eines dritten Vogels, links, Junge aufgezogen; dass das Helfersystem auch in Menschenhand funktioniert, hat der Züchter Michael Moschkowski (2008) schon vor Jahren festgestellt.*

neuen Jungen helfen. Das können wir uns auch für die Zucht in Menschenobhut zunutze machen.

Voraussetzung ist vor allem eine Voliere, die groß genug ist, vier bis acht Rotschwanzsittiche zu beherbergen. Ideal wäre da eine Innen- mit anschließender Außenvolieren und eine Größe von wenigstens 2 m × 2 m Bodenfläche für den Innenraum und 4 m × 2 m für den Freiflug. Wichtig ist dabei noch der Nistkasten, der so konstruiert sein sollte, dass sich eine ganze Gruppe in ihm aufhalten kann, ohne ein brütendes Weibchen am Nistkastenboden zu stören. Im Unterkapitel „Nistkasten“ wurden bereits zwei Beispiele hierfür gezeigt. Der Fantasie des Züchters, der seine Tiere und ihre Bedürfnisse ja kennt, sind da keine Grenzen gesetzt.

Beginnen sollte man mit einem Zuchtpaar, dem man nach erfolgreicher Brut die Jungen für eine weitere Aufzucht der nächsten Generation belässt. Was offensichtlich nicht funktioniert, ist, dass man zwei Paare zusammensetzt, die dann im gleichen Nistkasten brüten. Der Grund hierfür ist einfach: Beide Weibchen wollen in erster Linie brüten und sind nur bedingt dazu bereit, bei der Aufzucht der Jungen des anderen Paares zu helfen. Besser ist es da schon, wenn man überzählige Vögel, für die man keinen Partner hat, mit zum Brutpaar setzt.

Wenn dann eine Brut mit den Helfervögeln geklappt hat, kann man diese zumindest teilweise abgeben und die neuen Jungvögel bei den Eltern belassen. Idealerweise beringt man die Jungvögel einer Brut zusätzlich mit Ringen in einer bestimmten Farbe, die man dann nach jeder Brut wechselt. So kann man auch nach Wochen und Monaten leichter feststellen, welches das Zuchtpaar, welches die Helfervögel und welches die Jungen der letzten Brut waren.

Um uns recht zu verstehen: Wer ein erfolgreiches Zuchtpaar einer seltenen Art hat, sollte natürlich bei seiner bisherigen bewährten Zuchtweise bleiben. Für all jene aber, die Vögel haben, deren Nachwuchs sich sowieso nicht leicht verkaufen lässt, weil das Jungvogelangebot zu groß ist, ist diese Vorgehensweise bei der Zucht ein Versuch wert. Die Vorteile liegen auf der Hand: Man kann die Helfervögel als zuchtreife und bruterfahrene Tiere anbieten.

Artenteil

Vorbemerkungen zum Artenteil

Der allgemeine und der systematische Teil dieses Buches sind aufeinander bezogen und ergänzen sich wechselseitig. Trotzdem sind einige Vorbemerkungen angebracht.

Nicht immer waren deutsche Namensbezeichnungen für die einzelnen Unterarten vorhanden. Es gibt jetzt nach der „Akademie für Vogelhaltung" auch für jede Unterart einen deutschen Namen. Dies erschien mir deshalb wichtig, weil sich gezeigt hat, dass unter Nichtwissenschaftlern der lateinische Sprachgebrauch für die einzelnen Arten und Unterarten nur schwer praktizierbar ist. Ebenso erscheint mir der Weg einiger Autoren und Züchter gefährlich, zwischen den Unterarten einer Art keinen Unterschied zu machen. Zum einen werden die Nominatform und die Unterarten dann oft wahllos miteinander gekreuzt; das Ergebnis sind dann nicht identifizierbare Mischlinge, zum anderen hat sich gerade in den letzten Jahren gezeigt, dass viele Unterarten in Wirklichkeit Artstatus haben.

Die Namen, die kürzlich von der Kommission der Deutschen Ornithologen-Gesellschaft kreiert wurden, haben wir nicht übernommen, da sie mehr Verwirrung als Klarheit bringen. So hat die Kommission z. B. aus dem traditionellen Namen „Blaustirn-Rotschwanzsittich" (*P. picta*) einen „Rotzügelsittich" gemacht, dies für einen Vogel, der noch nicht einmal einen roten Zügelbereich hat.

Ebenfalls radikal angepasst wurde die Systematik der Vögel, die so noch kaum in einer Publikation verwendet wird, sich aber mit einiger Sicherheit in den kommenden Jahren durchsetzen wird. Die teils einschneidenden Änderungen werden bei der betroffenen Art jeweils erläutert. Trotzdem sind diese Änderungen auch immer als Diskussionsbeitrag zu verstehen. Es war und konnte nicht von mir beabsichtigt sein, irgendwelche Ansprüche auf abschließende Klärung oder Vollständigkeit zu erlangen.

Der Blaustirn-Rotschwanzsittich (P. picta) ist ein gutes Beispiel, wie stark sich die Systematik der Rotschwanzsittiche geändert hat: Vor Jahren wurden ihm noch sieben Unterarten zugerechnet, heute ist die Art monotypisch.

Nicht immer wird der Halter Verhaltensweisen, die hier beschrieben werden, an seinen Tieren beobachten können. In diesem Fall sollte er berücksichtigen, dass wir es mit lebenden Vögeln zu tun haben, die eine eigene, individuelle Persönlichkeit darstellen.

Die Abschnitte bei den einzelnen Arten und Unterarten über die Haltung und Zucht sind nach einem festen Schema gegliedert: Im ersten Teil werden jeweils die bisher vorhandenen Informationen aus Büchern und Zeitschriften dargelegt, im zweiten Teil werden die Beobachtungen der Halter und Züchter ausgewertet. Zu diesem Zweck wurden bereits für das Vorläuferbuch Fragebogen an sie versandt, mit der Bitte, diese ausgefüllt an mich zurückzusenden. Allen, die dieser Bitte nachkamen, möchte ich an dieser Stelle nochmals herzlich danken. Sie sind im Einzelnen als Anhang nach dem Sachregister aufgeführt und erscheinen im Text ohne Jahreszahl, im Gegensatz zu Autoren, die eine in Klammern geschriebene Jahreszahl kennzeichnet und die im Literaturverzeichnis angeführt werden.

Obwohl alle Arten und Unterarten komplett illustriert wurden, habe ich sie zusätzlich ausführlich beschrieben. Dies erschien mir deswegen notwendig, weil jeder Vertreter der Gattung, trotz aller Gemeinsamkeiten mit artgleichen Vögeln, immer eine individuelle Gefiederfärbung besitzt. Bei einigen Arten (zum Beispiel *Pyrrhura parvifrons*) kann man dies deutlich sehen, bei anderen ist sie weniger ausgeprägt, doch in Nuancen immer noch vorhanden.

Nicht immer werden vielen Lesern die taxonomischen und systematischen Begriffe, die in diesem Buch verwendet werden, eindeutig klar sein. Sie werden deshalb im Folgenden näher erläutert. Interessierten Lesern empfehle ich zur weiteren Vertiefung in dieses Gebiet das Buch „Ornithologie" von Einhard Bezzel (1977).

Wenden wir uns den zwei soeben verwendeten Begriffen zu. Die Systematik ist ein weit gefasster Begriff, der die Erforschung und Vielgestaltigkeit der Organismen bezeichnet, während man unter der Taxonomie die Theorie und Praxis der Klassifikation der Organismen (hier die Gattung *Pyrrhura*) versteht.

Für den nachfolgenden Teil des Buches interessieren uns vor allem die Begriffe Art, Unterart und Superspezies. Unter einer Art oder Spezies versteht man die Angehörigen einer natürlichen Fortpflanzungsgemeinschaft, für die Fortpflanzungsbarrieren gegenüber anderen Arten bestehen. Aber vorsichtig, diese Definition gilt nur für den natürlichen Lebensraum der Vögel, nicht für die Haltung in Menschhand. Hier werden bestimmte natürliche Hemmschwellen aufgehoben. Dies führt dazu, dass man zwischen verwandten Arten, mitunter auch Gattungen, Hybriden (Mischlinge) züchten kann.

Jede Art besteht aus zahlreichen, örtlichen Vogelpopulationen, die sich mehr oder minder deutlich voneinander unterscheiden. Sind diese Unterschiede groß genug und kann man dadurch einzelne Populationen voneinander unterscheiden und abtrennen, so spricht man von einer Unterart.

Ein anderer Begriff hierfür ist Subspezies. Die Aufgliederung einer Art in Unterarten ist aber oft etwas Willkürliches. Die Unterarten einer Art sind immer allopatrisch, d. h. ihr Verbreitungsgebiet kann sich nicht überlappen. In den Gebieten, wo sich zwei Unterarten treffen, kommt es zu intermediären Formen (Übergangsformen).

Manche nahe miteinander verwandten allopatrischen Nachbarpopulationen zeigen so starke Unterschiede, dass man ihnen den Rang einer Art geben muss. Um ihr Verwandtschaftsverhältnis trotzdem deutlich zu zeigen, werden sie oft zu einer Superspezies zusammengefasst.

Pyrrhura cruentata (Wied 1820)

Blaulatzsittich

Engl.: Blue-throated Conure

Beschreibung: Das Gefieder ist hauptsächlich grün. Stirn und Scheitel sind dunkelbraun, wobei die einzelnen Federn gelbbräunlich gesäumt sind. Die gelbbraune Färbung verstärkt sich am Hinterkopf und ist im Nacken stark ausgeprägt. Zügel, Augengegend und Ohrdecken sind rotbraun. Das Gefieder unterhalb der Ohrdecken (seitlich des Nackens) ist orangegelb. Die Wangen sind grün, diese Farbe geht auf dem Hals in Blau über, das sich auf die Oberbrust und Teile des Nackens erstreckt. Die Unterbrust ist grün, der Bauch und das Rückengefieder dunkelrot. Die Schenkel sind grün. Der Flügelbug ist rot. Die Handschwingen sind grün, an den Außenfahnen stark blau. Die Unterseite der Schwungfedern ist oliv, an den Außenfahnen grau. Die Schwanzfedern sind unterhalb braunrot, oberseits olivfarben. Die nackten Augenringe sind schwärzlich, die Iriden gelblich, die Füße dunkelgrau, und der Schnabel ist schwärzlich grau.

Jungvögel: Sie sind matter gefärbt und haben schwärzliche Scheitelfedern mit leicht rötlicher Umrandung. Die Ohrgegend ist rötlich, am Flügelbug befindet sich wenig Rot, und der Schnabel ist noch grauhornfarben.

Größe: 30 cm (Flügellänge: 148,8 mm [144 - 152 mm])

Verbreitung: Nur noch örtlich und verstreut in den Küstenländern Brasiliens von Süd-Bahia bis Nordost-São-Paulo.

Status: Die Art leidet unter der fortschreitenden Waldzerstörung. Es existieren nur noch kleine Restpopulationen. Birdlife (2021) listet sie als „vulnerable“ (gefährdet). Der Bestand wird derzeit auf 3.500 bis 15.000 Vögel geschätzt (Stand 2021).

Lebensraum: Die Art bewohnt Tieflandwälder, deren Waldränder und angrenzende offene Landschaften bis 960 m Höhe.

Lebensweise: Über das Leben des Blaulatzsittichs in freier Natur war bisher nur sehr wenig bekannt. Maximilian Prinz zu Wied-Neuwied (1820) berichtet, dass dieser Sittich nur sehr schwer auszumachen sei, da ihn seine Färbung sehr tarne und er sich bei Gefahr völlig ruhig verhalte. Wied konnte ihn lediglich durch herabfallende Futterreste orten. Die Einheimischen betrachten den Blaulatzsittich als wenig gelehrig und berichteten von seiner außergewöhnlichen Lebhaftigkeit. Er wurde deshalb nur selten von ihnen gehalten. Nach Descourtilz (1944) fliegen die Sittiche schnell und sind laut. Sie leben in Gruppen, zu denen sie sich saisonbedingt sammeln. In großen Verbänden verlassen sie die Täler ihres typischen Lebensraumes, um auf Nahrungssuche in höher gelegene Regionen zu gehen.

Der „Tiriba“, wie ihn die Einheimischen nennen, wird in Minas Gerais und Espirito Santo in kleinen Verbänden von vier bis zehn Individuen während der Monate von April bis September gefunden. Er dringt niemals in die oberen Vegetationsstufen des Waldes

Blaulatzsittich-Paar *(P. cruentata)*

Blaulatzsittiche *(P. cruentata) werden heute im Freiland nur noch selten angetroffen.*

ein. Allerdings üben die Früchte tragenden Bäume eine starke Anziehungskraft auf die Sittichschwärme aus. Auf ihnen verweilen sie zum Beispiel gern und kehren wohl für ein halbes Jahr lang immer wieder aus den Tälern, in denen es nur kleine Bäume gibt, hierher zurück. Während des Sonnenaufganges und mehrere Stunden vor dem Sonnenuntergang hört man die Rufe der Blaulatzsittiche in den Bäumen. Um die Mittagszeit ruhen die Vögel in den Wipfeln größerer Bäume. Hier nutzen sie den Schatten als Schutz und verbringen so auch längere Zeiten. Von Jägern können sie so kaum bemerkt werden.

Goeldi (1894) schreibt über den Sittich, dass er ihn oftmals in Waldinseln unterhalb von Rio de Janeiro sehen und auch Bälge sammeln konnte. Ebenso fand ihn Goeldi regelmäßig in Schwärmen in den Bäumen der Küstenregion. Pinto (1935) konnte noch berichten, dass der Blaulatzsittich als waldbewohnender Vogel trotz seines bereits eingeschränkten Lebensraumes örtlich noch sehr zahlreich vertreten war. Sick (1969) vermerkt ihn aber schon als gefährdete Art. Leider hat dieser Ornithologe hierzu keinen Kommentar geliefert, doch dürfte in erster Linie die fortschreitende Urbanisierung Brasiliens und der dadurch schwindende Waldbestand verantwortlich für den Populationsrückgang des Blaulatzsittichs sein. Nach Ruschi (1979) sind diese Sittiche typische Bewohner der Wälder entlang der Atlantikküste, er weist aber bereits darauf hin, dass diese Wälder zwar mit ihrem komplexen und reichen Ökosystem ideale Oasen für die Vögel sind, jedoch eben nur noch kleine Bestände erhalten blieben.

Eine Art Bestandsaufnahme der Populationsreste gibt Ridgely (1980). Er vermerkt, dass die Art dort noch relativ häufig sei, wo Waldgebiete existieren. Dies sei aber nur noch sehr wenig der Fall. Zusätzlich erscheint er auch in kleineren Anzahlen in Anbaukulturen, in denen noch viele Bäume stehen gelassen wurden, die dem Sonnenschutz der Kakaopflanzen dienen. Heute findet man eine große Blaulatzsittichpopulation nur noch im Sooretama-Reservat in Nord-Espírito-Santo. Ebenso beherbergen die Wälder in der Nähe der Klabin Farm etliche Stückzahlen. In Minas Gerais wurde er 1977 nur noch von E. O. Willis im Rio Doce Park gesichtet, vielleicht existieren aber noch weitere kleine Bestände auf privaten Gütern, wo die letzten Waldflecken noch geschützt werden. In Süd-Bahia ist die Art etwas verbreiteter, hier bewohnt sie hauptsächlich die Kakao-Anbauzone, die vom Rio Mucuri nordwärts bis um Una reicht. Sie kommt ebenfalls in kleinen Stückzahlen im Monte Pascoal Nationalpark vor, und Ridgely vermutet, dass die Region die äußerste nördliche Grenze des Verbreitungsgebietes repräsentiert, da von Süd-Espírito-Santo, Rio de Janeiro oder São Paulo keine jüngeren Berichte über die Existenz der Sittiche mehr vorliegen.

Nach Descourtilz (1944) ernährt sich der Blaulatzsittich von verschiedenen Früchten, fällt aber manchmal auch in Kornfelder ein.

Über das Brutverhalten in der Freiheit ist nicht viel bekannt. De Grahl (1974) vermerkt lediglich, dass Baumhöhlen für die Brut benutzt werden. Die Art brütet vermutlich im September und Oktober; es werden 2 bis 4 Eier in eine Baumhöhle gelegt. Die Eimaße betragen 27,7 x 19,9 mm (Harrison & Holyoak 1970).

Haltung: Die Berichte über die Haltung des Blaulatzsittichs in der bisherigen Literatur (Brehm 1872, Schuster 1896, Neunzig 1921, Rutgers 1970, de Grahl 1974, Low 2013 und Dupas 2015) zeigen kein einheitliches Bild. So berichtet Brehm, dass der Sittich nur selten in seiner brasilianischen Heimat in Menschenobhut gehalten würde, weil die Einheimischen glauben, er sei nur sehr schwer zu zähmen. Tatsächlich berichteten auch die meisten Autoren von seiner großen Ängstlichkeit und Scheuheit in der Eingewöhnungsphase. Anfangs fliegt er wild umher. Bietet der Käfig den Tieren eine Möglichkeit, sich zu verstecken, so nutzen sie diese. Gute Erfahrungen wurden meist dann gemacht, wenn die Blaulatzsittiche zur Eingewöhnung in einer Gemeinschaftsvoliere untergebracht wurden. So hielt Ruß sie zusammen mit Loris und Edelsittichen. Neunzig empfiehlt ebenfalls die Gesellschaft größerer Sittiche. Die Vögel würden so eher ihre Scheuheit verlieren und sich an ihren Pfleger gewöhnen.

Über zahme Blaulatzsittiche liegen keine Berichte vor, lediglich Schuster weist indirekt darauf hin. Er schreibt, sie seien in Menschenobhut scheu und, wenn nicht ganz jung erworben, nicht zu zähmen. Rutgers vermerkt zwar, dass diese Art leicht zu zähmen sei, doch führt er kein konkretes Beispiel an.

Auch die Angaben verschiedener Vogelhalter (Leumann, Fuchs, Feil, Schnellbacher, Porschung, Spenkelink, Trogisch, Geierhos, Maurer) zeigen kein einheitliches Bild des Blaulatzsittichs. Er wird zwar allgemein als ein sehr lebhafter Vogel bezeichnet, doch wird er ansonsten entweder als ängstlich und misstrauisch oder als zutraulich seinem Pfleger gegenüber beurteilt. Ihre Aussagen belegen aber auch, dass man bezüglich einer Gemeinschaftshaltung sehr vorsichtig sein muss. Bis auf einen Fall, in dem die Mitbewohner nicht beachtet wurden, verfolgten fast alle Blaulatzsittiche die anderen Mitbewohner auch außerhalb der Brutzeit. Dabei kam es in einigen Fällen sogar zu Verletzungen der anderen Tiere. Wenn die Sittiche zur besseren Eingewöhnung in einer Gemeinschaftsvoliere untergebracht werden, sollte wirklich darauf geachtet werden, dass die Mitbewohner etwas größer sind, wie schon Neunzig es forderte.

Blaulatzsittich-Jungvogel *(P. cruentata) mit einem noch gräulich hornfarbenen Schnabel.*

Ein Blaulatzsittichpaar *(P. cruentata); bei der Balz spreizt das Weibchen die Flügel und ist bereit für eine Kopulation.*

Die Sittiche zeigen meistens ein ausgesprochen starkes Badebedürfnis, nur in wenigen Fällen sind sie wasserscheu. Daher sollte immer ein großer Wassernapf zur Verfügung stehen, der im Hochsommer eventuell mehrmals täglich mit Wasser aufgefüllt werden muss

Das Nagebedürfnis ist nur schwach ausgeprägt, nur selten gibt es unter ihnen Vertreter, die die Holzteile ihrer Voliere angreifen. Dies kann meist mit regelmäßigen Frischholzgaben verhindert werden.

Ein Nachteil des Blaulatzsittichs ist seine Lautstärke. Sie erreicht zwar nicht die Werte, die man von einigen anderen südamerikanischen Sittichen wie z. B. dem Nandaysittich (*Aratinga nenday*) kennt, doch kann sie sich schon sehr störend auswirken. Insbesondere, wenn fremde Personen oder Dinge ihre Aufmerksamkeit erregen, können Blaulatzsittiche sehr lautstark rufen.

Unterbringung: An die Unterbringung stellen sie keine besonderen Anforderungen. So wurden sie schon verschiedentlich in reinen Außenvolieren mit Teilüberdachung untergebracht, ohne im Winter Schaden zu erleiden. Eine derartige Haltung geht bei ihnen deshalb gut, weil sie in allen bekannten Fällen das ganze Jahr über ihren Schlafkasten aufsuchen. Trotzdem möchte ich hier zu bedenken geben, dass eine reine Außenvolierenhaltung doch eine größere Gefährdungsquelle für die Vögel darstellt, sie sollte daher nach Möglichkeit vermieden werden.

Die Voliere sollte bei den Blaulatzsittichen so groß wie möglich gewählt werden, da sich die Tiere nur in größeren Flugkäfigen sicher fühlen; zudem sind sie auch schnelle und gewandte Flieger, die hier ihre natürliche Veranlagung besser ausleben können.

Zucht: Die Erstzucht des Blaulatzsittichs gelang im Jahre 1937 Mr. Herbert Whitley in Devon. Bei ihm wurden drei Junge aufgezogen (Av. Mag. 1940, S. 314). Einzelheiten über den Zuchtverlauf sind leider nicht bekannt geworden. Erst 16 Jahre später berichtet Dr. Alan Lendon (Av. Mag. 1953, S. 176) in einer kurzen Notiz, dass ein Sir Eduard Hallstrom in Australien 1952 diesen Sittich gezogen habe. Allerdings wird allgemein angezweifelt, ob es sich hier tatsächlich um den Blaulatzsittich gehandelt habe. Ab dem Jahre 1976 liegen wieder gesicherte Berichte vor (Mathys 1977, Sissons 1978, Spenkelink 1984, Nielsen in de Grahl 1982, Brockner 1996, Jordan 2004, Asmus 2005, Arndt 2008, Leumann, Feil, Schnellbacher).

Der Brutbeginn fällt bei den meisten Zuchten in den April, daneben erfolgen aber auch Bruten in allen Sommermonaten bis einschließlich September. Die Gelegegröße reicht von vier bis zu neun Eiern, liegt aber im Durchschnitt bei sechs oder sieben Eiern. Die Befruchtungsrate ist in allen Fällen sehr hoch, allenfalls ist ein Ei unbefruchtet. Die Sittiche scheinen dazu zu neigen, ihr erstes Gelege im Stich zu lassen oder nur einen Teil der Jungen aufzuziehen. Später wird der Nachwuchs fast immer problemlos versorgt, sogar in den Fällen mit neun Jungen.

Bei den meisten Zuchterfolgen wurden Naturstämme mit einem Innendurchmesser von 25 cm verwendet, aber auch andere Nistkastenvarianten problemlos angenommen. Die Voliere sollte zur Zucht die Größe von 3 m x 1 m x 2 m nicht unterschreiten. Während der Brutzeit müssen Blaulatzsittiche unbedingt paarweise in der Voliere gehalten werden, da sie sonst zu Mitbewohnern äußerst aggressiv werden und sie verletzen können.

Einzelne Paare sind offensichtlich anfällig gegenüber Störungen am Nistkasten. Dies dürfte der Grund sein, warum mehrere erste Brutansätze negativ verliefen.

Bei Brockner (1996) wurde kurioserweise ein Junges die ersten zwei Wochen von einem Paar Mount-Goliath-Papualoris (*Charmosyna papou goliathina*) aufgezogen, bis es der Züchter per Hand weiterfütterte.

***Zwei Blaulatzsittich-Junge** (P. cruentata) in der Zuchtstation der Loro Parque Fundación.*

Mutationsformen: Vom Blaulatzsittich existiert in den Niederlanden eine dunkelgrüne (D grün)Mutationsform, wahrscheinlich auch Mutationen in Türkis, Zimt und Misty.

Allgemeines: Blaulatzsittiche zählen zu den durch das Washingtoner Artenschutzübereinkommen (Anhang I) streng geschützten Tieren und dürfen nicht mehr importiert werden. Dieser schon seit jeher seltene Vogel sollte daher gezielt weitergezogen werden, um wenigstens den heutigen kleinen Bestand zu erhalten. Dies scheint durchaus möglich, wenn man die Reihe der zuvor angeführten Zuchterfolge betrachtet.

Nach Mathys (1977) soll die Iris der Männchen gelb sein, die der Weibchen graubraun. Ein weiteres Unterscheidungsmerkmal soll ein ovaler, orangegelber Fleck unter den Handdecken am äußersten unteren Rand der mittleren Flügeldeckfedern sein. Allerdings konnte ich bis heute noch keine Bestätigung für diese Unterscheidungsmerkmale finden. Vermutlich handelte es sich bei Mathys Vögeln um einen einmaligen Fall bei den Geschlechtsunterschieden.

Vorbemerkungen zum *Pyrrhura-picta-leucotis*-Komplex

Die verwandtschaftlichen Beziehungen innerhalb der Gattung *Pyrrhura* sind komplex und wurden bislang nur unzureichend verstanden. Forshaw (1978), Collar (1997) oder Juniper & Parr (1998) verzeichneten noch die zwei Arten *P. picta* und *P. leucotis* mit diversen Unterarten, während Joseph (2000, 2002) sie als erster aufspaltete und Ribas et al. (2006) dies anhand genetischer Untersuchungen untermauerten.

Arndt und Wink (2017) veröffentlichten die umfangreichste phylogenetische Analyse des *Pyrrhura-picta-leucotis*-Komplexes, die mit Ausnahme von *P. caeruleiceps* und *P. subandina* alle bekannten Taxa einschloss, sowie eine morphologische Analyse von 744 Bälgen aller Taxa. Sie verwendeten dabei Nukleotidsequenzen des mitochondrialen Cytochrom-Gens, um eine molekulare Phylogenie der Gattung *Pyrrhura* zu rekonstruieren. Die Ergebnisse zeigten, dass sich der Komplex in sechs Hauptgruppen mit 15 Arten aufspaltet. *P. dilutissima*, bislang als Unterart von *P. peruviana* angesehen, erhält Artstatus, drei neue Unterarten, *P. dilutissima pereneensis*, *P. amazonum araguaiaensis* und *P. lucianii orosaensis*, wurden beschrieben. Ich richte mich im Folgenden nach dieser Einteilung.

Pyrrhura amazonum Hellmayr

Santarem-Sittich

3 Unterarten:

1. *Pyrrhura a. amazonum* Hellmayr 1906 Porto-Alegre-Sittich

Engl.: Santarem Conure

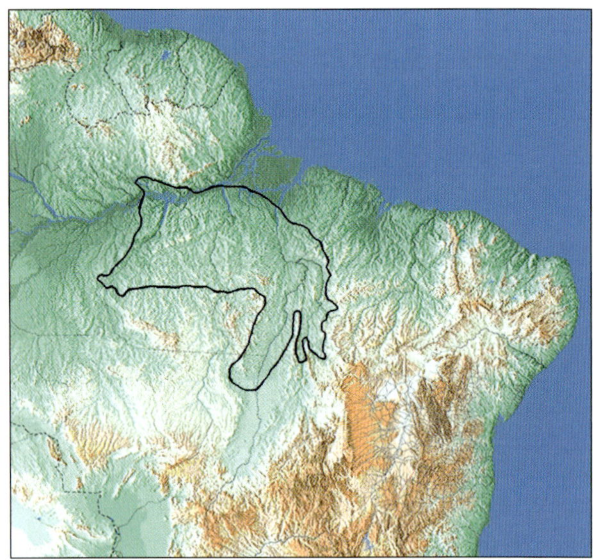

Beschreibung: Das Grundgefieder ist grün. Zügel und Wangen sind rotbraun, wobei die unteren Wangenfedern einen bläulichen Anflug aufweisen. Auf der Stirn befindet sich bis zum Augenansatz ein schmales blaues Band. Scheitelbereich, Hinterkopf und Nacken sind dunkelbraun, die Ohrdecken mattbräunlich. Die Brust ist matt braun bis matt grün, jede Feder hat einen breiten graubraunen bis mattbraunen v-förmigen Saum. Insgesamt ist die Brustgefiederfärbung sehr variabel. Der Flügelbug ist grün, bei wenigen Vögeln mit vereinzelten roten Federn. Im Nacken befindet sich ein variables blaues Band. Bauch, Unterrücken und Oberschwanzdecken sind rotbraun, Handdecken und Außenfahnen der Handschwingen blau. Die Schwanzoberseite ist braunrot mit grüner Basis, die Unterseite matt braunrot. Die nackten Augenringe sind dunkelgrau, die Iriden orangebraun, die Füße grau, und der Schnabel ist dunkelgrau.

Jungtiere: Junge haben mattere Gefiederfarben.

Größe: 19 cm (Flügellänge: 117.9 mm [105 - 125 mm])

Porto-Alegre-Sittich (*P. a. amazonum*)

Der Santarem-Sittich *(P. amazonum microtera) ist kleiner als die Nominatform*

Der Rio-Araguaia-Sittich *(P. amazonum araguaiaensis) zeigt eine weiße Brustsäumung und ein blaues Stirnband*

2. *Pyrrhura a. microtera* Todd 1947

Santarem-Sittich

Engl.: Smaller Painted Conure

Beschreibung: Die Unterart gleicht *amazonum*, aber das blaue Stirnband ist reduziert und bei vielen Vögeln nicht mehr durchgehend. Die unteren Wangen haben kein oder kaum Blau. Die Brustfärbung ist variabel, meist aber graubraun und mit sehr breiten mattgraubraunen Säumen. Diese Unterart ist kleiner.

Größe: 18 cm (Flügellänge: 112,1 mm [101 - 124 mm])

Verbreitung: Die Unterart bewohnt das östliche Amazonas-Gebiet südlich des Amazonas, entlang dem Rio Tapajós von Santarem bis Jacareacanga und ostwärts über den unteren Rio Xingu bis Paraguminas und Imperatriz im Osten, dann südlich entlang dem Rio Tocantins bis Palmas, Brasilien.

Anmerkung: Es ist zurzeit noch nicht klar, ob diese Unterart wirklich von *amazonum* abgetrennt werden sollte, da sie im Variationsbereich von *amazonum* liegt und der Größenunterschied kontinuierlich von Nord nach Süd abnimmt.

3. *Pyrrhura a. araguaiaensis* Arndt & Wink 2017

Rio-Araguaia-Sittich

Engl.: Rio Araguaia Conure

Beschreibung: Die Unterart ist wie *amazonum* gefärbt, aber die Brust ist in der Regel graubraun und mit sehr breiten weißlichen Säumen. Sie hat ein kräftiges blaues Stirnband bis oberhalb des nackten Augenringes. Die Unterart ist kleiner.

Größe: 17 cm (Flügellänge: 110.3 mm [105 - 113 mm])

Verbreitung: Die Unterart ist zurzeit nur bekannt vom mittleren Rio Araguaia und seinen Nebenflüssen bei Pau D'Arco, Tocantins, und den benachbarten Gebieten in Pará bis Confresa, Mato Grosso, Brasilien.

Anmerkung: Diese Unterart war jahrelang nur aus Menschenobhut bekannt und wurde fälschlicherweise als *Pyrrhura peruviana* identifiziert.

Status: Obwohl ich die Art noch relativ häufig in Gebieten mit Waldbestand finden konnte, listet Birdlife (2021) sie bereits als „endangered" (stark gefährdet), da die Populationen basierend auf einem Entwaldungsmodell für das Amazonasbecken und der potenziellen Anfälligkeit für den Fang für den Tierhandel über drei Generationen sehr schnell im Bestand zurückgehen könnten.

Lebensraum: Nach BirdLife (2021) bewohnt die Art feuchte Terra-firme-Wälder und vor allem deren Ränder, ist aber auch in jahreszeitlich überfluteten Várzea-Gebieten zu finden. Ich kann dies nur bestätigen. Ebenso habe ich die Vögel in verschiedensten Regenwald- und in nicht zu stark gerodeten Gebieten beobachten können.

Lebensweise: Über die Lebensgewohnheiten dieser Art ist bisher wenig bekannt. Meinen Beobachtungen nach unterscheidet sie sich nicht von der Lebensweise von *Pyrrhura pallescens* (siehe dort), obwohl ich die Sittiche immer nur paarweise oder in kleinen Gruppen von zehn bis 20 Vögel angetroffen habe und nie in den großen Schwärmen, wie sie von *P. pallescens* bekannt sind. Nach Aussage brasilianischer Vogelfreunde sollen auf Nahrungsbäumen gelegentlich größere Ansammlungen anzutreffen sein. Ich hatte den Eindruck, die Sittiche halten sich bevorzugt in dichten und hohen Bäumen auf. Dort sind sie nur schwer zu entdecken, da ihr Gefieder sehr düster wirkt. Allerdings sind sie recht unstet und bleiben nicht lange an einem Standort. Sind sie erst einmal auf einem Baum gelandet, fallen sie meist durch ihr Geschrei auf.

Santarem-Sittiche *(P. amazonum microtera) in der Serra dos Carajás*

Die Paare halten eng zusammen. Wenn sie aufgeschreckt werden, fliegen sie laut schimpfend auf. Nach Aussage der Einheimischen übernachten die Gruppen auch außerhalb der Brutzeit in Baumhöhlen. Sie erreichen diese zwischen 17.30 Uhr und 17.50 Uhr und betreten sie noch vor 18 Uhr. Der Flug ist schnell und direkt. Während des Fliegens sind kurze *iik*-Rufe

Rio-Araguaia-Sittiche *(P. amazonum araguaiaensis) in der Voliere eines brasilianischen Züchters*

zu hören, der Kontaktruf ist ein lautes *piia*, und während der Rast ist ein harsches *kliik-kliik* zu hören.

Ernährung: Nach Birdlife (2021) ernähren sich die Sittiche von Früchten, Blüten und Samen, nach Aussage der Einheimischen zusätzlich von Beeren, gemüseartige Pflanzen sowie von Insekten und deren Larven, die sie in den Blüten finden.

Brutverhalten: Nach Angaben der Einheimischen soll die Brutzeit in die Monate von Juli bis November fallen und die Nester sich oft in beträchtlicher Höhe in Ästen und Höhlen abgestorbener und lebender Bäume befinden. Das Gelege umfasst drei bis vier Eier, und die Jungen bleiben nach dem Ausfliegen noch einige Zeit bei den Eltern. Regelmäßig kann beobachtet werden, wie sie diese um Futter anbetteln.

Haltung: Die Haltung in Menschenhand ist nahezu unbekannt. Für *amazonum* und *microtera* gibt es keinen Nachweis außerhalb Brasiliens, bei *araguaiaensis* existieren kleine Bestände in Europa und Brasilien. Das Verhalten ist von Dörholt (2007) beschrieben worden, die Vögel wurden allerdings fälschlicherweise noch als *peruviana* identifiziert. Nach Low (1980) soll der Santarem-Sittich schon früh in den Niederlanden gezüchtet worden sein, allerdings konnte ich die Jungtiere dieser Aufzucht sehen, es handelte sich bei den Vögeln um *P. picta*.

Viele Vertreter von *P. amazonum* sind anfangs zurückhaltende Vögel, die einige Zeit benötigen, um sich an den Pfleger zu gewöhnen. Bei Dörholt (2007) erwiesen sie sich von Beginn an als ruhige Tiere, die im Vergleich mit seinen ängstlichen Pfrimer-Sittichen (*P. pfrimeri*) fast zahm waren.

Unterbringung: Ein Schutzhaus von 1 bis 2 m × 1 m × 2 m mit anschließender heller Außenvoliere von 3 m bis 5 m × 1 m × 2 m, die den Vögeln die Gelegenheit gibt, sich beregnen zu lassen oder ein Sonnenbad zu nehmen, sind ideal. Trotz der geringen Größe sind alle Unterarten des Santarem-Sittichs aktive und gewandte Flieger, die in zu kleinen und zu dunklen Volieren verkümmern würden.

Dörholt (2007) weist darauf hin, dass adulte Sittiche, die in Innenräumen gehalten werden, wo natürliches Sonnenlicht nur spärlich oder gar keinen Zugang findet, nach einigen Wochen als Zeichen einer Mangelerscheinung weißliche Augenringe und eine helle Wachshaut bekommen. Werden sie erneut in Außenvolieren gehalten, färben sie wieder in die normalen dunklen Augenringe und Wachshäute um. Wahrscheinlich ist dies ein Hinweis auf eine Vitamin-D_3-Unterversorgung mangels ausreichend Sonnenlichts.

Im Winter sollte man die Sittiche nicht unter 10 °C halten. Wichtig ist eine Unterbringung mit Versteckmöglichkeiten, damit sich die Sittiche auch zurückziehen können. Bei einer Haltung in Gemeinschaftsvolieren muss man für die Außenvoliere wenigstens 1,5 Quadratmeter pro Paar einrechnen. Zur Zucht sollte man die Sittiche jedoch zumindest anfangs nur paarweise halten.

Ein Nistkasten (20 cm × 20 cm × 70 cm) oder besser ein Naturstamm sollte ganzjährig angeboten werden. Dörholt (2007) bot seinen Vögeln schon in der Eingewöhnungsphase einen Nist- bzw. Schlafkasten an, den er an der Außenseite der Innenvoliere angebracht hatte. Er wurde von den Sittichen sofort ab der ersten Nacht bezogen. Dörholts Nistkästen haben eine Innengrundfläche von 16 × 18 cm bei einer Höhe von 40 bis 60 cm.

Fütterung: Dörholt (2007) reichte während der Zuchtsaison in etwa das unter dem Kapitel „Ernährung" beschriebene Futter. Von Ende November bis Anfang März gab er dann kein Keimfutter mehr, sondern verstärkt eine Trockensamenmischung für Großsittiche. Ebenso wurden in dieser Zeit auch die Gaben von Obst und Gemüse auf etwa ein Drittel reduziert.

Vier junge Rio-Araguaiana-Sittiche (P. amazonum araguaianaensis) mit einem Altvogel am Gitter im Hintergrund

Zucht: Nachzuchten der Art sind nur wenige Male gelungen und gelten als schwierig. Während einige Paare zur Brut schreiten, brüten andere nie. Dörholt (2007) konnte ab Juli etliche „geräuschvolle" Kopulationen bei seinen Sittichen beobachten. Zehn Tagen nach der ersten Kopulation war das Weibchen im Kasten verschwunden, und zwei Tage später wurde das erste von vier befruchteten Eiern gelegt, aus denen nach jeweils 23 Tagen alle Tiere schlüpften. Die Aufzucht verlief problemlos, die ungefähre Nestlingszeit betrug 50 Tage. Zur Beringung können 5-mm- oder 5,5-mm-Ringe benutzt werden. Bei weiteren Bruten wurden jeweils zwischen vier und fünf Eier gelegt.

Allgemeines: Es ist nicht bekannt, ob die Unterarten *amazonum* und *microtera* schon einmal importiert wurden. Vom Blaustirn-Rotschwanzsittich (*P. picta*) lassen sie sich leicht durch den grünen Flügelbug abgrenzen, gegenüber dem Prinz-Lucien-Sittich (*P. l. lucianii*) unterscheiden sie sich gut durch das dunkle, schmutzig braune Brustgefieder mit breiteren Säumen auf dem Hals und der Oberbrust.

Pyrrhura pallescens Miranda-Ribeiro

Rio-Madeira-Sittich

Vorbemerkungen: Die Vertreter dieser Art wurden jahrzehntelang *Pyrrhura amazonum* zugerechnet (z.B. Forshaw 1979, Collar 1997), so auch in meinem ersten *Pyrrhura*-Buch (Arndt 1983). Miranda-Ribeiro (1926) hatte aber bereits in den 20er Jahren des vorigen Jahrhunderts bemerkt, dass es sich um eigenständige Taxa handelte und beschrieb, allerdings in einer wenig beachteten Publikation und als Unterarten von *Pyrrhura lucianii*, drei neue Subspezies: *Pyrrhura l. ochrotis*, *P. l. pallescens* und *P. l. melanoides.*

Ohne Kenntnis dieser frühen Veröffentlichung veröffentlichten Joseph & Bates (2002) die neue Art *Pyrrhura snethlageae* und Arndt (2008) die Unterart *Pyrrhura snethlageae lucida*. Gaban-Lima und Raposo (2016) wiesen aber darauf hin, dass beide Synonyme von *pallescens* bzw. *melanoides* sind. Vertreter von *ochrotis* wurden von ihnen der Nominatform, die sie mit *pallescens* festgelegt haben, zugerechnet.

Zwei Unterarten:

1. *Pyrrhura pallescens pallescens* Miranda-Ribeiro 1926
Rio-Madeira-Sittich

Engl.: Rio Madeira Conure

Beschreibung: Die Grundfärbung ist grün. Stirn, Vorderscheitel, hinterer Scheitelbereich, Hinterkopf und Nacken sind dunkelbraun, wobei die Stirn bei einigen Vögeln einen blauen Anflug hat. Die Ohrdecken sind hell matt bräunlich. Die Brustfedern sind grau-

Rio-Madeira-Sittich (*Pyrrhura pallescens pallescens*)

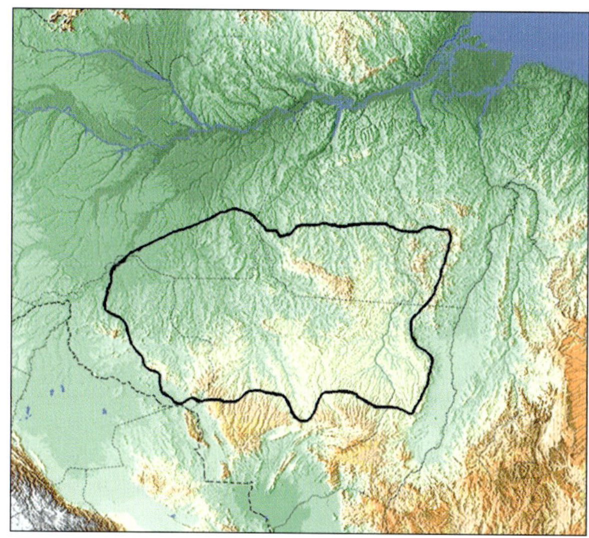

braun und mit variabel ausgeprägten, sehr spitzen, schmutzig weißlichen bis matten graubräunlichen Säumen. Bauch, Unterrücken und Oberschwanzdecken sind rotbraun, die Handdecken und Außenfahnen der Handschwingen blau. Der Schwanz ist oberseits braunrot mit grüner Basis, unterseits matt braunrot. Die nackten Augenringe sind dunkelgrau, die Iriden braun, die Füße grau, und der ist Schnabel dunkelgrau.

Jungvögel: Junge sind wie Alttiere gefärbt, haben jedoch ein matteres Gefieder und dunkle Iriden.

Größe: 22 cm (Flügellänge: 122,5 mm [114 - 129 mm])

Verbreitung: Die Nominatform kommt in Brasilien von Porto Velho, Rondônia, und Periquito, Amazonas, südwärts bis zum Rio Pyrineus-Pires, Mato Grosso, und dem Río Paucerna, Bolivien, vor.

2. *Pyrrhura pallescens melanoides* Miranda-Ribeiro 1926
Rio-Cristalino-Sittich

Engl.: Cristalino Painted Conure

Der Rio-Cristalino-Sittich *(P. pallescens melanoides) hat eine dunklere Scheitelfärbung, einen deutlichen blauen Anflug auf der Stirn und ist kleiner als die Nominatform.*

Beschreibung: Die Unterart gleicht *pallescens*, aber das Brustgefieder ist bei den meisten Vögeln deutlich heller und weißlicher, die Scheitelfärbung mehr schwärzlich. Auf der Stirn befindet sich ein deutlicher Blauanflug. Die Sittiche sind insgesamt kleiner als die Nominatform.

Jungvögel: Sie sind wie die Alttiere gefärbt, haben jedoch ein matteres Gefieder.

Größe: 19 cm (Flügellänge: 115,7 mm [110 - 125 mm])

Verbreitung: Diese Unterart bewohnt das Gebiet von Novo Progresso und dem oberen Rio Iriri im Bundesstaat Amazonas südwärts über den Rio Teles Pires bis nach Vera und Canarana im Bundesstaat Mato Grosso, Brasilien.

Status: In Gebieten mit Waldbestand findet man die Art noch häufig vor, trotzdem listet Birdlife (2021) sie als „vulnerable" (gefährdet), da die Populationen basierend auf einem Modell der Entwaldung im Amazonasbecken und der potenziellen Anfälligkeit für den Fang für den Tierhandel über drei Generationen hinweg voraussichtlich zwischen 30 und 50 % ihrer Lebensräume verlieren werden.

Lebensraum: Über die Habitatpräferenzen dieser Art ist wenig bekannt, ebenso wenig, was die ökologische Abgrenzung zur nahe verwandten Art *Pyrrhura amazonum* ist, mit der sie allopatrisch vorkommt. Nach BirdLife (2021) bewohnt diese Art vermutlich ebenso feuchte Terra-firme-Wälder, vor allem deren Ränder, und ist auch in jahreszeitlich überfluteten Várzea-Gebieten zu finden. Ich habe diese Art mehrfach im Freiland angetroffen, und mein Eindruck war, dass *P. pallescens* etwas trockenere Wälder als *P. amazonum* bevorzugt und wahrscheinlich deshalb nicht in überfluteten Várzea-Wäldern zu finden ist.

Lebensweise: Über die Lebensgewohnheiten dieser Art gibt lediglich Roth (1982 und schriftl. Mitteilung 1982), der von 1976 bis 1979 in Aripuanã, Mato Grosso, die Ökologie der dort vorkommenden Papageien- und Sitticharten beschrieb, Informationen. Seine Mitteilungen werden im Folgenden wörtlich zitiert:

„*Pyrrhura pallescens* (der lateinische Name wurde geändert; Roth hatte die Rio-Madeira-Sittiche noch, wie damals korrekt, als *picta amazonum* identifiziert) ist gemessen an der Individuenzahl wohl die häufigste Art des Gebietes, neben *Pionus menstruus* am regelmäßigsten anzutreffen. Gruppen setzen sich normalerweise aus 5 bis 12 Individuen zusammen. Die Vögel halten sich gerne in den unteren Waldschichten mit relativ lockerem Baumbestand auf. Die Hauptaktivität fällt, wie bei allen Papageienarten des Gebietes, in die Morgenstunden von 7.00 bis 10.00 Uhr und in die späten Mittagsstunden von 15.00 bis

Das Badebedürfnis *der Sittiche ist ausgeprägt, und vor allem während der Trockenzeit kann man täglich am Fluss badende Sittiche antreffen.*

17.00 Uhr, die Aktivitätsspitzen sind bei den kleinen *Pyrrhura*-Arten aber nicht so ausgeprägt wie bei größeren Papageien.

Die Brutzeit dauert etwa von Juli bis September/Oktober. Am 28.6.78 beobachtete ich ein Paar beim Besuch einer Höhle (im ca. 30 cm dicken, steilen Seitenast eines relativ freistehenden Baumes, auf ca. 18 m Höhe (der Eingang war leicht verdeckt durch Lianen); das Suchen und Beziehen der Bruthöhle scheint also in diese Zeit zu fallen. Während des Brütens und der Jungenaufzucht verhalten sich die Vögel so heimlich, dass es mir nie gelang, eine Höhle mit Eiern oder Jungen zu finden. Die Jungvögel verlassen die Höhle ab Mitte September (Beobachtungen von bettelnden Jungvögeln zum Beispiel am 19.9.77, 15.11.77, 21.10.78). Da die Jungvögel im Gefieder den Eltern gleichen, konnte ich die genaue Anzahl der immaturen Vögel in den Gruppen nicht feststellen, am 15.11.77 waren aber mindestens 3 in einer Gruppe von 12 Sittichen. Paare können aber auch außerhalb der Fortpflanzungszeit beim Kopulieren beobachtet werden (z.B. am 25.4.79). Außer zur Brut benützt *P. pallencens* auch Baumhöhlen zum Schlafen. Sie übernachten gruppenweise, fliegen meist zwischen 17.30 und 17.50 Uhr an und beziehen vor 18.00 Uhr die Höhle (Beobachtungen jeweils an der gleichen Schlafhöhle, am 12.10.77 sieben Exemplare, am 16.10.77 mind. sechs Exemplare, am 8.3.79 mind. fünf Exemplare)."

Von der Ernährungsgewohnheit war lediglich bekannt, dass die Sittiche Früchte, Sämereien, Beeren, Nüsse und wahrscheinlich auch Insekten und deren Larven aufnehmen. So fanden Schubart et al. (1965) im Magen eines Sittichs, der bei Cachimbo, Pará, gesammelt wurde, zermalmte Sämereien. Bei einem anderen Exemplar vom Xingu-Fluss, Pará, enthielt der Magen Larven.

Über die Ernährungsweise schreibt Roth: „Die Nahrung von *Pyrrhura pallescens* ist vielseitig; dieser Sittich frisst sowohl kleine, beerenartige (z.B. *Goupia glabra* und *Trema micrantha*) als auch größere, weichfleischige Früchte (z. B. *Bagassa quianensis*), aber auch mittelgroße, hartfleischige Palmfrüchte (z. B. *Euterpe* spez.); auch frisst er ab und zu Blüten. Für die Aufnahme animalischer Nahrung habe ich keine sicheren Beobachtungen, doch kann man die Vögel häufig beim Absuchen morscher Bäume beobachten, wo sie wohl ihr Nagebedürfnis stillen, eventuell aber auch hie und da Insekten oder Insektenlarven aufnehmen.

In der Trockenzeit kommt *P. pallescens* regelmäßig in die 'Barreiros', um mineralhaltige Erde aufzunehmen. Innerhalb solcher Barreiros, wo *P. perlata* (geändert, da der verwendete Name *rhodogaster* ein Synonym von *perlata* ist, was Roth noch nicht wissen konnte) und *P. pallescens* oft zusammenkommen, entstehen kaum Streitereien zwischen den beiden Arten; die kleinere *P. pallescens* weicht *P. perlata*, wenn nötig, aus. Dasselbe gilt übrigens auch in Bäumen, in denen die beiden Arten gemeinsam fressen (Beobachtungen zum Beispiel in *Goupia glabra* und *Trema micrantha*).

Das Badebedürfnis dieser Vögel ist ausgeprägt, und während der Trockenzeit kann man täglich an bestimmten Stellen am Fluss badende *P. pallescens* antreffen. Durch den wechselnden Wasserstand des Flusses verschieben sich die Badestellen etwas. Mehrere Male beobachtete ich Vögel in einer Felswand in der Nähe des Wasserfalles, die sich anscheinend im Wasserstaub des Falles badeten (oder besser 'duschten'). Meist waren solche Stellen Felskanten mit kleinen Rinnsalen, und die Vögel schienen auch die dort wachsenden Algen abzuweiden. (Das selbe Verhalten beobachtete ich auch bei *Pyrrhura frontalis* am 26.3.79 in der Nähe der Iguacú-Fälle)."

Haltung: Die Haltung ist sowohl in Brasilien als auch in Europa oder Nordamerika unbekannt. Informationen konnte ich lediglich von Roth erhalten. Von *Pyrrhura p. pallescens* hielten Dr. Roth und seine Frau während ihres Studienaufenthaltes in Aripuanã in einer 5 m × 1,5 m × 2 m großen Voliere eine Gruppe von elf Vögeln, die sie in Teilgruppen selbst gefangen und problemlos eingewöhnt hatten. Diese waren zu Beginn etwas scheu, wurden später jedoch sehr vertraut. Die Ernährung war einfach, da auch unbekanntes Futter bald angenommen wurde. In der großen Gruppe wurden die Vögel manchmal etwas lauter (u. a. beim „Besuch" von Artgenossen), im Allgemeinen waren es aber ruhige Vögel. Sie waren zwar ruffreudig, hatten aber keine laute, durchdringende Stimme. Die Vögel badeten auch regelmäßig. Zu Beginn nächtigten sie in einem von zwei Nistkästen (Maße 40 × 20 × 20 cm), dann wechselten sie auf einen erst später eingebrachten Naturstamm. Sie zeigten großes Nagebedürfnis. Die Äste in der Voliere mussten oft gewechselt werden.

Weil Dr. Roth eine größere Gruppe mit einem normalen Nistkasten hielt, schritten die Vögel vermutlich nicht zur Brut. Die einzigen Probleme mit den Sittichen entstanden lediglich, wenn frisch eingewöhnte Vögel in die bestehende Gruppe eingefügt werden sollten. Neuankömmlinge wurden zu Beginn oft gehetzt, und die Gruppe musste während ein bis zwei Tagen unter intensiver Beobachtung bleiben.

Als Roth mit einem Teil seiner Papageien in die Schweiz zurückkehrte, überließ er sie dort Züchtern. Ich konnte ein Paar der Rio-Madeira-Sittiche begutachten. Es waren zwei relativ scheue Tiere, die sich bei meinem Annähern in den hinteren Teil der Voliere zurückzogen. Rufe konnte ich nicht hören. Ich vermute, dass diese Vögel nie Nachwuchs hatten und dementsprechend aus der Haltung verschwanden.

Allgemeines: Rio-Madeira-Sittiche sind, wenn heute überhaupt noch vorhanden, in Züchter- und Halterhänden extrem selten.

Pyrrhura leucotis (Kuhl 1820)

Weißohrsittich

Engl.: White-eared Conure

Beschreibung: Das Grundgefieder ist grün. Am Schnabelansatz befindet sich ein schmaler Streifen dunkel rotbrauner Federn. Zügel, Wangen und Augenbereich sind rotbraun, Stirn, Scheitel und Hinterkopf mattbraun, wobei die Stirn einen leichten blauen Anflug aufweist. Die Ohrdecken sind hell bräunlichweiß. Das seitliche Nackengefieder, der Hals und die Oberbrust sind graubläulichbraun, gehen auf der Oberbrust in ein Grün über und jede Feder ist schmal weißlich bis matt gelb gesäumt. Im Nacken befindet sich ein variables blaues Band. Bauch, Unterrücken und Oberschwanzdecken sind rotbraun, der Flügelbug ist rot. Die Handdecken sind grünblau, die Handschwingen blau. Der Schwanz ist oberseits braunrot mit grüner Basis, unterseits matt braunrot. Die nackten Augenringe sind schwärzlich, die Iriden braun, die Füße grau, und der Schnabel ist dunkelgrau.

Jungvögel: Die Jungen sind wie die Alttiere gefärbt, haben jedoch ein matteres Gefieder.

Größe: 20 cm (Flügellänge: 119.4 mm [113 - 127 mm])

Verbreitung: Die Art bewohnt Südost-Bahia, Espirito Santo, Minas Gerais, Rio de Janeiro und São Paulo, Brasilien.

Status: Weißohrsittiche haben deutliche Bestandsrückgänge durch Waldzerstörung erlitten. Heute existieren nur noch kleine Populationen. Deshalb listet Birdlife (2021) sie als „vulnerable“ (gefährdet).

Lebensraum: Die Art bewohnt Wälder, Waldränder und angrenzende offene Landschaften bis 600 m Höhe. Gelegentlich besucht sie Anbaugebiete (z.B. Kaffee-Plantagen), Parkanlagen und die Umgebung von Dörfern.

Lebensweise: Über die Lebensweise des Weißohrsittichs ist bislang noch nicht viel bekannt geworden. Pinto (1935) bemerkt lediglich, dass sie Waldvögel seien. Etwas genauere Angaben gibt hier schon Ruschi (1979). Nach ihm soll diese Art vor allem in den atlantischen Wäldern mit ihrem reichen Ökosystem und ihrer großen Komplexität in den Plateaus, den Fußbergen und in den Buschlandschaften beheimatet sein. Nach Ridgely (1980) findet man diesen Sittich in den Wäldern, an Waldrändern und in den sich daran anschließenden offenen Landschaften. Hauptsächlich bewohnt er die Tiefländer, er kommt aber auch bis in einer Höhe von 600 m vor.

Beobachtet wurden die Sittiche von Forshaw (1973) im Mai 1971 im Botanischen Garten von Rio de Janeiro. Er konnte Paare und kleine Gesellschaften von Baum zu Baum fliegen sehen. Einmal bemerkte er eine Gruppe von fünf Tieren, die aus einem Paar und drei weiteren Sittichen bestand. Sie saßen in den äußersten Ästen eines blattlosen, kleinen Laubbaumes

und waren intensiv damit beschäftigt, sich selbst oder gegenseitig das Gefieder zu putzen. Einer hatte offensichtlich genug davon, sich jeweils den Nachbarn zu seiner Seite zuzuwenden. Aber dann flog der Vogel zu seiner Linken davon und setzte sich allein auf einen tiefer gelegenen Ast, so dass nun zwei Paare zurückblieben. Forshaw vermerkt noch, dass es auffallend war, wie der rote Bauch und die weißen Ohrdecken im Kontrast zu dem dunklen Kopf standen. Der Flug ist schnell und geradlinig.

Nach dem Federal Register Vol. 45, No. 141 (1980), soll der Lebensraum von *P. leucotis* heute größtenteils in seiner Ausdehnung durch die fortwährende Waldzerstörung bedroht und die Population daher auch schon erheblich zurückgegangen sein. Dies wird ebenfalls durch Ridgely (1980) bestätigt. Nach ihm sind Weißohrsittiche selten und nur örtlich anzutreffen. Ihr verbleibender Lebensraum scheint völlig identisch mit dem des Blaulatzsittichs (*P. cruentata*) zu sein. Zahlenmäßig übertrafen sie diesen jedoch und werden deshalb auch noch in größeren Schwärmen gesehen. Allerdings wurden beide Arten noch nie gemeinsam beobachtet. Ridgely muss vermerken, dass die Gruppe, die Forshaw noch im Botanischen Garten von Rio de Janeiro sehen konnte, seit 1977 nicht mehr existiert.

Die Sittiche ernähren sich von Früchten, Sämereien, Beeren, Nüssen und wahrscheinlich auch von Insekten und deren Larven. Schubart et al. (1965) fanden in dem Magen eines Weißohrsittichs, der bei Linhares, Espirito Santo, gesammelt wurde, einige Ameisen. Allerdings muss man diese Futteraufnahme wohl als Ausnahme betrachten.

Über das Brutverhalten im Freiland gibt es keine Informationen. Harrison & Holyoak (1970) geben für

***Weißohrsittiche** (P. leucotis) sind schon seit Jahrzehnten in ihrem Bestand gefährdet.*

drei Eier die Durchschnittsmaße von 26,3 × 20,5 mm an.

Haltung: Erfreulicherweise findet man in der älteren Literatur (Butler 1910, Rogers 1969, Rutgers 1970 u. 1973, Low 1972, de Grahl 1974, Kuroda 1975, Vriends 1979, Arndt 2003) recht häufig Berichte über diesen Sittich. Dies liegt daran, dass er einer der wenigen *Pyrrhura*-Vertreter war, der zumindest in der Zeit von 1871 bis 1956 regelmäßig importiert wurde. Jüngere Literatur gibt es hingegen kaum.

Leider wird sein Verhalten nicht einheitlich beschrieben. So soll der Weißohrsittich nach Meinung einiger Autoren ein wilder, uninteressanter Vogel sein, dessen Geschrei unangenehm ist. Die Mehrheit der Verfasser steht ihm allerdings positiv gegenüber. Nach ihrer Ansicht ist er ein wendiger und aufgeweckter Vogel, der verspielt ist und schon nach wenigen Tagen zutraulich wird. Dementsprechend sei er auch leicht zu zähmen und scheine sogar ein gewisses Sprechtalent zu besitzen. Wenn sich der Halter

***Die Gruppenhaltung** von Weißohrsittichen (P. leucotis) ist nur mit arteigenen Vögeln problemlos durchzuführen.*

etwas Mühe gebe, würde ein Weißohrsittich sicherlich einige Worte lernen, doch dürfe man nicht erwarten, einen Sprachkünstler aus ihm machen zu können.

Wenn er nicht als zahmer Hausgenosse gehalten wird, sollte er paarweise in einer geräumigen Voliere untergebracht werden. Diese sollte nach Meinung einiger Autoren eine Außenvoliere mit eventuell anschließendem Schutzhaus sein, da der Weißohrsittich sich nicht für die Haltung in Innenvolieren eigne. Da er gegen Kälte und sogar Nässe äußerst widerstandsfähig ist, kann diese Haltung auch im Winter praktiziert werden, zumal er in der Regel nachts immer einen Schlafkasten aufsucht. Einen auf 5 °C beheizten Innenraum sollte er trotzdem zur Verfügung haben. Weißohrsittiche baden oftmals täglich, daher sollte ihnen immer ein geeigneter Wassernapf zur Verfügung stehen.

Weißohrsittiche sind mehrfach in einer Gemeinschaftsvoliere gehalten worden. Von einigen Autoren werden sie hier als friedlich geschildert, was allerdings nur auf eine Gruppe arteigener Tiere zuzutreffen scheint. So erlebte Kolar (in Rutgers 1970) hitzige Gefechte zwischen Weißohrsittichen und anderen Vögeln. Insbesondere mit Wellensittichen wurden oft Konfliktsituationen beschrieben. Insgesamt sollen die Männchen dabei etwas aggressiver sein als die Weibchen. Vögeln aus Nachbarvolieren, die am Draht hingen, wurden schon die Beine zerbissen.

Über das Lebensalter eines Weißohrsittichs liegen aus dem Londoner Zoo Informationen vor. Der dort gehaltene Vogel wurde 14 Jahre alt und hatte einen Pflaumenkopfsittich (*Himalayapsitta cyanocephala*) als Partner.

Von den Haltern (Porschung, Trogisch, Spenkelink, Schnellbacher, Sebela, Geierhos) liegen mir mehrere Berichte vor. Zusätzlich konnte ich das Verhalten der Weißohrsittiche noch an meinem eigenen Paar beobachten. Allgemein wurden die Weißohrsittiche als lebhafte und zutrauliche, ja manchmal als freche Vögel beschrieben. Nur ein Paar zeigte ein ruhiges Verhalten.

Die Tiere von Herrn Geierhos wurden so zahm, dass sie ihm beim Betreten der Voliere auf die Hand, die Schulter und den Kopf flogen. Dies ist zwar auf den ersten Blick ein erfreuliches Verhalten, doch störten die Sittiche beim Saubermachen, zumal sie auch noch gelegentlich bissen.

Auch die Halter berichteten, dass Weißohrsittiche meist regelmäßig und ausgiebig baden. Die Angaben über das Nagebedürfnis und die Lautstärke fielen unterschiedlich aus. Fast je zur Hälfte wird von den Züchtern ein sehr großes Nagen oder ein überhaupt nicht vorhandenes beobachtet. Ebenso verhält es sich bei der Stimme. Entweder scheinen Weißohrsittiche leise, mit Lautäußerungen lediglich bei Erregungen, oder aber sehr lautstark zu sein.

Bei den Züchtern hat sich ebenfalls gezeigt, wie robust Weißohrsittiche sind. Sie sind problemlos sowohl in Innen- als auch in Außenvolieren kalt überwintert worden. Allerdings ist eine Überwinterung in geschützten Außenvolieren nur dann möglich, wenn die Sittiche während der Nacht auch einen dickwandigen Nistkasten aufsuchen, was leider nicht immer der Fall ist.

Das Verhalten in Gemeinschaftsvolieren ist von Paar zu Paar unterschiedlich. Mitunter hat man Glück, und sie sind gegenüber kleineren oder gleichgroßen Mitbewohnern friedlich. Leider ist dies aber meist nicht der Fall, auch nicht außerhalb der Brutzeit.

Zucht: Die Erstzucht gelang 1880 dem Prinzen Ferdinand von Sachsen-Coburg-Gotha in Wien. Leider sind über diesen Erfolg keine Einzelheiten bekannt. Es folgten eine Reihe weiterer Zuchten: im Jahre 1885 Johns (London), 1886 Barnsby (Tours), 1906 Brook (England), 1931 Lécallier (Frankreich), ebenfalls 1931 Weber (Deutschland), 1935 Decoux (Frankreich), 1955 Nixon (England), 1956 Dolton (Worcester) sowie Roger (England) ohne Jahresangabe. 1890 gelang in Deutschland eine Kreuzung mit dem Braunohrsittich (*P. frontalis*).

In der Literatur (Butler 1910, Rogers 1969, Rutgers 1970 u. 1973, Low 1972, Forshaw 1973, de Grahl 1974 und Vriends 1978) findet man mitunter nur Aufzählungen der Zuchten, oftmals aber auch erfreulich ausführliche Darstellungen über die Vermehrung des Weißohrsittichs. So legten die Sittiche bei Barnsby 1886 sieben Eier, aus denen vier Junge schlüpften, die alle aufgezogen wurden. Bei Nixon legte das Paar sieben Eier im Jahre 1955, woraus sechs Jungtiere schlüpften, aber nur vier aufgezogen wurden. Bei Brook (1907) bestand das Gelege sogar aus acht Eiern, woraus sieben Junge schlüpften und aufgezogen wurden. Leider ist der im Avicultural Magazine veröffentlichte Bericht ein Beispiel dafür, wie wenig vertrauenswürdig mitunter Beobachtungen und Angaben von Zuchtergebnissen (insbesondere alte) sind. So schrieb der Züchter zum Beispiel, dass das erste Junge 5 Wochen nach dem Schlupf bereits das Nest verließ, die Brutdauer 21 Tage betrug, die Jungen sich von den Alttieren durch gelbe Innenfahnen der Schwingen und durch ein Gelb im Nacken unterscheiden, und dass ein Paar Jendaya-Sittiche nachts in demselben Nistkasten mit ihnen schlief. Alle diese Angaben sind mit Sicherheit fragwürdig, wenn nicht falsch. Leider werden solche Zuchtberichte manchmal auch kritiklos in Papageienbüchern übernommen.

Glück hatte K. W. Dolton, der 1956 ein Paar erwarb und offenbar schon im selben Jahr mit ihm Erfolg hatte. Die Tiere waren in einer Voliere mit den Maßen von ca. 5,5 m × 1 m × 2 m untergebracht. Sie zogen einen alten hohlen Baumstamm einem Nistkasten vor. Leider gab der Züchter nicht an, wie viel Eier gelegt wurden und wie viel Junge geschlüpft waren. Er berichtet aber, dass nach sieben Wochen das erste Junge zu sehen war, und eine Woche später drei weitere das Nest verließen.

Im selben Jahr hatte E. N. T. Vane in England Pech. Sein Paar war in einer großen Voliere mit einem Paar Alexandersittiche untergebracht. Das Weibchen begann zu brüten, legte insgesamt sechs Eier, woraus drei Junge schlüpften. Leider starb es, als die Jungtiere drei Wochen alt waren. Bei einer späteren Nestkontrolle wurden auch sie tot aufgefunden, das Männchen hatte wohl nicht weitergefüttert.

Einen sehr ausführlichen Bericht gibt Weber von seinem Zuchterfolg. Er bekam sein Paar 1930 und setzte es in eine 2 m × 2 m × 1,10 m große Voliere. Einen Monat nach dem Einsetzen beobachtete der Züchter, wie das Männchen das Weibchen verfolgte. Bald darauf interessierte dieses sich für einen Niststamm, dessen Schlupfloch und Inneres stark bearbeitet wurden, wobei sie größere Stücke vermoderten Holzes entfernte. Nach 14 Tagen hatte das Weibchen eine birnenförmige, 20 cm tiefe Nisthöhle fertiggestellt. Während dieser Zeit konnten mehrmals Begattungen beobachtet werden. Am 26. August 1930 legte das Weibchen das erste Ei, vier weitere kamen hinzu. Am 18.9. schlüpfte das erste, am 24.9. das vierte und letzte Junge. Ein Ei war unbefruchtet gewesen. Während des Brütens verließ das Weibchen das Gelegte nur, um sich zu entleeren oder zu baden. Gefüttert wurde es in der Nisthöhle vom Männchen. Die ganze Zeit über waren die sonst zutraulichen Tiere nervös und scheu. Am 17.10. fand Weber bei einer Nistkontrolle die vier Jungen von ihren Eltern zerfleischt vor, was er auf die Störungen bei Kontrollen usw. zurückführte. Das Paar legte erneut Ende Juni 1931. Das Gelege bestand diesmal aus sechs Eiern. Insgesamt schlüpften fünf Junge, ein Ei war wieder unbefruchtet. Es wurden insgesamt vier Jungtiere erfolgreich aufgezogen, was Weber auf das Unterlassen von Nistkastenkontrollen zurückführte. Kurz darauf brütete das Paar ein zweites Mal. Diese Brut endete ebenfalls mit dem Tod der Jungen, da der Züchter wieder alle 2 Tage Nistkastenkontrollen vornahm. Weber zog mit diesem Paar in der Zeit von 1930 bis 1937 ganze 44 Junge, von denen zwei Paare ebenfalls wieder Junge aufzogen.

Allgemein wird in den Berichten über die Zucht des Weißohrsittichs vermerkt, dass die Paare oft ein großes Gelege haben, welches ohne weiteres sieben oder acht Eier umfassen kann. Allerdings soll es auch Gelege von lediglich zwei oder drei Eiern geben. Eine Brut deutet sich meist dadurch an, dass sich das Weibchen öfters längere Zeit im Nistkasten aufhält. Nach Vriends und Bleher (1979) würden Weißohrsittiche in einer Gemeinschaftshaltung nicht zur Brut schreiten.

Bruterfolge bei Züchtern liegen mir nur von Frau Spenkelink und Herrn Porschung vor. Bei Frau Sebelas Paar kam es zu zwei befruchteten Eiern, aus denen aber keine Jungen schlüpften. Ebenfalls einen Teilerfolg konnte Schnellbacher aufweisen, dessen Paar mehrmals unbefruchtete Gelege hatte.

Der bevorzugte Brutbeginn der Weißohrsittiche fällt in die Monate April, Mai und Juni. Allerdings haben die Tiere auch erst in den Sommer- und Herbstmonaten

***Weißohrsittiche** (P. leucotis) sollten zur Zucht nur paarweise untergebracht werden.*

mit der Eiablage begonnen. Das Durchschnittgelege besteht wohl nur aus vier bis sechs Eiern. Mehr sind zwar schon oft gelegt worden, es sind aber immer nur vereinzelte Paare, die häufig solche Gelege tätigen. Den Rekord hält wohl ein Paar von Frau Spenkelink, das einmal ein Gelege von 12 Eier hatte.

Relativ häufig kommt es bei Weißohrsittichen vor, dass nicht alle Eier befruchtet sind, in der Regel ist aber nur ein Ei hiervon betroffen. Die Schlupfrate der Jungen ist durchweg gut, normalerweise wird auch der ganze Nachwuchs problemlos aufgezogen. Die Sittiche scheinen tatsächlich zur Brut einen Baumstamm einem künstlichen Nistkasten vorzuziehen. Der Innendurchmesser der Naturhöhle sollte 20 cm nicht unterschreiten.

Die Voliere sollte ebenfalls so groß wie möglich gewählt werden, da Weißohrsittiche sich in solchen offensichtlich wohler fühlen und somit auch eher zur Brut schreiten.

Während des Brütens neigen sie dazu, extrem laut zu werden. In einer Gemeinschaftsvoliere sollte man sie zur Zucht nicht halten, da sie äußerst aggressiv gegenüber anderen Mitbewohnern werden und diese verfolgen und verletzen können.

Mutationsformen: Beim Weißohrsittich soll eine Kombination „dilute gesäumt" aus den Primarmutationen „dilute" und „gesäumt" aufgetreten sein.

Allgemeines: Weißohrsittiche sind heute selten in Vogelliebhaberhänden zu finden. Sie werden nicht mehr eingeführt, da sie wohl irgendwann einmal in den Anhang I des Washingtoner Artenschutzübereinkommens gelistet werden, und Brasilien schon lange ein Ausfuhrverbot für seine Tiere erlassen hat.

Pyrrhura griseipectus Salvadori 1900

Salvadori-Weißohrsittich

Engl.: Brazilian Grey-breasted Conure

Beschreibung: Das Grundgefieder ist grün. Zügel und Wangen sind dunkelrotbraun, Stirn, Scheitel und Hinterkopf mattbraun. Die Ohrdecken sind weißlich und in der Regel weiter ausgedehnt als beim nahe verwandten Weißohrsittich (*Pyrrhura leucotis*). Das seitliche Nackengefieder, der Hals und die Oberbrust variieren von braungrau bis mattgrau, jede Feder ist mit einem breiten, weißlich braunen Saum versehen. Das blaue Nackenband ist gut ausgeprägt. Bauch, Hinterrücken und Oberschwanzdecken sind rotbraun, der Flügelbug leuchtend rot. Die Handdecken sind grünblau und die Handschwingen blau. Die dunkel rotbraune Schwanzoberseite des verhältnismäßig langen Schwanzes ist bis zur Mitte grün. Der Schnabel, die nackten Augenringe, die Wachshaut und die Füße sind dunkelgrau, die Iriden dunkelbraun.

Weibchen und Männchen sind gleich gefärbt.

Jungtiere: Die Jungen sind wie die Alttiere gefärbt, haben jedoch ein matteres Gefieder und helle Augenringe.

Größe: 20 cm (Flügellänge: 116,4 mm [110 - 122 mm])

Verbreitung: Die Art kommt heute vor allem in der Serra Baturité, Ceará, vor sowie in kleinen Beständen in der Serra Negra in Pernambuco und Serra Murici, Alagoas, Nordost-Brasilien.

Anmerkung: *Pyrrhura griseipectus* wird von einigen Autoren immer noch als Unterart von *Pyrrhura leucotis*, geführt, unterscheidet sich aber nicht nur morphologisch, sondern auch genetisch von diesem Taxum auf Artniveau.

Status: Deutliche Bestandsrückgänge durch Waldzerstörung und vor allem Fang für den Heimtierhandel. BirdLife (2021) listet die Art als „endangered" (stark gefährdet), da sie nur noch ein Vorkommensgebiet hat, bei dem die Gefahr besteht, dass das Waldhabitat weiter reduziert wird. Verbreitung heute auf einige isolierte Bergregionen begrenzt und vermutlich nur noch 3.300 km² groß. Der Bestand belief sich 2016 auf 600 bis 800 Vögel und dürfte heute deutlich höher, aber immer noch unter 2.000 Exemplaren liegen.

Lebensraum: Der Salvadori-Weißohrsittich bewohnt die isolierten feuchten Bergwälder von Inselbergen in Nordost-Brasilien ab einer Höhenlage von 500 m, deren Waldränder und angrenzende offene Landschaften. Gelegentlich ist er in der Umgebung von Dörfern, zumindest früher auch im tiefer gelegenen, trockenen Umland der Sierras zu sehen.

Lebensweise: Außerhalb der Brutzeit findet man den Salvadori-Weißohrsittich in Gruppen von vier bis 15 Vögeln. Er ist unstet und hält sich bevorzugt in

Ein adulter Salvadori-Weißohrsittich *(P. griseipectus) mit einem Jungen am Eingang des Nistkastens (linkes Bild); ein Altvogel mit zwei von 33 Jungvögeln, die 2011 von sechs Brutpaaren aufgezogen wurden (rechtes Bild).*

dichten und hohen Bäumen auf. Dort fallen die Vögel aber meist sofort durch ihr Geschrei auf. Trotzdem ist er in den Bäumen nur schwer zu entdecken, da das Gefieder ideal tarnt. Die Mitglieder einer Gruppe halten eng zusammen. Sie schlafen auch gemeinsam in Schlafhöhlen, deren Eingangsöffnung oft versteckt liegt und so einen besseren Schutz gegen Raubfeinde bietet. Insgesamt ist die Art im Freiland aber wenig ängstlich und die Vögel lassen sich nur stören, wenn sie mutwillig aufgeschreckt werden. Sie fliegen dann laut schimpfend auf. Der Flug ist schnell und leicht wellig.

Die Sittiche ernähren sich von Früchten, Blüten, Samen und Beeren, die sie in den Baumkronen der Feucht- und Laubwälder finden.

Die Salvadori-Weißohrsittiche brüten nur einmal im Jahr in der Zeit von Februar bis Juni. Es wird eine Vielzahl an Nisthöhlen benutzt, die sich in lebenden und abgestorbenen Bäumen verschiedenster Arten befinden können und oft relativ klein, aber tief sind. Meist handelt es sich um verlassene Spechthöhlen. Im Gegensatz hierzu benutzt eine kleine Population in Ceará auch die Höhlen in einer Felssteilwand, wie dies auch von Emmas Weißohrsittichen (*P. emma*) in Venezuela bekannt ist.

Die Weibchen legen durchschnittlich sechs Eier. Wenn die Jungen geschlüpft sind, teilen sich die beiden Elterntiere die Aufgabe, sie zu füttern, wobei sie Hilfe von anderen Gruppenmitgliedern erhalten, um ihre Jungen erfolgreich großzuziehen. Über die genaue Bebrütungsdauer oder Nestlingszeit ist nichts bekannt, sie dürfte allerdings identisch mit den Daten aus Menschenobhut sein.

Wie schon mehrfach erwähnt, wird ein Schutzprojekt von der örtlichen Organisation Aquasis durchgeführt. Das Projekt hat 60 Nistkästen installiert und diese überwacht, um die Fortpflanzung zu unterstützen. Alle Feldaktivitäten wurden den Einheimischen vorgestellt, um sie für den Schutz der Sittiche zu sensibilisieren. Die Nistkästen wurden von den Salvadori-Weißohrsittichen angenommen, was den Projektmitarbeitern die Möglichkeit bietet, die Jungvögel besser zu kontrollieren.

Haltung: Früher war der Salvadori-Weißohrsittich sehr selten, und in meinem ersten *Pyrrhura*-Buch konnte ich noch keinen Züchter ausfindig machen, der die Art pflegte. Auch in der Literatur waren, von einer Ausnahme (de Grahl, 1982) abgesehen, keine Angaben zu finden. Allerdings deuten die Beschreibungen der Vögel darauf hin, dass bei Schuster (1896), Dost (1973), Seth-Smith (1979) und Green (1979) der Salvadori-Weißohrsittich behandelt wurde, der zu Zeiten der Berichtverfassungen noch als Unterart des Weißohrsittichs galt.

Während Schuster im vorigen Jahrhundert von der Seltenheit der Salvadori-Weißohrsittiche berichten musste, scheinen die in den Jahren zwischen 1920 und 1930 regelmäßig importiert worden zu sein. Dies geht aus Veröffentlichungen (zum Beispiel Lichtenstaedt, 1927) und Museumsbälgen, die aus zoologischen Gärten stammen (zum Beispiel Frankfurter Zoo), hervor. So wurde in dem Buch von Seth-Smith sogar ein Exemplar illustriert, das sich im Zoological Society's Garden befand.

Allgemein wird der Salvadori-Weißohrsittich als ein Vogel geschildert, der sich gut für die Haltung als zahmer Käfigvogel eignet. So schwärmte Wiener (in Schuster 1896), dass er glaubte, kein anderer Conure mache seinem Besitzer so viel Freude. Er sei intelligent, lebhaft, hart und kaum zerstörerisch. Der Sittich soll niemals ohne Grund schreien. Wenn er aber seine Stimme hören ließe, sei sie unangenehm laut und schrill. Ein zahmes, junges Männchen soll auch einige Worte nachsprechen lernen und insgesamt fast immer ein idealer Hausgenosse werden. Gegenüber Fremden verhielten sich zahme Salvadori-Weißohrsittiche aber ziemlich scheu und reserviert. Man sollte sie dann nicht unnötig reizen oder erschrecken, da sie die unangenehme Eigenschaft besäßen, dann aus Angst auch den ihnen bekannte Pfleger kräftig zu beißen.

In der Voliere zeigen sie sich als harte und widerstandsfähige Tiere, die idealerweise in einer Freivoliere mit angebautem Schutzhaus überwintert werden. De Grahl (1982) schreibt, dass diese Art problemlos sei. Er hielt seine Vögel in einer Freivoliere, wo sie aber nicht zutraulich wurden. Wenn etwas Fremdes auftauchte, wurden sie recht laut, doch verschwanden sie sofort in ihrem Schlafkasten, wenn sie sich bedroht fühlten.

Dieses Verhalten ist scheinbar nicht bei allen Salvadori-Weißohrsittichen ausgeprägt, denn es liegen ebenso Berichte vor, nach denen die Sittiche auch in einer Voliere schon nach wenigen Tagen zutraulich wurden, obwohl sie sich anfangs recht scheu und wild gezeigt hatten.

Das Badebedürfnis der Sittiche ist sehr groß. Sie nehmen fast täglich ein Bad, wobei sie sich oft völlig durchnässen.

In der Gemeinschaftsvoliere haben sie sich bei Lichtenstaedt (1927) als sehr verträgliche Vögel erwiesen; so schliefen bei ihm zwei Paare in einem gemeinsamen Kasten.

Unterbringung: Ideal ist die Unterbringung in einem Schutzhaus von 1 m × 1 m × 2 m mit einer sich anschließenden Außenvoliere von 2,5 m × 1 m × 2 m. Im Winter sollten die Vögel nicht unter 5 °C gehalten werden. Ganzjährig ist ein Schlaf- bzw. Nistkasten anzubieten, der bei der paarweisen Haltung die Maße von etwa 20 cm × 20 cm × 70 cm haben sollte.

Fütterung: Bei der Ernährung der Salvadori-Weißohrsittiche gibt es keine Unterschiede zu der anderer Rotschwanzsittiche. Bei ihnen ist allenfalls darauf zu achten, dass sie regelmäßig Zweige mit frischen Blüten und Knospen erhalten.

***Salvadori-Weißohrsittich-Nestlinge** (P. griseipectus) im Nistkasten*

Zucht: Es wird zwar berichtet, dass die Art schon öfter gezüchtet worden sei, doch wurden hierzu nie Namen oder Jahreszahlen veröffentlicht oder die Autoren beschrieben einen der unter dem Weißohrsittich (*P. leucotis*) angeführten Zuchtergebnisse.

Heute wird die Art häufig gezüchtet, was offensichtlich nicht schwierig ist. Ein jüngerer Zuchtbericht existiert von Tiago Ramos Santos (2018). Er bietet seinen Salvadori-Weißohrsittichen einen Nist-/ Schlafkasten an, der außerhalb des Hängekäfigs (1,5 m × 1 m × 1 m [L × B × H]) angebracht ist. Der Nistkasten selbst hat die Maße von ca. 25 cm Breite, 20 cm Tiefe und 60 cm Höhe, gefertigt ist er aus Tischlerplatten mit dunklem Furnier. Auf der Rückseite befindet sich im unteren Bereich eine Kontrollöffnung, die mit einem Metallschieber verschlossen wird. Um ihn naturgerechter zu gestalten, hat sich der Züchter einen kleinen, hohlen Naturstamm (ca. 9 cm breit und 20 cm lang) besorgt, den er im Innern des Käfigs an den Einschlupfbereich des Kastens geschraubt hat. Nachdem er die Salvadori-Weißohrsittiche einige Monate hatte, saß das Männchen mehrere Stunden täglich dicht bei dem Weibchen und sie betrieben soziale Gefiederpflege. Schließlich konnte er erste Kopulationsversuche beobachten. Um den aufkommenden Bruttrieb zu fördern, verabreichte er Fruchtpaté ergänzt mit Kalzium zur Unterstützung der Eibildung. Anfang Juni verbrachte das Weibchen täglich mehrere Stunden im Nest, und am 18. Juni entdeckte der Züchter bei einer Kontrolle das erste von insgesamt sechs Eiern. Ab dem zweiten Ei begann das Weibchen zu brüten. Eines der Eier war unbefruchtet, es wurde jedoch nicht entfernt. Während der Brutzeit erhöhte Ramos Santos den Gemüse- und Obstanteil und reichte mehr Keimfutter. Nach 23 Tagen schlüpfte am 13. Juli das erste Junge, das zweite am 18. Juli und ein drittes sieben Tage später. Der Züchter nahm nun regelmäßig Kontrollen vor, dabei stellte er fest, dass die Jungen der zwei anderen befruchteten Eiern die Schale zwar angepickt hatten, aber nicht geschlüpft waren. Die Nestlinge machten einen gesunden Eindruck. Im Alter zwischen zehn und fünfzehn Tagen beringte er sie mit 5,5-mm-Aluminiumringen. Im Alter von rund sieben Wochen waren die Jungen komplett befiedert und wollten den Nistkasten unbedingt verlassen. Nach dem Ausfliegen kümmerten sich die Eltern intensiv um sie, überwachten die ersten Flugversuche und fütterten sie weiterhin. Bereits nach wenigen Tagen konnte Ramos Santos die Jungen am Futternapf sehen, wo sie allerdings mehr mit den Samen spielten, als sie zu fressen.

Während der Brutzeit sollten die Paare allein gehalten werden, da sich die Vögel sonst gegenseitig stören. Der Brutbeginn fällt oft schon in den April, Jungvögel sind bereits mit zehn Monaten zuchtreif.

Allgemeines: Die Art ist heute nicht selten. Jungvögel werden regelmäßig angeboten, und die Züchter haben schon Probleme, Abnehmer für sie zu finden.

Pyrrhura pfrimeri Ribeiro 1920

Pfrimer-Sittich

Engl.: Pfrimer's Conure

Beschreibung: Die Grundfärbung ist grün. Die Stirn, Zügel, Wangen und nahezu oder die ganzen Ohrdecken sind rotbraun. Scheitel, Nacken und Hinterkopf sind mattblau, die Brust grünlichblau mit weißlichen Säumen, auf der Oberbrust in ein Grün übergehend. Der Bauch, der Unterrücken und die Oberschwanzdecken sind rotbraun, der Flügelbug leuchtend rot. Die Handdecken sind grünblau, die Handschwingen blau. Die Färbung der Schwanzoberseite ist braunrot mit einer grünen Basis, die Schwanzunterseite ist matt braunrot. Die nackten Augenringe sind grau, die Iriden orangebraun, die Füße und der Ober- und Unterschnabel dunkelgrau.

Jungvögel: Junge sind wie Alttiere gefärbt, haben jedoch ein matteres Gefieder und weißliche nackte Augenringe.

Größe: 20 cm (Flügellänge: 118,1 mm [113 - 123 mm])

Verbreitung: Die Art ist beschränkt auf den schmalen trockenen Waldgürtel in der Nähe der Serra Geral in den Bundesstaaten Goiás und Tocantins, Nordost-Brasilien. Verbreitungsschwerpunkte liegen in der Umgebung von Santa Maria de Taguatinga und Nova Roma, Goiás.

Anmerkung: *Pyrrhura pfrimeri* wird von einigen Autoren als Unterart von *Pyrrhura leucotis* geführt, jüngere genetische Untersuchungen (z.B. Arndt & Wink 2017) zeigen aber eindeutig, dass der Primer-Sittich Artstatus hat.

Status: Obwohl die Art örtlich noch häufig anzutreffen ist, erleidet sie deutliche Bestandsrückgänge.

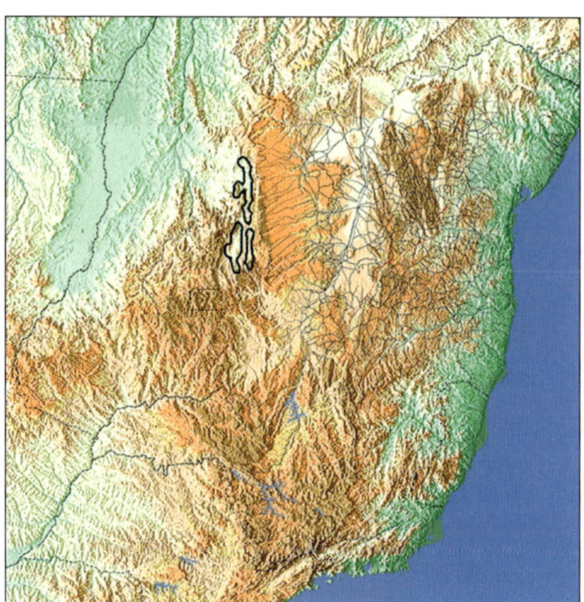

Birdlife (2021) listet sie als „endangered“ (stark gefährdet), da die Art ein extrem kleines Verbreitungsgebiet hat, das stark fragmentiert ist und in dem der Verlust und die Zerstörung des Lebensraums andauern. Die Art ist in Brasilien gesetzlich geschützt und kommt in zwei Naturschutzgebieten vor (Terra Ronca State Park und Mata Grande National Forest).

Lebensraum: Die Art bewohnt Laub- und Trockenwald, der auf Kalksteinboden oder kalksteinähnlichen Böden wächst und in der umliegenden Cerrado-Savanne isoliert als Inselflächen eine Sonderform der Caatinga-Vegetation darstellt. Daneben findet man die Sittiche auch in trockenen offenen Landschaften mit vereinzeltem Baumbestand bis 600 m Höhe und gelegentlich in der Umgebung von Dörfern.

Lebensweise: Primer-Sittiche habe ich außerhalb der Brutzeit in Gruppen von acht bis 20 Vögeln angetroffen. Die Art hält sich bevorzugt in Büschen und hohen Bäumen auf, wo die Sittiche nach Nahrung suchen. Sie wechseln aber ihren Standort relativ schnell. In den meist offenen Bäumen sind sie sofort durch ihr Geschrei zu lokalisieren, fallen aber wegen

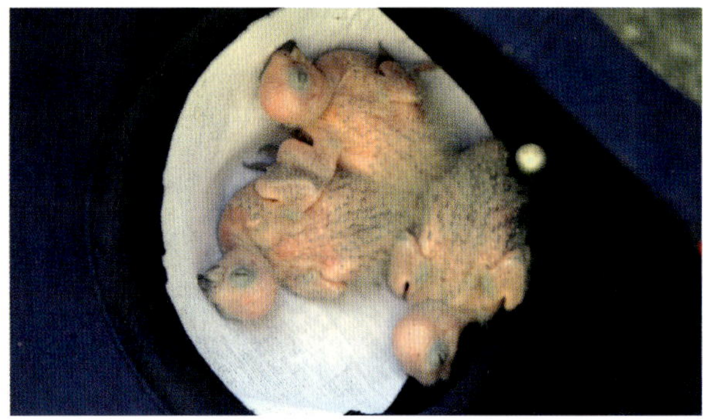

Pfrimer-Sittich-Nestlinge (P. pfrimeri)

ihres im Freiland sehr düster wirkenden Gefieders wenig auf. Insgesamt sind die Sittiche aber kaum ängstlich und lassen einen Beobachter relativ nahe an sich heran. Nur wenn sie massiv gestört werden, fliegen sie laut schimpfend auf. Wie bei den meisten Rotschwanzsittichen ist der Flug schnell und welligförmig.

Pfrimer-Sittiche ernähren sich von Früchten, Blüten, halbreifen Samen und Beeren, die sie in den Bäumen finden. Allerdings wurden sie auch bereits bei der Futteraufnahme am Boden beobachtet (Olmos et al. 1998). Dornas et al. (2016) konnten mehrere Fälle von Geophagie (Fressen von Erde) entdecken: Zwischen 2012 und 2014 beobachteten sie in Tocantins und in Goiás vier Fälle, meist in der Nähe von Bächen, wo Pfrimer-Sittiche Kalkstein von Kalksteinwänden und Felsvorsprünge abnagten.

Über das Brutverhalten im Freiland sind keine Einzelheiten bekannt.

Haltung: Wie die meisten Rotschwanzsittiche sind Pfrimer-Sittiche neugierig und bewegungsaktiv. Sie fliegen gern, deshalb sollte die Voliere nicht zu klein sein. Ihre Stimme lassen sie nur bei Erregung hören. Ansonsten sind sie robust und wenig empfindlich. Ihr Badebedürfnis ist ausgeprägt, ebenso benagen sie gerne und ausgiebig frische Zweige. Eine Haltung in der Gruppe ist möglich, so konnte ich um die 50 Vögel bei einem brasilianischen Züchter in einer geräumigen Gemeinschaftsvoliere sehen. Die Vögel brüteten auch, allerdings stritten sie sich hin und wieder. Eine Gemeinschaftshaltung mit anderen Vögeln dürfte deshalb problemvoll sein, da Pfrimer-Sittiche aggressiv sein könnten.

Unterbringung: die beste Unterbringung ist ein Schutzhaus von 1 m × 1 m × 2 m mit anschließender Außenvoliere von 2,5 m × 1 m × 2 m. Im Winter sollten Pfrimer-Sittiche nicht unter 10 °C gehalten werden und ganzjährig einen Schlaf- bzw. Nistkasten von etwa 20 cm × 20 cm × 70 cm erhalten.

Fütterung: Die Ernährung unterscheidet sich nicht von der anderer *Pyrrhura*-Arten. Allerdings sollten die Pfrimer-Sittiche regelmäßig Zweige mit frischen Blüten und Knospen bekommen.

Zucht: Aufgrund der Seltenheit ist die Zucht nur wenige Male gelungen, vermutlich aber nicht schwierig. Dörholt (2007) bemerkte erst (Anfang Juli) bei einem Kontrollgang, dass das Weibchen eines seiner Paare bereits das erste von sechs Eiern gelegt hatte. Im Gegensatz zu anderen *Pyrrhura*-Paaren hatte er zuvor keine Kopulation oder sonstige Anzeichen einer bevorstehenden Brut wahrgenommen. Das Weibchen verließ jedes Mal fluchtartig den Kasten, wenn der Züchter die Innenräume betrat. Erst als das Gelege komplett war, blieb es auf ihm sitzen. Von den sechs Eiern des ersten Geleges war eines unbefruchtet. Es schlüpften fünf Junge, welche anstandslos aufgezogen wurden. Die Nestlinge wurden mit 5,5-mm-Ringen versehen. Die Brutdauer pro Ei betrug 23 Tage, die durchschnittliche Nestlingszeit 50 Tage. Die Gelege umfassen in der Regel fünf bis sechs Eier. Jungvögel sind bereits mit 10 Monaten zuchtreif.

Pfrimer-Sittiche (P. pfrimeri) in der Voliere eines brasilianischen Züchters.

Pyrrhura eisenmanni Delgado 1985

Azuero-Sittich

Engl.: Azuero Conure

Beschreibung: Das Grundgefieder ist grün. Ein schmaler Stirnstreifen, die Zügel und Bereiche unter den Augen sind rot, auf den oberen Wangen in das Rotbraun der Wangen übergehend. Die Scheitelfedern sind dunkelbraun und mit schwach bläulichem Anflug. Die Ohrdecken sind weißlich. Die seitlichen Nackenfedern, der Hals und die Oberbrust sind schmutzig braunblau und mit breiten bräunlich weißen Säumen, die eine leichte V-Zeichnung aufweisen. Im Nacken befindet sich ein variables blaues Band. Bauch, Unterrücken und Oberschwanzdecken sind rotbraun, die Handdecken und Außenfahnen der Handschwingen blau. Der Schwanz ist oberseits braunrot gefärbt, wobei die Basis grün ist, unterseits ist er matt braunrot. Die nackten Augenringe sind grau, die Iriden orangefarben, die Füße hellgrau bis grau und Ober- und Unterschnabel dunkelgrau.

Jungvögel: Junge sind wie Alttiere gefärbt, haben jedoch ein matteres Gefieder, hellgraue Augenringe, schwarze Iriden und einen helleren Schnabel.

Größe: 20 cm (Flügellänge: 118 mm)

Verbreitung: Die Art bewohnt den westlichen Teil der Azuero-Halbinsel, Panama, und ist dort u.a. auch im Parque Nacional Cerro Hoya zu finden.

Anmerkung: Von vielen Autoren wird *P. eisenmanni* noch als Unterart von *Pyrrhura picta* geführt. Jüngere genetische Untersuchungen (z.B. Arndt & Wink 2017) haben jedoch *P. eisenmanni* als eigene Art bestätigt.

Status: Obwohl die Art innerhalb ihres begrenzten Verbreitungsgebietes noch zahlreich anzutreffen

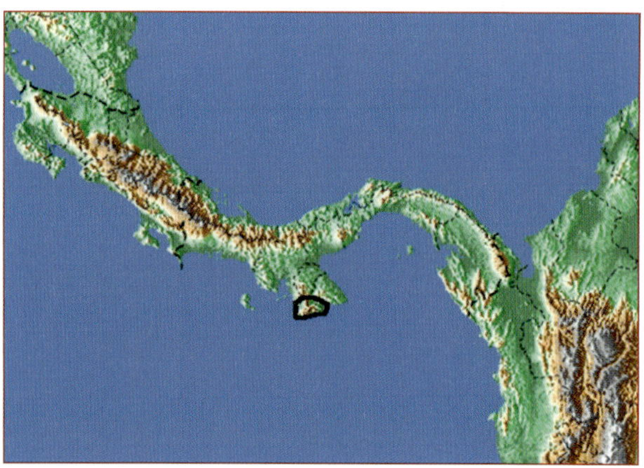

ist, listet BirdLife (2021) sie als „endangered" (stark gefährdet), da das Verbreitungsgebiet und die Population der Sittiche sehr klein sind und künftig mit einem Verlust des natürlichen Habitats zu rechnen ist. Die Populationsgröße wird zwischen 1.000 und 2.500 Vögel angegeben.

Lebensraum: Die Art bewohnt die hügeligen und z. T. gebirgigen Regenwaldflächen innerhalb ihres Verbreitungsgebietes (Forshaw 2006, Angehr & Dean 2010) und wurde an Waldrändern und gelegentlich in teilweise gerodeten Waldgebieten bis 900 m Höhe beobachtet. Im Parque Nacional Cerro Hoya soll sie nach Seitre (2008) nicht vorkommen.

Lebensweise: Aus der Literatur sind keine Einzelheiten bekannt. Ich selbst habe die Art im März 2016 in ihrem natürlichen Lebensraum beobachtet. Die Sittiche kamen gegen 9 Uhr morgens zu einem kleinen Rangerhaus am Rande des Parque Nacional Cerro Hoya und hielten sich zur Nahrungsaufnahme in den nahen, umliegenden Bäumen auf, wobei sie überraschend zahm waren. Man konnte sich ihnen bis auf wenige Meter nähern, ohne dass sie den Eindruck machten, besonders besorgt zu sein. Nach der Nahrungsaufnahme in einem kleinen Baum saßen die meisten Schwarmmitglieder herum und dösten.

Azuero-Sittich *(P. eisenmanni) im Freiland (links) und ein Jungvogel im Zoológico del Istmo in Colón, Panama.*

Gegen 11 Uhr flogen einzelne Gruppen nach und nach auf und verschwanden. Von den Rangern erfuhr ich, dass die Sittiche nahezu täglich in Schwärmen von sechs bis 20 Vögeln auf der Futtersuche hierherkamen. Der Flug der Sittiche war nicht allzu schnell und lediglich wenige Meter über den Baumwipfeln.

Die Nahrung besteht aus Früchten, Beeren (z.B. *Hirtella*), Blüten (z.B. *Couroupita panamensis*) und halbreifen Samen, wahrscheinlich auch aus gemüseartigen Pflanzen sowie Insekten und deren Larven. Die Brutzeit fällt vermutlich in die Zeit von März bis Juni. Ein Nest wurde in dem abgestorbenen Ast eines *Anacardium*-Baumes in etwa zwölf Meter Höhe gefunden. Es sind keine weiteren Einzelheiten bekannt.

Haltung: Außerhalb Panamas wird es derzeit vermutlich keine Haltung der Azuero-Sittiche geben, und selbst im Heimatland sind sie extrem selten oder gar nicht bei Vogelhaltern zu finden. Zurzeit ist sie in der Zuchtanlage des Zoológico del Istmo in Colón, Panama, vertreten. Es ist anzunehmen, dass sich eine Haltung der Vögel nicht von der des Blaustirn-Rotschwanzsittichs (*Pyrrhura picta*) unterscheidet.

Unterbringung und Ernährung: falls die Art je außerhalb Panamas gehalten wird, sollte eine Unterbringung bei wenigstens 15 °C in einem Schutzhaus von 1 m × 1 m × 2 m mit anschließender Außenvoliere von 3 m × 1 m × 2 m versucht werden. Ganzjährig ist ein Nistkasten (20 cm × 20 cm × 70 cm) oder besser ein Naturstamm anzubieten.

In Panama wurden mit behördlicher Genehmigung im März 2017 vier Paare Azuero-Sittiche gefangen. Im Zoológico del Istmo in Colón erhielten die Vögel zur Eingewöhnung Futterpflanzen aus dem Freiland, später kamen Früchte der Guave (*Psidium guajava*) hinzu, bis sie schließlich mit Hilfe eines zahmem Tovisittichs (*Brotogeris jugularis*) eine Standard-Papageiennahrung fraßen (Lacs & Silva 2019). Untergebracht wurden sie in 3 m langen Hängekäfigen mit an der Außenseite befestigten Nistkästen (20 cm × 20 cm × 1 m Höhe). Diese wurden schnell angenommen.

Zucht: Aufgrund der Seltenheit ist die Zucht nur in Panama gelungen. Eines der oben beschriebenen Paare begann bereits im April 2018 zu brüten und hatte ein Gelege von vier Eiern, von denen drei befruchtet waren. Am 19. Mai schlüpften die ersten zwei Küken, das dritte wenige Tage später. Alle wurden anstandslos von den Eltern aufgezogen. Die Brutdauer beträgt 23, die Nestlingszeit 50 Tage. Jungvögel sind bereits mit 12 Monaten zuchtreif.

Pyrrhura c. caeruleiceps Todd

Magdalenasittich

Zwei Unterarten:

1. *Pyrrhura c. caeruleiceps* Todd 1947
Magdalenasittich

Engl.: Magdalena Conure

Beschreibung: Das Grundgefieder ist grün. Stirn, Zügel und Bereich unterhalb der Augen sind bräunlich rot, auf den oberen Wangen in das Dunkelbraun der Wangen übergehend. Der Scheitel ist mattblau, die Ohrdecken bräunlich weiß. Die seitlichen Nackenfedern, der Hals und die Oberbrust sind schmutzig braunblau und mit breiten schmutzig weißlichen bis hellgraubräunlichen Säumen versehen. Im Nacken befindet sich ein variables blaues Band. Der Bauch, der Unterrücken und die Oberschwanzdecken sind rotbraun, der Flügelbug rot. Die Handdecken und die Außenfahnen der Handschwingen sind blau. Der Schwanz ist oberseits braunrot mit grüner Basis, die Schwanzunterseite ist matt braunrot. Der nackte Augenring ist dunkelgrau, die Iriden sind hellgelb, die Füße grau und der Schnabel ist dunkelgrau.

Jungvögel: Junge Magdalenasittiche sind wie die Alttiere gefärbt, haben jedoch ein matteres Gefieder und nur wenig Rot auf dem Flügelbug. Die Iriden sind schmutzig hellgelb.

Größe: 19 cm (Flügellänge: 115,6 [107 mm - 122 mm])

Verbreitung: Die Nominatform bewohnt die Ausläufer der Ost-Anden östlich von Aguachica, Cesar, und die sich anschließenden Anden-Regionen von Norte de Santander in Nordost-Kolumbien. Sie kommt heute nur noch sehr örtlich vor.

2. *Pyrrhura c. pantchenkoi* Phelps 1977
Pantchenko-Sittich

Engl.: Pantchenko's Conure

Beschreibung: Die zwei existierenden Bälge sind wie *caeruleiceps* gefärbt, Stirn, Zügel und die Bereiche unterhalb des Auges sind nicht rotbraun, sondern braun. Die nackten Augenringe sind dunkelgrau, die Iriden hellgelblich, die Füße grau und der Schnabel ist dunkelgrau. Diese Unterart ist möglicherweise durchschnittlich größer als die Nominatform.

Jungvögel: Junge (einer der beiden Bälge ist ein Jungvogel) sind wie Alttiere gefärbt, jedoch mit deutlich dunklerem und matterem Gefieder und nur wenig Rot auf dem Flügelbug.

Größe: 22 cm (Flügellänge: 122,5 [121 mm - 124 mm])

Verbreitung: Perijá-Berge entlang der Grenze von Kolumbien und Venezuela.

Anmerkung: Es ist noch nicht klar, ob die 1977 von Phelps beschriebene Unterart *pantchenkoi* identisch mit *caeruleiceps* ist, weil es sich bei den beiden ein-

Magdalenasittich (*P. c. caeruleiceps*)

Pantchenko-Sittiche (*P. c. pantchenkoi) im Nest*

zigen existierenden Bälgen um Jungvögel handeln könnte. Beobachtungen aus dem Freiland sprechen aber dafür, dass diese Unterart berechtigt ist. Von vielen Autoren wird *caeruleiceps* noch als Unterart von *Pyrrhura picta* geführt, obwohl jüngere genetische Untersuchungen den Artstatus klar zeigen.

Status: BirdLife (2021) listet die Art als „endangered" (stark gefährdet), da die Rodung des Lebensraums für Viehzucht und illegalen Drogenanbau sowie der Fang für den Heimtiermarkt nach wie vor voranschreiten.

Lebensraum: Wälder, Waldränder und angrenzende offene Landschaften von 400 m bis 1.200 m, in den Perijá-Bergen bis 2.200 m Höhe. Die Art ist nicht ausschließlich an Primärwald gebunden, sondern nutzt auch Sekundärwald und offene Kulturlandschaften mit Baumbestand (Strewe 2017a).

Pantchenko-Sittich (*P. c. pantchenkoi) - dieser Unterart fehlt das Rot auf den Zügeln und oberen Wangen.*

Lebensweise: Der Sittich lebt paarweise oder außerhalb der Brutsaison in Gruppen von bis zu 30 Vögeln. Der Zusammenhalt in diesen Verbänden ist sehr hoch. Trotz der lauten Stimme fallen die Sittiche kaum auf, da das Gefieder tarnt. Die Ernährung besteht aus Früchten, Beeren, Blüten und Samen, eine detaillierte Auflistung findet sich bei Strewe et al. (2017a). Die Brutzeit reicht von Februar bis Juni. Nisthöhlen wurden in lebenden Caracolí (*Anacardium excelsum*), Tanane (*Peltogyne purpurea*) und Zapotillo (*Manilkara zapota*) mit einem Stammumfang von 1,28 bis 3,5 m und einer Höhe von 16 bis 32 m gefunden. Ein Nest mit Jungen wird tagsüber von zwei bis drei Vögeln bewacht. Brütende Weibchen, Junge oder Wächtervögel werden von Gruppenmitgliedern mit Nahrung versorgt Strewe et al. (2017b).

Menschenobhut: Vermutlich gibt es derzeit keine Haltung außerhalb Kolumbiens. Die Unterbringung, Ernährung und Zucht dürfte identisch mit der des Blaustirn-Rotschwanzsittichs (*Pyrrhura picta*) sein.

Pyrrhura subandina Todd 1917

Jaraquielsittich

Engl.: Jaraquiel Conure

Beschreibung: Die Grundfärbung ist grün. Ein schmaler Stirnstreifen, die Zügel und Bereiche unterhalb des Auges sind dunkelrot, auf dem mittleren Teil der Wangen in Dunkelbraun übergehend. Der untere Teil der Wangen ist bläulich grün. Der Scheitel ist dunkelbraun mit einem leichten Anflug von Blau auf dem vorderen Teil. Die Ohrdecken sind mattbraun. Die seitlichen Nackenfedern, der Hals und die Oberbrust sind schmutzig braunblau und mit helleren, breiten graubräunlichen Säumen. Bauch, Unterrücken und Oberschwanzdecken sind rotbraun. Der Flügelbug ist grün, die Handdecken und Außenfahnen der Handschwingen sind blau. Der Schwanz ist auf der Oberseite braunrot mit grüner Basis, auf der Unterseite matt braunrot. Die nackten Augenringe sind dunkelgrau, die Iriden gelblich, die Füße grau, und der Schnabel ist dunkelgrau.

Jungvögel: Junge Jaraquielsittiche sind wie die Alttiere gefärbt, haben jedoch ein matteres Gefieder und dunkle Iriden.

Größe: 17 cm (Flügellänge: 110,9 [106 mm - 115 mm])

Verbreitung: Die Art bewohnte die bewaldeten Gebiete der Sierra de Quimarí und Sierra de Murrucucú sowie das untere Sinú-Tal in Nordwest-Kolumbien, möglicherweise auch die sich anschließenden unteren Cauca- und Magdalena-Gebiete.

Der Jaraquielsittich (P. subandina) ist vermutlich schon ausgerottet. Die Aufnahme zeigt die Rekonstruktion eines Exemplares, bei dem ein Balg aus dem USNM mit einem lebenden Vogel kombiniert wurde.

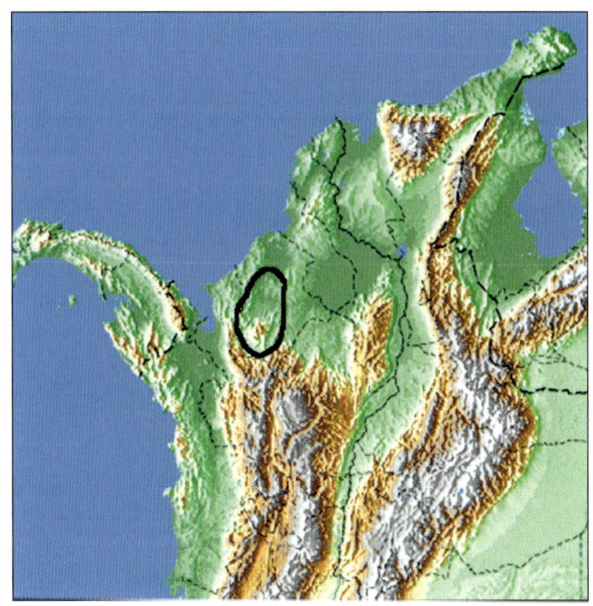

Anmerkung: Von vielen Autoren wird *subandina* noch als Unterart von *Pyrrhura picta* geführt.

Status: BirdLife (2021) hat die Art als „critically endangered“ (vom Aussterben bedroht) eingestuft, da es seit 1949 trotz umfangreicher Suchexpeditionen keinen bestätigten Nachweis dieses Sittichs gibt. Man muss tatsächlich damit rechnen, dass dies die erste ausgerottete *Pyrrhura*-Art ist. Falls doch noch eine verbleibende Population existiert, dürfte sie äußerst klein und rückläufig sein. Ein großer Teil des ehemaligen Verbreitungsgebiets ist abgeholzt worden, und zwei der vier bekannten Standorte haben offenbar keinen geeigneten Lebensraum mehr.

Lebensraum: Wälder, Waldränder und angrenzende offene Landschaften bis vermutlich 1.200 m.

Lebensweise: Es sind keinerlei Einzelheiten über die Lebensweise, Ernährung oder über das Brutverhalten bekannt.

Menschenobhut: Die Art Haltung oder Zucht war und ist in Menschenhand unbekannt.

Pyrrhura emma Salvadori

Emmas Weißohrsittich

Zwei Unterarten:

Vorbemerkung zur Unterartbestimmung: Beide Unterarten lassen sich ohne Kenntnis der Herkunft im Freiland oder ohne direkten Vergleich oder ohne Extremmaße in der Praxis nicht sicher voneinander unterscheiden. In meinem ersten *Pyrrhura*-Buch hatte ich noch fälschlicherweise behauptet, *auricularis* hätte nicht nur größere, sondern reiner weiße Ohrdecken und der nackte Augenring sei schwärzlich anstatt (wie bei der Nominatform) weißlich. Der nackte Augenring wird aber bei Vögeln, die in Innenräumen ohne Sonnenlicht gehalten werden, langsam weißlich, während er bei Vögeln in Außenvolieren normal schwärzlich bleibt, was damals so noch nicht bekannt war (siehe hierzu auch Dörpholt, 2007).

Ich habe insgesamt 111 Bälge beider Unterarten untersucht (38 *emma*, 73 *auricularis*) und anhand der veröffentlichten Fotos von Vögeln in Menschenobhut vermute ich, dass vor allem die Unterart *auricularis* bei den Haltern und Züchtern zu finden ist. Es empfiehlt sich trotzdem, im Zweifelsfall bei *P. emma* auf eine Unterartenangabe zu verzichten.

1. *Pyrrhura e. emma* Salvadori 1891 Emmas Weißohrsittich

Engl.: Emma's Conure

Beschreibung: Die Grundfärbung ist grün. Ein schmaler Streifen am Schnabelansatz ist dunkelbraun, Zügel und Wangen sind rotbraun. Stirn, Vorderscheitel und Nacken sind kräftig blau, wobei die Ausdehnung von Vogel zu Vogel variiert und manchmal auch der eigentlich mattbraune Hinterkopf mit einbezogen sein kann. Die Ohrdecken sind weiß und messen durchschnittlich 7,5 mm im Durchmesser (6,0 - 10,5 mm). Das seitliche Nackengefieder, der Hals und die Oberbrust zeigt eine Mischung aus Graubläulich und Braun, die auf der Unterbrust in ein Grün übergeht und bei der jede Feder streifenförmig schmal weißlich bis breit matt gelb gesäumt ist. Im Nacken befindet sich ein variables blaues Band. Bauch, Unterrücken und Oberschwanzdecken sind rotbraun, der Flügelbug leuchtend rot. Die Handdecken sind grünblau, die Handschwingen blau. Der Schwanz ist oberseits braunrot mit einer grünen Basis, unterseits matt braunrot. Die nackten Augenringe sind schwärzlich, die Iriden braun, die Füße grau, und der Schnabel ist dunkelgrau.

Jungvögel: Sie sind wie Alttiere gefärbt, jedoch mit einem matteren Gefieder, dunklen Iriden und oft, aber nicht immer, hellen Augenringen.

Größe: 18 cm (Flügellänge: 113,8 mm [107 - 124 mm])

Emmas Weißohrsittich (P. e. emma) mit durchschnittlich deutlich kleinen weißlichen Ohrdecken.

Ein Monagas-Sittich *(P. e. auricularis) beim Fressen von kleinen Früchten in einem schattigen Baum.*

Der Monagas-Sittich *(P. e. auricularis) hat weiter ausgedehnte weiße Ohrdecken und ist etwas größer als emma.*

Verbreitung: nördliche Kordilleren von Yaracuy bis Miranda, Nord-Venezuela.

2. *Pyrrhura e. auricularis* Zimmer & Phelps 1949
Monagas-Sittich

Engl.: Monagas Conure

Beschreibung: Diese Unterart ist wie *emma* gefärbt, hat aber durchschnittlich größere weiße Ohrdecken mit einem Durchmesser von 9,8 mm (6,9-14,0 mm). Nach Zimmer und Phelps (1949) soll das Grün der Flanken und des Rückengefieders weniger gelblich, dafür eher dunkler sein, was ich bei meinen Balguntersuchungen allerdings nicht bestätigen konnte. Insgesamt sind die Vögel im Durchschnitt geringfügig größer.

Größe: 18,5 cm (Flügellänge: 115,3 mm [108 - 124 mm])

Verbreitung: Diese Unterart bewohnt die Kordilleren von Anzoátegui bis Sucre und Monagas, Nord-Venezuela.

Anmerkung: *Pyrrhura emma* und damit auch *auricularis* werden von einigen Autoren immer noch als Unterarten von *Pyrrhura leucotis* oder *Pyrrhura picta* geführt. Jüngere genetische Untersuchungen (z.B. Arndt & Wink 2017) haben jedoch den Artstatus von *emma* eindeutig bestätigt.

Status: Obwohl die Art ein relativ kleines Verbreitungsgebiet hat, gilt sie als nicht gefährdet. BirdLife (2021) listet sie als „least concern" (nicht gefährdet).

Lebensraum: Nach Phelps und Phelps (1958) bewohnt *Pyrrhura emma* die Wälder der tropischen Zone und den unteren Gürtel der subtropischen Zone. Hier findet man sie vor allem an Waldrändern und in angrenzenden offenen Landschaften von 250 m bis 1.700 m Höhe, aber auch in Parkanlagen und in der Umgebung von Dörfern. In Ost-Sucre kommt sie auch häufig in Meereshöhe vor (Hilty 2003).

Schäfer und Phelps (1954) beobachteten die Art im Rancho-Grande-Reservat in Nord-Venezuela. Hier lebt sie als unregelmäßiger Wanderer in den Feuchtwäldern der subtropischen Zone. Gesichtet wurde sie lediglich in den Nebelwäldern um Potachuelo in den Monaten Juli und August, zur selben Zeit, in der dort auch der Blutohr-Rotschwanzsittich (*P. h. hoematotis*) sehr häufig vorkommt. Die Sittiche ziehen dort in Schwärmen von 15 bis 20 Tieren umher, wobei sie zum Rasten die Wipfel der Bäume bevorzugen.

Ich selbst habe sie an der Cueva el Guácharo (Höhle der Fettschwalme [*Steatornis caripensis*]), Monagas, gesehen, wo sie unter lautem Geschrei in Kleingruppen gegen 18 Uhr einflogen, um die Nacht in den Felsenspalten über dem Höhleneingang zu verbringen. Beim Fressen konnte ich sie in einem kleinen Dorf in Sucre beobachten, wo sie sich still in den großen, Früchte tragenden Bäumen aufhielten. Sie waren nur schwer zu fotografieren, weil sie immer dunkle und schattige Stellen für das Fressen der kleinen Baumfrüchte auswählten. Von Zeit zu Zeit wechselten sie den Standort, wobei sie beim Fliegen sofort durch ihr Geschrei auffielen. Der leicht wellige Flug war nicht sehr schnell. Neben den Baumfrüchten sollen sie sich auch von Blüten, Samen und Beeren ernähren. Über das Brutverhalten liegen keine Informationen vor, meine Beobachtungen an der Cueva el Guácharo lassen aber vermuten, dass sie auch in Felswänden brüten. Die Eimaße betragen 26,3 mm × 20,5 mm.

Ein junger Emmas Weißohrsittich (P. emma) am Nistkasten.

Haltung und Unterbringung: Mit Ausnahme zweier Berichte von Low (1972 u. 2000) findet man über die Haltung dieser Art nichts in der Literatur. R. Low berichtet im ersten Artikel lediglich, dass der Emmas

Weißohrsittich sehr selten importiert würde. Wahrscheinlich kam er erstmals im Jahre 1929 zu Chapman, der ihn vermutlich an den bekannten Züchter Whitley weiterverkaufte. Dieser stellte ihn dann 1931 im Crystal Palace aus.

Von den Haltern konnte ich lediglich von Herrn Leumann und Herrn Zeißler Informationen über das Verhalten dieser Art bekommen. Nach Herrn Leumann war der Emmas Weißohrsittich ein lebhafter Vogel, dessen Nage- und Badebedürfnis recht gering sei. Nur manchmal sei er laut gewesen. Herr Leumann hielt die Tiere in einer Außenvoliere mit angebautem Schutzhaus, hierin blieben sie auch während der kalten Wintermonate. Zu dieser Jahreszeit wurde auch der Nistkasten von ihnen benutzt. In der Gemeinschaftshaltung mit anderen Sittichen erwiesen sie sich als recht friedlich. Eine Voliere für ein Paar dieser bewegungsaktiven Vögel sollte nicht zu klein gewählt werden und die Maße von 4 m × 2 m × 1 m nicht unterschreiten.

Das Monagas-Sittich-Paar von Herrn Zeißler war nicht scheu. Wenn in der Voliere hantiert wurde, kam es sofort neugierig herbei, um zu schauen und alles Neue zu inspizieren. Außerhalb der Brutzeit waren die Sittiche sehr leise, man hörte kaum einmal ihre Stimme. Ein Nagebedürfnis war bei ihnen vorhanden, sie griffen allerdings nie die Holzteile ihrer Voliere an, sondern benagten lediglich die ihnen gereichten Äste. Offensichtlich gehen Monagas-Sittiche nur ungern auf den Volierenboden, Herrn Zeißlers Vögel holten sich nicht einmal ihr Futter von dort. Das Badebedürfnis war sehr ausgeprägt. Sobald sie frisches Wasser bekamen, fingen sie sofort an, sich völlig zu durchnässen.

Untergebracht waren die Monagas-Sittiche in einer Außenvoliere (4 m × 0,9 m × 2 m) mit Schutzhaus (2,5 m × 0,9 m × 2 m), das im Winter nicht geheizt wurde. Als das Paar zu Herrn Zeißler kam, nahm es interessanterweise keinen Nistkasten an, sondern bearbeitete einen ausgefaulten Baumstamm. In diesem befand sich ein Einflugloch, das erweitert wurde. Die selbstgenagte Bruthöhle hatte nach Fertigstellung eine Nierenform und war lediglich 8 bis 9 cm schmal, ca. 15 cm breit und ca. 20 cm tief. Die Mulde wurde mit Federn und Holzmulch ausgepolstert. An der Rückseite des Stammes hatten sich die Sittiche zusätzlich ein verstecktes, zweites Einflugloch genagt. Sie übernachteten ständig in ihrer selbstgefertigten Behausung.

Ernährung: In der Anfangszeit können sich Emmas Weißohr-und Monagas-Sittiche recht konservativ in ihrem Fressverhalten zeigen. Bei Herrn Zeißler fraßen sie in der ersten Zeit z. B. fast ausschließlich Sonnenblumenkerne und konnten erst allmählich auch an ein abwechslungsreiches Futter gewöhnt werden.

Zucht: Die Erstzucht der Emmas Weißohrsittiche gelang im Jahre 1966 bei Carl Wentrup in Dänemark (in Arndt 1981b). Er hatte bereits 1962 ein Paar erworben, dessen Männchen aber 1964 eingegangen war. Glücklicherweise fand der Züchter bald ein Ersatztier, das mit dem Weibchen verpaart wurde. Dieses Paar zog dann 1966 fünf Junge groß. 1967 brüteten die Vögel nicht, brachten aber 1968 ganze neun und 1969 weitere sechs Junge auf die Stange. Die Sittiche waren in einem Keller in einem kleinen Flugkäfig untergebracht, der durch künstliches Licht beleuchtet wurde. Das Weibchen zog einen Naturstamm, dessen Eingangsöffnung sich weit oben befand, einem Nistkasten vor. Als Brutdauer wurden 27 Tage angegeben, was vermuten lässt, dass das Weibchen immer erst ab dem 3. oder 4. Ei gebrütet hatte. Bei der Aufzucht von neun Jungen im Jahre 1968 war der Entwicklungsstand zwischen den Geschwistern so groß, dass das letzte Junge erst einen Monat nach dem ersten die Nisthöhle verließ. Die Alttiere fütterten die Jungtiere noch etwa zwei Wochen nach dem Ausfliegen weiter, bis diese selbstständig waren.

Emmas Weißohrsittiche *(P. emma) benötigen trotz ihrer geringen Größe zum Brüten eine geräumige Voliere; links zwei Nestlinge in der Zuchtstation der Loro Parque Fundación, rechts ein Zuchtweibchen im Nistkasten.*

In der Literatur (Low 1972 und 2000, Vriends 1978, de Grahl 1974 und 1982) findet man ausnahmslos nur Hinweise auf diesen ersten Erfolg.

Bei dem schon zuvor beschriebenem Paar von Herrn Zeißler kam es lediglich zu Eiablagen. Die Umsetzung von einer reinen Innenvoliere in die zuvor beschriebene Anlage machte sich bei dem Paar des Züchters positiv bemerkbar. Die Tiere wurden lebhafter und zeigten Anfang April 1979 alle Anzeichen einer Brutlust. Sobald sich der Züchter der Voliere näherte, stellten sie die Kopf- und Nackenfedern auf, wobei sich hierin besonders das Männchen hervortat. Sie wurden auch lauter und Herr Zeißler konnte mehrere Kopulationen beobachten. Vier bis fünf Tage vor der ersten Eiablage zeigten sie nicht mehr ihr neugieriges Wesen und verschwanden sofort im Nistkasten, sobald man sich der Voliere näherte. Hier schauten sie dann heraus und beobachteten, was geschah. Anfang Mai legte das Weibchen insgesamt acht Eier, die aber alle unbefruchtet waren. Da der Züchter vermutete, es könne sich bei seinem Paar um zwei Weibchen handeln, ließ er sie endoskopieren. Hierbei zeigte sich, dass es doch ein wirkliches Paar war. In der Folge kam es zu weiteren Gelegen mit fünf bis sieben Eiern, die aber auch alle unbefruchtet waren. Bemerkenswert bei diesem Teilerfolg ist, dass das Männchen in einem separaten Holzkasten übernachtete, während das Weibchen in einem Baumstamm brütete.

Zusammenfassend lässt sich sagen, dass die Zucht der Art mehrfach gelungen und nicht schwierig ist. Während der Brutzeit sollte man ein Paar allein halten, da sich mehrere Vögel gegenseitig stören würden. Der Brutbeginn fällt in Europa meist in den April. Die Gelegegröße beträgt vier bis sechs Eier, von denen oft ein oder zwei unbefruchtet sind. Die Brutdauer pro Ei liegt bei 23, die Nestlingszeit bei 50 Tagen. Jungvögel sind bereits mit zehn Monaten zuchtreif.

Allgemeines: Sowohl die Nominatform als auch die Unterart *auricularis* sind heute selten in den Volieren der Züchter vertreten. Die Weitergabe von Jungen an Privathalter sollte deshalb vermieden werden.

Pyrrhura picta (P.L.S. Müller 1776)

Blaustirn-Rotschwanzsittich

Engl.: Painted Conure

Vorbemerkung: Höchstwahrscheinlich ist die Unterart *cuchivera* vom Rio Cuchivera, die von Phelps & Phelps 1949 beschrieben wurde, berechtigt. Die Vögel aus diesem Gebiet haben ähnlich wie *Pyrrhura pallescens* eine extrem spitz zulaufende V-Zeichnung auf dem Brustgefieder und sind kleiner (Flügellänge: 116,3 mm [115 - 119 mm]). Aus zeitlichen Gründen war es mir jedoch nicht möglich, das Gebiet des Río Cuchivera in Venezuela zu besuchen, so dass dieses Problem hier lediglich angeführt, aber nicht detailliert bearbeitet werden kann.

Zwei der sieben existierenden cuchivera-Bälge in der Colección Ornitológica Phelps in Caracas, die im November 1947 im Auftrag von Phelps und Phelps am oberen Rio Cuchivera im Gebiet des Cerro El Negro im Bundesstaat Bolivar gesammelt wurden.

Beschreibung: Das Grundgefieder ist grün. Ein schmaler Streifen am unteren Schnabelansatz, Zügel, Wangen und teilweise die Bereiche um die Augen sind dunkel rotbraun. Die unteren Wangenfedern haben einen bläulichen Anflug. Stirn und Vorderscheitel sind blau, der hintere Scheitelbereich, Hinterkopf und Nacken sind dunkelbraun. Die Ohrdecken sind bräunlich weiß. Das seitliche Nackengefieder, der Hals und die Oberbrust sind graubraun, auf der Oberbrust in ein Grün übergehend, wobei jede Feder V-förmig schmal weißlich bis matt gelb gesäumt ist. Im Nacken befindet sich ein variables blaues Band. Bauch, Unterrücken und Oberschwanzdecken sind rotbraun, der Flügelbug ist rot. Die Handdecken und Außenfahnen der Handschwingen sind blau. Die Schwanzoberseite ist braunrot mit einer grünen Basis, die Schwanzunterseite matt braunrot. Die nackten Augenringe sind dunkelgrau, die Iriden braun, die Füße grau, und der Schnabel ist dunkelgrau.

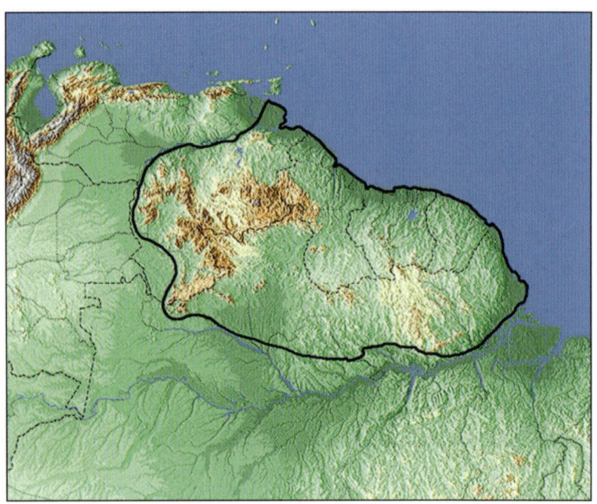

Jungvögel: Junge Blaustirn-Rotschwanzsittiche sind wie die Alttiere gefärbt, haben jedoch ein matteres Gefieder und nur wenig Rot auf dem Flügelbug.

Größe: 22 cm (Flügellänge: 123,3 mm [112 - 130 mm])

Verbreitung: Die Art bewohnt Venezuela in den Provinzen Amazonas und Bolivar im Delta Amacuro südlich des Orinoco sowie Guyana, Surinam, Französisch-Guayana und Nord-Brasilien in den Provinzen Amapa und im Nordosten von Pará.

Blaustirn-Rotschwanzsittich (*P. picta*)

***Eine kleine Gruppe Blaustirn-Rotschwanzsittiche** (P. picta), fotografiert in Sekundärvegetation in der venezolanischen Gran Sabana.*

Status: Wenn geeignetes Habitat vorhanden ist, findet man die Art noch durchweg häufig und örtlich zahlreich. BirdLife (2021) listet sie aufgrund des großen Verbreitungsgebietes als „least concern" (nicht gefährdet).

Lebensraum: Die Art bewohnt feuchte Terra Firme- und Várzea-Wäldern, vor allem deren Ränder, sowie die angrenzenden offenen Landschaften in der Regel bis 1.800 m Höhe. In den Tepuis (Tafelberge) findet man sie an Hängen.

Lebensweise: Nach Penard und Penard (1908) trifft man den Blaustirn-Rotschwanzsittich sowohl in der Küstenzone als auch im Gebirge von Guyana an, allerdings nie zahlreich. Daneben sei er aber dafür bekannt, dass er in Maisfelder einfalle und dort Schaden anrichte. Chubb (1916) berichtet, dass *P. picta* einer der selteneren Papageien British Guyanas sei. Er sei nur in den Canuku-Bergen etwas häufiger anzutreffen. Hier scheine es, als ob der Sittich die Wälder der höheren Berghänge nicht verlasse, in denen er in kleinen Gruppen umherziehe. Sein schneller Flug würde von einem lauten Schreien begleitet, nur beim Fressen sei er absolut still.

Etwas neuere Berichte liegen lediglich von Snyder (1966) vor. Nach dieser Autorin leben die Blaustirn-Rotschwanzsittiche in den Wäldern entlang den Flussläufen, sowohl an der Küste als auch im Inland. Besonders häufig sind sie in Guyana am Nappi River anzutreffen. In Surinam ist die Art nach Haverschmidt (1968) nicht selten. Hier lebt sie in Schwärmen in den Wäldern der Sandböden in der Küstenregion und im Landesinneren. Schuchmann (schriftl. Mitteilung 1982) konnte den Blaustirn-Rotschwanzsittich in der Umgebung des Volzberg-Massivs in Zentral-Surinam in größeren Flügen bis ca. 30 Exemplare beobachten. Gerne scheint die Art *Cecropia*-Samen aufzunehmen, jedoch sah sie Schuchmann auch beim Verzehr von Palmfrüchten. Vermutlich nistet der Sittich im Gruppenverband, zumindest in einem Fall brüteten zwei Paare im gleichen Baum. Wahrscheinlich werden sogar von Amazonen verlassene Höhlen angenommen, denn die Höhlenöffnung entsprach der der Venezuela-Amazone (*Amazona amazonica*). Diese Art brütete auch in benachbarten Bäumen des Neststandortes von *P. picta*.

In Venezuela bewohnen die Sittiche die Wälder der tropischen Zone (Phelps und Phelps 1958). Meyer de Schauensee u. Phelps (1978) berichten, dass der Blaustirn-Rotschwanzsittich in Schwärmen umherzieht und in den Baumwipfeln entlang der Flussläufe zu sehen ist. Ich selbst habe die Sittiche in der venezolanischen Gran Sabana beobachtet, wo sie in Sekundärvegetation nahe von Dörfern in kleinen Gruppen nach Nahrung suchten. Der Flug war schnell und direkt, wobei sie kurze *iik*-Rufe hören ließen.

In Brasilien findet man *P. picta* ebenfalls als einen typischen Bewohner des tropischen Regenwaldes entlang den Flussläufen in der obersten Vegetationsstufe (Ruschi 1979).

Die Ernährung besteht nach Collar (1997) aus Früchten und Beeren sowie Blüten und Samen.

Von den Brutgewohnheiten vermerken Penard und Penard (1908), dass die Blaustirn-Rotschwanzsittiche zur selben Zeit und in denselben Gebieten wie die Braunwangensittiche (*Eupsittula pertinax*) brüten. Das Durchschnittsgelege besteht aus drei oder vier Eiern. In Surinam wurden im Februar Gelege gefunden (Hellebrekers, 1941).

Den Aufzeichnungen zufolge lässt sich zum Brutverhalten der Blaustirn-Rotschwanzsittiche sagen, dass die Art in Surinam von Februar bis April und in Brasilien von Juli bis November nistet. Die Nester befinden sich in hohlen Ästen und Höhlen abgestorbener und lebender Bäume, oft in beträchtlicher Höhe. Das Gelege besteht aus drei bis vier Eiern, und die Jungen bleiben nach dem Ausfliegen noch einige Zeit bei den Eltern, die sie regelmäßig um Futter anbetteln. Die Eimaße betragen 25,5 mm × 19,1 mm.

Haltung und Unterbringung: Der Blaustirn-Rotschwanzsittich ist schon lange bekannt. So bekam ihn der Londoner Zoo bereits im Jahre 1870. Umso verwunderlicher ist es, dass nur wenige Autoren (Chubb 1916, de Grahl 1974 und 1982, Kuroda 1975, Bates und Busenbark 1978) etwas über seine Haltung schreiben. Die Meinungen sind zudem geteilt. Einerseits wird der Blaustirn-Rotschwanzsittich als ein nervöser und schwer zu zähmender Vogel beschrieben, was sich mit den Beobachtungen von Chubb (1916) deckt. Der vermerkt, dass der Sittich nie bei den Einheimischen in Guyana in Menschenobhut gesehen wurde, weil er angeblich schwer zu zähmen sei. Zum anderen liegen aber auch Berichte vor, nach denen er insbesondere als junger Vogel sehr zutraulich und anhänglich werden könne.

Bates und Busenbark (1978) empfehlen eine große Außenvoliere. Hier würde der Blaustirn-Rotschwanzsittich seinem Pfleger gegenüber auch bald zutraulich werden. Viele importierten Alttiere blieben jedoch immer scheu. Sobald sie ungewohnte Dinge bemerkten, wurden sie unruhig und ängstlich. An diesem Verhalten hat sich bei den meisten Tieren nichts geändert.

In der Eingewöhnungszeit sollen neu erworbene Blaustirn-Rotschwanzsittiche etwas krankheitsanfälliger als viele andere *Pyrrhura*-Vertreter sein. Es empfiehlt sich daher, sie die ersten Wochen nur bei Zimmertemperatur zu halten. Später sind sie aber hart und können im Winter in einer geschützten und frostfreien Freivoliere untergebracht werden, zumal sie nachts im Kasten schlafen.

Bei den Züchtern wird der Blaustirn-Rotschwanzsittich relativ häufig gehalten. Dementsprechend konnte ich etliches Informationsmaterial sammeln (Ender, Spenkelink, Trogisch, Leumann, Mathys, Prohl, Larsen, Schnellbacher, Geierhos). Hinzu kommen noch die Beobachtungen, die ich an meinem Paar vornehmen konnte.

Insgesamt zeigte sich, dass Blaustirn-Rotschwanzsittichpaare kein einheitliches Verhalten an den Tag legen. Sie werden zu gleichen Teilen als ruhige und zutrauliche Tiere geschildert, andererseits gibt es verhältnismäßig viele, die ausgesprochen lebhaft sind. Nur bei einem Züchter war das Paar ängstlich.

Die meisten Vögel baden regelmäßig, einige sehr oft und ausgiebig, andere dagegen nur selten. Ebenso verhält es sich mit dem Nagebedürfnis, meist ist es nur gering ausgeprägt. Mitunter gibt es allerdings Paare, die eine ausgesprochene Nagewut an den Tag legen. So musste mein Paar zum Beispiel aus seiner Innenvoliere, die eine Holzdecke besaß, herausgenommen werden, da es ständig Löcher in die Decke nagte.

Alle Blaustirn-Rotschwanzsittiche sind leise und lassen nur selten ihre Stimme hören. Als ideal hat sich die Unterbringung in einem Schutzhaus mit anschließender Außenvoliere gezeigt. Wenn der Innenraum im Winter frostfrei gehalten wird, kommen die Sittiche mit einiger Sicherheit nicht zu Schaden. Auf jeden Fall ist eine Umbesetzung während des Winters in einen wärmeren Raum, wie sie mitunter von einigen Haltern praktiziert wird, nicht zwingend erforderlich. Die Voliere unterschritt bei keinem Züchter die Maße von 3 m × 1 m × 2 m, was wohl als Mindestvoraussetzung nicht nur für einen Zuchterfolg angesehen werden muss.

Frische Zweige sollten den Sittichen täglich angeboten werden. Es werden Apfel- und Birnenbaumzweige empfohlen. Das Badebedürfnis ist sehr groß.

In einer Gemeinschaftshaltung fühlen sich die Sittiche außerhalb der Brutzeit recht wohl. Die Mitbewohner werden meist akzeptiert oder einfach nicht beachtet. Mit artgleichen Vögeln scheinen sie sogar sehr gut zu harmonieren, dies allerdings nur, solange kein Paar brutlustig wird.

Leider hängen die Sittiche gern am Gitter und klettern ausgiebig daran herum. Hierbei stoßen sie sich die Schwanzfedern ab, so dass man relativ oft Blaustirn-Rotschwanzsittiche mit verstümmelten Schwänzen sieht.

Zucht: Über die Zucht dieses Sittichs wird in der Literatur nur selten berichtet (Szymczak 2014, Sanders 2017). Weitere Veröffentlichungen sind mir keine bekannt geworden. Vermutlich wird der Erstlingserfolg bei der holländischen Züchterin Spenkelink van Schaik im Jahre 1976 geglückt sein. Es wurden drei Junge aufgezogen. Seit dieser Zeit gab es weitere Erfolge in Deutschland und der Schweiz bei Leumann, Prohl und Schnellbacher. Bei den Vögeln von Larsen kam es zu einem Teilerfolg. Es wurden vier Eier gelegt, woraus zwei Junge schlüpften, die aber nicht aufgezogen wurden.

In den USA brütete ein Paar bei Bill Wilson erfolgreich (Tony Silva, schriftl. Mitteilung). Im Jahre 1982 wurden fünf Junge aufgezogen. Bemerkenswert an dieser Zucht waren die Jungtiere, die in ihrer Gefiederfärbung stark variierten und teilweise deutlich von den Alttieren abwichen.

Bates und Busenbark (1978) empfehlen für eine Zucht unbedingt die paarweise Haltung. Der Nistkasten sollte 25 cm × 25 cm × 35 cm aufweisen, das Einschlupfloch einen Durchmesser von 7,5 cm. Nach Spenkelink (1980) sind zwei Gelege im Jahr mit je sechs Eiern und einer Aufzucht von fünf Jungen normal.

Die mir vorliegenden Zuchtergebnisse zeigen, dass die oberen Angaben nur zum Teil zutreffen. So besteht das Durchschnittsgelege lediglich aus vier oder fünf Eiern, selten werden mehr gelegt. Das größte mir bekannte Gelege betrug acht Eier. Normalerweise fällt der Brutbeginn in die Frühjahrsmonate Februar bis Mai. Vereinzelt begannen die Blaustirn-Rotschwanzsittiche auch schon im Dezember oder Januar mit der Eiablage. Nicht immer sind alle Eier befruchtet, allerdings sind hiervon nur selten mehr als zwei Eier betroffen. Die Jungen schlüpfen in der Regel alle und werden fast immer problemlos aufgezogen. Einige Paare brüten ab Juli bis September auch ein zweites Mal, wobei dies nicht der Normalfall ist.

Es ist darauf zu achten, dass der Nistkasten oder Niststamm dickwandig genug ist, um ein Abkühlen der Eier bei einer eventuellen Winterbrut zu verhindern. Blaustirn-Rotschwanzsittiche bevorzugen meist eine Naturhöhle, wenn sie die Wahl zwischen ihr und einem Kasten haben. Zur Zucht sollte man die Paare einzeln halten. Regt sich bei ihnen der Bruttrieb, können sie äußerst aggressiv werden. In einer Gemeinschaftsvoliere werden andere Mitbewohner dann

***Ein Zuchtpaar Blaustirn-Rotschwanzsittiche** (P. picta) in der Zuchtstation der Fundación Loro Parque.*

unter Umständen verfolgt und gebissen. Oft bleibt nur noch das Herausfangen der anderen Vögel übrig. Wie kämpferisch die kleinen Blaustirn-Rotschwanzsittiche sein können, zeigte mir ein Paar im Vogelpark Walsrode. Es jagte eine wesentlich größere Amazone in der Außenvoliere solange, bis dieser nichts Anderes übrigblieb, als im Innenraum des Hauses vor den ständigen Angriffen Schutz zu suchen.

Ein eigentliches Balzverhalten konnte bei den Sittichen noch nicht beobachtet werden. Der Züchter Larsen konnte eine Kopulation seines Paares beobachten. Diese dauerte enorm lange (ca. zwei bis drei Minuten) und wurde von imposanten Lautäußerungen begleitet, die einem summenden Stöhnen glichen. Während der Brut hält sich das Männchen oft im Kasten auf, was bei den *Pyrrhura*-Arten selten zu finden ist.

Während einige Paare leicht zur Brut schreiten, brüten andere nie. In der Brutzeit sollten Paare allein gehalten werden, um Störungen bzw. Aggressivitäten gegen Mitbewohner zu vermeiden. Der Brutbeginn fällt bevorzugt ins Frühjahr, die Gelegegröße beträgt vier bis fünf Eier, von denen verhältnismäßig viele unbefruchtet sind. Die Brutdauer liegt bei 23 Tagen pro Ei, die Nestlingszeit bei 50 Tagen und ausnahmsweise sind zwei Bruten im Jahr möglich.

Farbmutationen: Martin (2002) erwähnt für die USA zwar als Mutationsform „Pied“ (Schecken), gibt allerdings keinen Hinweis darauf, um welche Form eines Schecken (rezessiv, dominant oder ADM) es sich handelt.

Allgemeines: Die Gefiederzeichnung der Vertreter von *P. picta* variiert zum Teil erheblich. Dies hat dazu geführt, dass die Art gelegentlich falsch „identifiziert“ wird. Von den ähnlichen *P. amazonum* oder *P. lucianii* lässt sich *P. picta* leicht durch den roten Flügelbug unterscheiden.

Pyrrhura dilutissima Arndt

Río-Ene-Sittich

Zwei Unterarten:

Vorbemerkung zu den Unterarten: Nachdem Joseph (2002) zusammen mit Hocking und Blake die neue Art *Pyrrhura peruviana* mit zwei getrennten Populationen in Nordwest- sowie Zentral-Peru beschrieben hatte, habe ich die zentralperuanische Population aufgrund ihrer matteren graubraunen Brustfärbung und den deutlich größeren Flügel- und Schwanzmaßen als Unterart *dilutissima* abgetrennt (Arndt 2008). Neuere genetische und morphologische Untersuchungen (Arndt & Wink 2017) haben nun gezeigt, dass *dilutissima* sogar als eigene Art zu behandeln ist; zusätzlich wurde in derselben Arbeit die deutlich unterschiedliche Unterart *pereneensis* beschrieben.

1. *Pyrrhura d. dilutissima* Arndt 2008 Río-Ene-Sittich

Engl.: Río Ene Conure

Beschreibung: Die Grundfärbung ist grün. Die Stirnfärbung ist dunkelbraun mit einem leicht blauen Anflug; Zügel und Wangen sind braun, die unteren Wangenfedern mit bläulichem Anflug; Scheitel, Hinterkopf und Nacken sind dunkel graubraun, die Ohrdecken matt bräunlich. Das seitliche Nackengefieder, Hals und Oberbrust sind matt graubraun, auf der Oberbrust in ein Grün übergehend, wobei jede Feder v-förmig matt gelb gesäumt ist. Im Nacken ist ein variables blaues Band. Bauch, Unterrücken und Oberschwanzdecken sind rotbraun, Handdecken und Außenfahnen der Handschwingen blau. Der Schwanz

Río-Ene-Sittich (*P. d. dilutissima*)

ist oberseits braunrot mit grüner Basis, unterseits matt braunrot. Die nackten Augenringe sind dunkelgrau, die Iriden braun, die Füße grau und der Schnabel ist dunkelgrau.

Jungvögel: Junge Río-Ene-Sittiche sind wie die Alttiere gefärbt, haben jedoch ein matteres Gefieder.

Größe: 22 cm (Flügellänge: 125,0 mm [114 - 131 mm])

Verbreitung: Die Nominatform bewohnt das Einzugsgebiet des Río Ene von der Mündung des Río Perené südwärts bis nach Kimbiri and Luisiana in der Cordillera Vilcabamba, Zentral Peru.

2. *Pyrrhura d. pereneensis* Arndt & Wink 2017 Río-Perené-Rotschwanzsittich

Engl.: Río Perené Parakeet

Beschreibung: Die Unterart ist wie *dilutissima* gefärbt, aber die Stirn besitzt einen variablen Anteil roter Federn. Die Hals- und Oberbrustfedern sind oft nicht so breit gesäumt wie bei der Nominatform.

Río-Ene-Sittich *(P. d. dilutissima) in Komplettansicht*

Río-Perené-Sittich *(P. d. pereneensis)*

Jungvögel: Junge Río-Perené-Sittiche gleichen den Alttieren, haben jedoch ein matteres Gefieder und noch kein Rot auf der Stirn oder nur vereinzelte kleine rote Federchen am Schnabelansatz.

Größe: 22 cm (Flügellänge: 124,0 mm [123 - 126 mm])

Verbreitung: Diese Unterart bewohnt die Einzugsgebiete entlang dem unteren Río Perené und seinen Nebenflüssen in Zentral-Peru.

Anmerkung: Von einigen Autoren wird *Pyrrhura dilutissima* noch gar nicht oder als Unterart von *Pyrrhura peruviana* oder *Pyrrhura picta* geführt.

Status: Das Vorkommen der Art hängt offenbar stark von Waldbeständen ab. Überall, wo solche noch vorhanden sind, ist sie zumindest örtlich noch häufig. BirdLife (2021) listet sie nicht direkt, sondern führt die zentralperuanische Population von *dilutissima* noch unter *P. peruviana*. Trotz des kleinen Verbreitungsgebietes sieht Birdlife die Bestände als „least concern“ (nicht gefährdet).

Lebensraum: Gebirgswälder, Waldränder und angrenzende offene Landschaften bis 1200 m.

Lebensweise: In der Regel sieht man die Río-Ene- oder Río-Perené-Sittiche in Gruppen von zehn bis 50 Vögeln, selten nur einzeln oder paarweise. Sie sind nicht scheu und kommen auch zur Nahrungsaufnahme in die Nähe von Dörfern. Beim Fressen sind sie leise, ansonsten hört man ihr ständiges Rufen. Wie alle *Pyrrhura*-Vertreter übernachten sie in traditionellen Schlafhöhlen, die offensichtlich jahrelang benutzt werden. Die Ernährung besteht aus Früchten, Beeren, Blüten und Samen. Nach Aussage der Einheimischen sollen sie in Maisfeldern einfallen und Schäden anrichten.

Menschenobhut: vermutlich keine Haltung außerhalb Perus. Die Zucht ist entsprechend unbekannt.

Pyrrhura peruviana Hocking, Blake & Joseph 2002

Peru-Rotschwanzsittich

Engl.: Wavy-breasted Conure

Vorbemerkungen: Joseph (2002) hat diese Art zusammen mit Hocking und Blake beschrieben und als Verbreitungsgebiet zwei getrennte Populationen in Nordwest- sowie Zentral-Peru angegeben. Ich habe die zentralperuanische Population aufgrund ihrer matteren graubraunen Brustfärbung und der deutlich größeren Flügel- und Schwanzmaße als Unterart *dilutissima* abgetrennt (Arndt 2008). Neuere genetische und morphologische Untersuchungen (Arndt & Wink 2017) haben nun gezeigt, dass *dilutissima* eine eigenständige Art ist und genetisch relativ weit von *peruviana* entfernt steht.

Beschreibung: Die Grundfärbung des Peru-Rotschwanzsittichs ist grün. Die Stirnfärbung ist dunkelbraun mit einem leichten blauen Anflug. Zügel und Wangen sind braun, die unteren Wangenfedern mit bläulichem Anflug. Der Scheitelbereich, Hinterkopf und Nacken sind dunkel graubraun, die Ohrdecken bräunlich weiß gefärbt. Das seitliche Nackengefieder, der Hals und die Oberbrust sind graubraun, auf der Oberbrust in ein Grün übergehend, wobei jede Feder breit v-förmig und matt gelb gesäumt ist. Den Nacken durchzieht ein variables blaues Band. Der Bauch, der Unterrücken und die Oberschwanzdecken sind rotbraun. Die Handdecken und Außenfahnen der Handschwingen sind blau. Die Schwanzoberseite ist braunrot mit einer grünen Basis, die Schwanzunterseite matt braunrot. Die nackten Augenringe sind dunkelgrau, die Iriden braun, die Füße grau und der Schnabel ist dunkelgrau.

Jungvögel: Junge sind wie die Alttiere gefärbt, haben jedoch ein matteres Gefieder und helle, gelblich weiße Augenringe. Die Iriden sind bei ihnen noch deutlich dunkel graubraun.

Größe: 20 cm (Flügellänge: 118,6 mm [111 - 124 mm])

Verbreitung: Die Art bewohnt Nordwest-Peru von Chiriaco entlang dem Río Marañón und dem Río Santiago und deren Nebenflüsse bis nach Nantip in Südost-Ekuador sowie in der Umgebung von Chyavitas und eventuell isoliert in Chamicuros.

Anmerkung: Von einigen Autoren wird *Pyrrhura peruviana* noch nicht oder als Unterart von *Pyrrhura picta* geführt.

Status: Trotz des kleinen Verbreitungsgebietes sieht Birdlife (2021) die Bestände als „least concern" (nicht gefährdet) an. Die Organisation unterscheidet aber noch nicht in *P. peruviana* und *P. dilutissima*, sondern führt die zentralperuanische *dilutissima*-Population noch unter *P. peruviana*.

Lebensraum: Der Lebensraum der Art sind die feuchten Bergwälder, deren Waldränder und angrenzende

offene Landschaften bis 1.200 m Höhe. Mittelgroße Schwärme kommen jahreszeitlich in die tieferen Lagen der offenen Flusstäler, um hier ihre Nahrungspflanzen zu suchen.

Lebensweise: In der Regel findet man die Art in größeren Gruppen von zehn bis 50 Vögeln, nur selten auch paarweise. Pearson (1975) konnte mehrere Gruppen von zehn bis 15 Vögeln entlang dem Macuma-Fluss in der Provinz Santiago-Zamora, Ekuador, beobachten. Sie sind meist nicht scheu, und kommen auch in die nähere Umgebung von Dörfern. Beim Fressen sind sie sehr leise, und man merkt oft nur an herunterfallenden Früchten, dass sich Sittiche in einem Nahrungsbaum befinden. Zur Mittagszeit sammelt sich die Gruppe in einem schattigen Baum, um zu dösen. Sie sind dann ebenfalls nicht zu hören und ihr Gefieder tarnt sie ideal. Ansonsten hört man ständiges Rufen, insbesondere während des Fliegens. Der Flug ist relativ schnell und leicht wellenförmig.

Die Ernährung der Peru-Rotschwanzsittiche besteht aus Früchten (z.B. *Ficus*), Beeren, Blüten und halbreifen Samen. Hinzu kommen gemüseartige Pflanzen und wahrscheinlich Insekten und deren Larven, die sie in den Blüten finden.

Über das Brutverhalten ist nichts bekannt.

Haltung: Es gibt vermutlich keine Haltung außerhalb Perus. Bei Vögeln, die in Menschenobhut bislang als *P. peruviana* identifiziert wurden, handelt es sich in der Regel um Vertreter von *Pyrrhura amazonum ara guaiaensis* (siehe auch unter *Pyrrhura amazonum*). Die Vögel, die ich bislang bei den Einheimischen begutachten konnte, waren aktive Sittiche, deren Stimme nicht allzu laut war. Gefangene Altvögel sollen aber laut den Einheimischen oft zurückhaltend bleiben.

Ein junger Peru-Rotschwanzsittich (P. peruviana) mit noch hellen Augenringen.

Eine Gruppe Peru-Rotschwanzsittiche (Pyrrhura peruviana) hat sich in einem Feigenbaum (Ficus sp.) zur Mittagsruhe niedergelassen.

Das Badebedürfnis ist ausgeprägt, frische Zweige werden gern und ausgiebig benagt.

Unterbringung: Sollte die Art je nach Europa oder Nordamerika kommen, ist die Unterbringung in einem Schutzhaus von 1 m × 1 m × 2 m mit anschließender Außenvoliere von 3 m × 1 m × 2 m sicher angebracht. Im Winter sollte eine Haltung nicht unter 5 °C erfolgen und ganzjährig ein Nistkasten (20 cm × 20 cm × 70 cm) oder besser Naturstamm angeboten werden. In einer Gemeinschaftsvoliere sollten wenigstens 1,5 m^2 pro Paar zur Verfügung gestellt werden.

Fütterung: Ich hatte nicht den Eindruck, als würden die Peru-Rotschwanzsittiche ein anderes als das hier im Kapitel „Ernährung" empfohlene Futter benötigen.

Zucht: Es gibt verständlicherweise noch keine Hinweise auf eine Zucht der Peru-Rotschwanzsittiche in Menschenobhut.

Pyrrhura parvifrons Arndt 2008

Amazonas-Rotstirnsittich

Engl.: Garlepp's Parakeet

Beschreibung: Die Grundfärbung ist grün. Die rote Stirnfärbung ist in der Ausdehnung sehr variabel und reicht von einem schmalen Stirnansatz mit roten Federn bis zu einem breiten Band, das bis Mitte des Scheitels geht. Der sich anschließende Bereich ist variabel blau gefärbt und nur bei Vögeln sichtbar, die eine schmale rot Stirnfärbung aufweisen. Die Ohrdecken sind weißlich bis schmutzig grau. Zügel, obere Wangen und Bereiche um die Augen sind rotbraun, auf den unteren Wangen mit Blau gezeichnet. Das seitliche Nackengefieder, der Hals und die Oberbrust sind graubraun, auf der Oberbrust in ein Grün übergehend, wobei jede Feder v-förmig und schmal weißlich bis matt gelb gesäumt ist. Der Bauch, der Unterrücken und die Oberschwanzdecken sind rotbraun; Handdecken und Außenfahnen der Handschwingen sind blau. Die Schwanzoberseite ist braunrot und hat eine grüne Basis, die Schwanzunterseite ist matt braunrot. Die nackten Augenringe sind dunkelgrau, die Iriden braun, die Füße grau (bei einigen Vögeln fleischfarben) und der Schnabel ist dunkelgrau.

Jungvögel: Die meisten Jungvögel haben noch kein Rot am Stirnansatz, das Gefieder ist aber bei allen insgesamt matter gefärbt, die nackten Augenringe sind weißlich und die Iriden schwärzlich grau.

Größe: 20 cm (Flügellänge: 119,3 mm [107 - 128 mm])

Anmerkung zur Stirnfärbung: Vögel aus dem Tiefland im Bereich von Yurimaguas, Loreto, haben nur einige rote Federn am Stirnansatz. Je höher die Populationen in Richtung Tarapoto, San Martín, kommen, je mehr Vögel haben eine mit der zunehmenden Höhenlage breitere Stirn. Vögel mit roter Stirn und

rotem Scheitel aus Tarapoto wurden deswegen regelmäßig fälschlicherweise als Vertreter von *P. roseifrons* identifiziert, das Rot erstreckt sich bei ihnen aber nicht auf die Zügel oder die Bereiche unterhalb der nackten Augenringe.

Verbreitung: Das Verbreitungsgebiet der Art umfasst die Einzugsgebiete des Río Shanusi und des Río Caynarachi von Yurimaguas, Loreto, bis Tarapoto, San Martín, Peru. Vögel von Sarayacu und dem oberen Río Cushabatay, Loreto, gehören mit einiger Sicherheit auch zu *parvifrons*.

Anmerkungen: Im Bereich des unteren Río Shanusi wurden früher zahlreiche Vögel für die Museen gesammelt, heute ist die Art dort nicht mehr zu finden, da die Wälder vollständig gerodet wurden. Die Río-Shanusi-Populationen wurde früher *Pyrrhura lucianii* zugerechnet.

Bei der Erstbeschreibung von *P. parvifrons* ging ich noch davon aus, dass Vögel aus den Regionen um

Ein Amazonas-Rotstirnsittich (P. parvifrons) im Zoo von Lima.

Santa Cecilia und Quebrada Vainilla entlang dem Amazonas bis zur Mündung des Río Orosa zu *parvifrons* gehören. Jüngere genetische und morphologische Untersuchungen (Arndt & Wink 2017) haben jedoch erbracht, dass diese Populationen *P. lucianii* zuzurechnen sind.

In älteren Publikationen wird *P. parvifrons* noch nicht gelistet oder *P. roseifrons* zugerechnet.

Ein Familienverband Amazonas-Rotstirnsittiche (P. parvifrons) in der Cordillera Escalera an der Schlafhöhle, die sich in einem kleinen Baum befindet. Im Vordergrund sitzen drei Jungtiere, die Eltern erhöht im Hintergrund.

Status: Die Art ist in den mittleren Berglagen bis 1.400 m Höhe zumindest in mit Bäumen bestandenen Gebieten noch relativ häufig innerhalb ihres Verbreitungsgebietes, in den unteren Lagen allerdings aufgrund intensiver Rodungen bereits verschwunden. BirdLife (2021) listet sie trotzdem als „least concern" (nicht gefährdet).

Lebensraum: Die Art bewohnt Wälder, Waldränder und angrenzende offene Landschaften sowie Sekundärvegetation mit Baumbestand in Weißsandgebieten bis in Höhenlagen von 1.400 m.

Lebensweise: Amazonas-Rotstirnsittiche ziehen in der Regel in Gruppen von acht bis 30 Vögeln umher, wobei diese Gruppen offensichtlich immer in einem bestimmten Höhenbereich verbleiben und nur einen begrenzten Bewegungsradius haben. Beim Fressen sowohl in kleinen Bäumen als auch in Baumriesen sind die Gruppen still, ansonsten sehr ruffreudig. Da ihr Gefieder gut tarnt, werden die Schwärme meist nur fliegend gesehen, wobei der Flug relativ schnell und leicht wellenförmig ist. Nach Aussage der Einheimischen werden Schlafhöhlen von mehreren Vögeln und Familienverbänden genutzt.

Hinsichtlich der Ernährung wurden die Amazonas-Rotstirnsittiche bislang nur beim Fressen kleiner Beeren und Früchte sowie Blüten beobachtet.

Die Sittiche brüten in Höhlen verhältnismäßig kleiner Bäume. Ansonsten sind keine weiteren Einzelheiten bekannt.

Menschenobhut: Eine Haltung in Menschenobhut außerhalb Perus ist unbekannt. Vermutlich gibt es bei der Unterbringung, im Verhalten, der Ernährung oder Zucht keine Unterschiede zu anderen *Pyrrhura*-Vertretern, insbesondere nicht zu *Pyrrhura roseifrons*. Das dort Vermerkte dürfe deshalb auch für den Amazonas-Rotstirnsittich zutreffen.

Pyrrhura lucianii (Deville)

Prinz Luciens Rotschwanzsittich

Vorbemerkungen: Die genaue Verbreitung und Färbung von *Pyrrhura lucianii* war jahrzehntelang unklar, da ihr z.B. Vertreter der heutigen Art *P. parvifrons* zugerechnet wurden. Erst Joseph (2000) brachte mehr Klarheit in die Situation. Neue genetische und morphologische Untersuchungen sowie Beobachtungen aus dem Freiland (Arndt & Wink 2017) haben nun deutlich mehr Erkenntnisse erbracht und die Amazonas-Population nahe bei Iquitos, die ursprünglich *P. parvifrons* zugerechnet wurde, wurde neu wissenschaftlich als *orosaensis* beschrieben und als Unterart von *P. lucianii* identifiziert.

Zwei Unterarten:

1. *Pyrrhura l. lucianii* (Deville 1851) Prinz-Lucien-Sittich

Engl.: Bonaparte's Parakeet

Beschreibung: Die Grundfärbung ist ein Grün, das jedoch geringfügig dunkler ist als das nahe verwandter Arten. Die Stirnfärbung ist dunkelbraun, bei einigen Vögeln mit einem sehr schwachen blauen Anflug. Zügel und Wangen sind braun, die unteren Wangenfedern mit bläulichem Anflug. Der Scheitelbereich, Hinterkopf und Nacken sind dunkelbraun, die Ohrdecken matt braun. Das seitliche Nackengefieder, der Hals und die Oberbrust sind graubraun und die Unterbrust dunkelbraun bis grün, jede Feder v-förmig und schmal schmutzig weißlich bis matt gelblich gesäumt. Diese Säumung zeigt oft einen rosafarbenen Anflug. Im Nacken befindet sich ein variables blaues Band. Der Bauch, der Unterrücken und die Oberschwanzdecken sind rotbraun, die Flügelbuge grün. Die Handdecken und Außenfahnen der Handschwingen sind

blau. Der Schwanz ist oberseits braunrot mit grüner Basis, unterseits matt braunrot. Die nackten Augenringe sind schwärzlich, die Iriden braun, die Füße grau, und der Schnabel ist dunkelgrau.

Jungvögel: Junge Prinz-Lucien-Sittich sind wie Altttiere gefärbt, haben jedoch ein matteres Gefieder, weißliche Augenringe und braungraue Iriden.

Größe: 20 cm (Flügellänge: 120,1 mm [114 - 124 mm])

Verbreitung: Nordwest-Brasilien entlang dem oberen Amazonas in der Umgebung von Tefé sowie des Rio Purus und des Rio Yata, hier auch auf den bolivianischen Gebieten entlang des Flusses.

Anmerkung: Von einigen Autoren wird *lucianii* noch als Unterart von *Pyrrhura picta* geführt.

2. *Pyrrhura l. orosaensis* Arndt & Wink 2017 Río-Orosa-Sittich

Engl.: Río Orosa Red-fronted Parakeet

Beschreibung: Diese Unterart ist wie *lucianii* gefärbt, die meisten Vögel haben aber rote Stirnfedern, die oft

nur als kleine Flecken in der Stirnmitte vorhanden sind. Es ist noch unklar, ob es sich bei den Exemplaren ohne rote Stirnfärbung um noch nicht ausgefärbte Jungvögel handelt oder bereits um Alttiere.

Jungvögel: Junge sind wie die Alttiere gefärbt, jedoch mit matterem Gefieder, ohne rote Stirn, mit hellen Augenringen und braungrauen Iriden.

Größe: 20 cm (Flügellänge: 120,3 mm [115 - 125 mm])

Verbreitung: Diese Unterart kommt in Ost-Loreto in der Santa-Cecilia-Region und der Quebrada Vainilla entlang dem Amazonas bis zum Río Orosa, Peru, vor.

Anmerkung: Diese neue Unterart ist bislang kaum in einer Publikation zu finden und die Population wird in der Regel *Pyrrhura parvifrons* zugerechnet.

Status: Die Art ist vermutlich nicht so selten, wie es die wenigen Sichtmeldungen vermuten lassen. Dort, wo *P. lucianii* identifiziert werden konnte, war sie häufig. BirdLife (2021) geht zwar davon aus, dass die Bestände innerhalb von drei Generationen aufgrund von Habitatsverlust und Fang für den Heimtierhandel um 25 % sinken könnten, listet die Art aber trotzdem als „least concern" (nicht gefährdet).

Lebensraum: Die Art bewohnt feuchte Terra-firme-Wälder und deren Ränder sowie jahreszeitlich überflutete Várzea-Gebiete in der Regel bis 600 m Höhe. Ich habe die Vögel zudem in nicht zu stark gerodeten Gebieten in offenen Landschaften und sogar in Gärten innerhalb von Dörfern beobachten können.

Lebensweise: Über das Verhalten dieser Art im Freiland ist nur sehr wenig bekannt. Nahezu sämtliche Angaben für *Pyrrhura lucianii* beziehen sich in Wirklichkeit auf *Pyrrhura roseifrons*, wahrscheinlich auch die von de Grahl (1974), nach dem die Sittiche im Oktober in größeren Gruppen auf Bäumen beobachtet wurden, wo sie kleine Früchte zerbissen.

Ich konnte die Art in den letzten Jahren mehrfach beobachten, in der Regel habe ich sie in größeren Gruppen und Schwärmen von 30 bis 100 Vögeln gesehen. Die Sichtungen größerer Ansammlungen fanden nahezu alle an Nahrungsbäumen statt. Die Art hält sich bevorzugt in dichten und hohen Bäumen auf, ist aber relativ unstet und bleibt nicht lange an einem Standort. In den Bäumen sind sie oft nur schwer zu entdecken, da ihr düsteres Gefieder sie gut tarnt. Vor

***Ein junger Río-Orosa-Sittich** (P. lucianii orosaensis) ohne Rot auf der Stirn und mit hellen Augenringen.*

Prinz-Lucien-Sittich (*P. l. lucianii*)

Eine Gruppe Río-Orosa-Sittiche *(P. l. orosaensis) am Rande des Río Orosa.*

allem während des Fliegens fallen sie aber durch ihr Geschrei auf. Der Flug ist schnell und direkt und wird von kurzen *iik*-Rufen begleitet.

Die Ernährung unterscheidet sich nicht von der anderer *Pyrrhura*-Arten. Neben Früchte und Beeren werden Blüten und Samen gefressen, wahrscheinlich auch Insekten und deren Larven. Auffallend ist, dass die Art regelmäßig Collpas entlang von Flüssen besucht. Ist dies nicht möglich, weil die Flüsse z.B. Hochwasser haben und die Lehmlecken überschwemmt sind, kommen die Sittiche auch regelmäßig in Dörfer und fressen alternativ von Palmblättern und verholzten Papayapflanzen.

Über das Brutverhalten ist nichts bekannt.

Haltung und Unterbringung: Über die Haltung und das Verhalten dieser Art finden sich kaum Veröffentlichungen in der Literatur (Low 1972, Rutgers 1970, de Grahl 1974). Dies lag wohl daran, dass sie, bis auf kurze Zeiträume, äußerst selten importiert worden ist. So kam der Prinz Luzians Rotschwanzsittich erstmals 1880 in den Zoologischen Garten von Hamburg und 1886 sogar in größeren Stückzahlen nach Berlin. Informationen liegen lediglich noch von B. Thompson (1961a) vor, der die Jungvögel als fantastisch zahm beschrieb und dass er sich über die Tiere amüsieren konnte. Eine Haltung der Sittiche in Menschenobhut außerhalb Brasiliens ist zurzeit unbekannt. Das Verhalten, die Unterbringung und Ernährung dürften jedoch identisch sein mit denen des Blaustirn-Rotschwanzsittichs (*P. picta*).

Zucht: Es gibt kaum stichhaltige Informationen zur Zucht der Art. Aus Frankreich wurden Zuchterfolge gemeldet, die sich aber meist auf den Braunohrsittich (*P. frontalis*) beziehen. Möglicherweise haben aber die Franzosen Jouet und Armand im Jahre 1866 tatsächlich den Prinz-Luzian-Sittich gezogen. Einzelheiten über diesen Erfolg sind nicht bekannt.

Der sichere Nachweis eines Bruterfolges liegt von Tompson, British Columbia, Kanada, vor. Er zog 1960 sechs Junge auf, nachdem das Weibchen ein Jahr zuvor lediglich unbefruchtete Eier gelegt hatte (Tompson 1960, 1961a u. b). Noch im selben Jahr konnte Thompson melden, dass seine Vögel zehn Junge aufgezogen hatten. Leider gab er keine Einzelheiten bekannt. So ist unklar, ob die zehn Jungtiere von zwei Zuchtpaaren stammen oder ob sein Paar ein zweites Mal gebrütet und dabei vier Junge aufgezogen hatte.

Im Jahre 1926 gelang Child ein Teilerfolg. Sein Paar legte vier Eier, woraus zwei Junge nach 21 Tagen (?) schlüpften, die anderen Eier enthielten abgestorbene, voll entwickelte Junge. Leider wurden die Jungen nach einer Woche nicht mehr gefüttert und starben.

Allgemeines: Wenn Vögel als Prinz-Lucien-Sittiche angeboten werden, sollte man vorab überprüfen, ob es tatsächlich diese Art ist und nicht in Wirklichkeit z.B. der Blaustirn-Rotschwanzsittich (*P. picta*).

Pyrrhura roseifrons G.R. Gray (1859)

Rotscheitelsittich

Engl.: Rose-headed Conure

Vorbemerkungen: Der Rotscheitelsittich besteht im Freiland aus drei isolierten Populationen, die – vereinfacht ausgedrückt – an die Flusssysteme des Río Ucayali (*roseifrons* I), Rio Juruá (*roseifrons* II) und Río Madre de Dios (*roseifrons* III) gekoppelt sind. Die Sittiche vom Einzugsgebiet des Rio Juruá unterscheiden sich dabei zwar kaum morphologisch, aber genetisch so stark von den beiden anderen, dass ihnen eigentlich Artstatus erteilt werden müsste (Arndt & Wink 2017). Das Problem dabei ist, dass ich nur Vögel brasilianischer Züchter habe genetisch untersuchen können, bei denen es nicht eindeutig erwiesen ist, ob sie wirklich von der Rio-Juruá-Population abstammen.

Von den Maßen her sind die Vögel vom Flusssystem des Río Ucayali vergleichbar mit denen des Rio Juruá, Vögel vom Einzugsgebiet des Madre de Dios sind hingegen etwas kleiner. Insgesamt besteht hier also ein künftiger Untersuchungsbedarf. Bis es aber zu Resultaten kommt, bleibt nichts anderes übrig, als die drei *Pyrrhura-roseifrons*-Populationen als Einheit behandeln, zumal sie sich morphologisch nicht oder kaum unterscheiden.

Beschreibung: Das Grundgefieder ist grün. Stirn, Scheitel, Zügel und die Bereiche um die Augen sind in der Ausdehnung variabel rot bis blassrot gefärbt. Bei vielen Vögeln sind auch der Hinterkopf und die Wangen rot. Die Ohrdecken sind weißlich bis gelblichweiß, schmutzig weiß oder hell auberginefarben. Das seitliche Nackengefieder, der Hals und die Oberbrust sind graubraun, auf der Oberbrust in ein Grün übergehend, wobei jede Feder v-förmig und schmal weißlich bis matt gelb gesäumt ist. Die Federsäume von Brust und Hals haben meist einen rosaroten An-

flug. Das Grün der Flankenbereiche und der Unterschwanzdecken hat einen leicht olivfarbenen Anflug. Der Flügelbug ist grün, bei Vögeln mit ausgedehntem roten Kopfgefieder zeigen sich am Flügelbug aber meist auch einige rote Federchen. Bauch, Unterrücken und Oberschwanzdecken sind rotbraun, die Handdecken und Außenfahnen der Handschwingen blau. Die Schwanzoberseite ist braunrot und hat eine grüne Basis, die Schwanzunterseite ist matt braunrot. Die nackten Augenringe sind grau bis schwärzlich, die Iriden braun, die Füße grau, und der Schnabel ist dunkelgrau.

Weibchen: Weibliche Rotscheitelsittiche unterscheiden sich prinzipiell nicht von den Männchen, Vögel mit stark ausgedehntem roten Kopfgefieder sind aber in der Regel Weibchen.

Jungvögel: Junge Rotscheitelsittiche können mit oder vollständig ohne Rot im Kopfgefieder das Nest verlassen. Das Gefieder ist insgesamt matter, die nackten Augenringe weißlich und die Iriden dunkelgrau. Die Umfärbung ins Adultgefieder erfolgt erst im Alter von 12 Monaten (Müller & Neumann 1996).

Rotscheitelsittich *(P. roseifrons) – ein Weibchen mit stark ausgedehntem roten Kopfgefieder und Flügelbug.*

Rotscheitelsittich *(P. roseifrons) – ein Jungvogel mit weißlichen Augeringen, aber ohne Rot im Kopfgefieder.*

Größe: 20 cm (Flügellänge: 119,5 mm [112 - 129 mm])

Verbreitung: Die Art hat zwei getrennte Verbreitungsgebiete. Das nördliche Gebiet reicht von São Paulo de Olivenca und Rio Javarí in Brasilien über die Einzugsgebiete des Río Ucayali und des Rio Juruá bis nach Ost-bzw. Zentral-Peru. Die südliche Population erstreckt sich über die Einzugsgebiete des Río Madre de Dios von Itahuania, Peru, südwärts bis nach Teoponte, Bolivien.

Anmerkung: Von vielen Autoren wird der Rotscheitelsittich noch als Unterart des Blaustirn-Rotschwanzsittichs (*Pyrrhura picta*) geführt.

Status: Die Art ist zwar nicht durchweg häufig, kommt aber örtlich zahlreich vor. BirdLife (2021) listet sie aufgrund des großen Verbreitungsgebietes als „least concern" (nicht gefährdet).

Lebensraum: Die Art bewohnt feuchte Terra-firme-Wälder und deren Ränder, jahreszeitlich überflutete Várzea-Gebiete sowie Bergwälder in der Regel bis 1.200 m Höhe. Sie ist örtlich in Sekundärvegetation oder teilgerodeten Gebieten zu finden.

Lebensweise. Nach O'Neill (1980) ist die Art in Ost- und Nordost-Peru als Waldbewohner zwar verhältnismäßig unbekannt, aber doch offenbar ziemlich häufig.

Parker et al. (1982) vermerken ebenfalls die peruanischen Vertreter als Vögel, die ziemlich häufig vorkommen und täglich in kleineren Anzahlen gesehen oder gehört werden können. Als Lebensraum geben sie die feuchten Terra firme-Wälder und die Gebirgswälder in der tropischen Zone an.

Ein Rotscheitelsittich *(P. roseifrons) und zwei Blauflügelsittiche (Brotogeris cyanoptera) am Rande einer Collpa.*

Nach Ridgely (1980) kommen die Sittiche in Peru hauptsächlich zu Füßen der Anden in der oberen Tropischen Zone bis 1.200 m vor. Die Brutzeit scheint, zumindest für bolivianische Vertreter, in den August zu fallen, denn Bond und Meyer de Schauensee (1943) berichten, dass sich ein Weibchen, das bei Teoponte, La Paz, Bolivien, in der Mitte des Monats August gesammelt wurde, in Brutkondition befunden hatte.

Ich habe die Vögel außerhalb der Brutzeit einzeln, paarweise oder in Gruppen von fünf bis 12 Vögeln angetroffen, auf Nahrungsbäumen und an Lehmbänken sieht man aber auch gelegentlich größere Ansammlungen. Die Rotscheitelsittiche halten sich bevorzugt in dichten und hohen Bäumen auf, wo sie – wenn sie nicht gerade fressen – durch ihr Geschrei auffallen. Die Gruppen kommen regelmäßig zu flachen Wasserstellen am Rande von Bächen, um zu trinken und zu baden, sowie zu Lehmbänken und Barreiros (mineralhaltige Erdstellen im Regenwald), um Lehm aufzunehmen. Hier sind sie sehr vorsichtig, ansonsten jedoch wenig ängstlich. Mehrere Vögel übernachten auch außerhalb der Brutzeit in Baumhöhlen. Der Flug ist schnell und direkt und wird von kurzen, harschen Rufen begleitet.

Die Ernährung besteht in erster Linie aus Früchten, Beeren, Blüten und Samen sowie vermutlich auch aus Insekten und deren Larven, die die Vögel in den Blüten finden. Offensichtlich benötigen die Sittiche regelmäßig Mineralstoffe, die sie in den Collpas finden. Sie wurden aber auch an Bächen gesehen, wo sie schwefel- und mineralstoffhaltiges Wasser tranken (Hocking, pers. Mittlg.).

Die Brutzeit fällt in die Monate von Juli bis November. Die Schlafhöhlen werden auch zum Nisten verwendet. Die Nester befinden sich oft in beträchtlicher Höhe in hohlen Ästen und Höhlen abgestorbener und lebender Bäume. Nach Aussagen der Einheimischen sollten die Gelege aus drei oder vier Eiern bestehen und die Jungen bleiben nach dem Ausfliegen noch einige Zeit bei den Eltern. In der Zeit nach dem Ausfliegen kann regelmäßig beobachtet werden, wie sie ihre Eltern um Futter anbetteln.

Haltung: Möglicherweise ist diese Art früher schon einmal importiert worden, denn Schuster (1896) schreibt, sie sei sehr selten in Menschenhand. In Europa und in Nordamerika sind die Sittiche seit den 80er bzw. Anfang der 90er Jahre bekannt. Die Vögel stammten vermutlich aus Brasilien.

Der Vogelpark Walsrode bekam 1995 zwei junge Rotscheitelsittiche (Müller & Neumann 1996). Sie erwiesen sich als ruhige und sehr verträgliche Vögel, die selbst zur Brutzeit problemlos mit einem Gelbbauchpapagei (*Alipiopsitta xanthops*) zusammen gehalten werden konnten. Einer der Rotscheitelsittiche ließ sich sogar während der Brutzeit von einem in der Nachbarvoliere lebenden Brownsittich (*Platycercus venustus*) füttern. Die Sittiche zeichneten sich durch ein angenehmes Wesen und eine relativ problemlose Haltung aus.

In Menschenobhut sind Rotscheitelsittiche aktive Vögel, deren Stimme nicht allzu laut ist und die sie nur bei Erregung hören lassen. Sie sind neugierig, werden jedoch nicht so zutraulich wie andere *Pyrrhura*-Arten. Die Voliere darf nicht zu klein sein, da die Sittiche gern fliegen. Eine Gemeinschaftshaltung ist in großen Volieren mit artgleichen Sittichen oder anderen *Pyrrhura*-Vertretern möglich. Das Badebedürfnis der Vögel ist ausgeprägt, frische Zweige werden gern und ausgiebig benagt. Die Fütterung unterscheidet sich nicht von der anderer Rotschwanzsittiche.

Rotscheitelsittiche *(P. roseifrons) sollten zur Brut paarweise gehalten werden.*

Unterbringung: Ideal für die Haltung ist ein Schutzraum von 1 m × 1 m × 2 m mit anschließender Außenvoliere von 3 m × 1 m × 2 m. Im Winter sollten die Sittiche nicht unter 5 °C gehalten werden, ganzjährig ist ein Schlaf- und Nistkasten (20 cm × 20 cm × 70 cm) oder besser Naturstamm anzubieten. Für eine Gemeinschaftsvoliere sollten wenigstens 1,5 m² pro Paar eingerechnet werden.

Zucht: Im Vogelpark Walsrode brütete das Paar in einer Naturstamm-Nisthöhle (Innendurchmesser von 29 cm, Einschlupfloch von 6 cm Durchmesser ca. 20 cm über der Nistmulde) in einer Außenvoliere (Müller & Neumann 1996).

Insgesamt gelingt die Zucht heute regelmäßig und ist nicht schwer. Während der Brutzeit sollte das Paar allein gehalten werden, um Störungen durch andere Vögel bzw. Aggressivität des Brutpaares gegen Mitbewohner zu vermeiden. Der Brutbeginn fällt bevorzugt ins Frühjahr, die Gelegegröße beträgt vier bis fünf Eier (gelegentlich bis acht), die Brutdauer pro Ei 23 Tage und die Nestlingszeit etwa 50 Tage. Ausnahmsweise sind auch zwei Bruten pro Jahr möglich.

Pyrrhura frontalis (Vieillot)

Braunohrsittich

Zwei Unterarten:

Vorbemerkung zu den Unterarten: Eigentlich müsste der Deville-Sittich (*Pyrrhura devillei*) zu den Unterarten von *Pyrrhura frontalis* hinzugerechnet werden, da intermediäre Exemplare aus Nord-Paraguay und den sich anschließenden Gebieten in Brasilien die enge verwandtschaftliche Beziehung aufzeigen und eine Eingliederung gerechtfertigt erscheinen lassen. *Pyrrhura devillei* wird hier trotzdem nicht mehr als Unterart von *Pyrrhura frontalis* geführt, da sich dieses Taxum morphologisch deutlich vom Braunohrsittich unterscheidet und sich der Status als eigenständige Art international durchgesetzt hat. Genetische Untersuchungen der Situation stehen allerdings noch aus.

Untersuchungen des Balgmaterials (siehe auch Arndt 1983a) haben gezeigt, dass die von Laubmann 1932 aufgestellte Unterart *kriegi* nicht zu halten ist, da lediglich 20 Prozent des Balgmaterials der Beschreibung entsprechen.

1. *Pyrrhura f. frontalis* (Vieillot 1818) Braunohrsittich

Engl.: Maroon-bellied Conure

Beschreibung: Die Grundfärbung der Braunohrsittiche ist grün. Ein schmaler Stirnstreifen ist schmutzig braun, bei vielen Vögeln befinden sich am Schnabelansatz rote Federchen. Die Ohrdecken sind matt graubraun, das seitliche Nackengefieder, der Hals und die Oberbrust olivbräunlich, jede Feder ist hell schmutzig matt gelb gesäumt. Die Handdecken sind

blaugrün, die Handschwingen blau, an den Spitzen in Grün übergehend. Das Bauchgefieder und die Säume der Unterrückenfedern sind braunrot. Die Schwanzoberseite ist olivgrün mit braunroter Spitze, die Schwanzunterseite matt schwärzlich rot. Die nackten Augenringe sind weiß, die Iriden dunkelbraun, die Füße grau, die Wachshaut ist weißlich und der Schnabel dunkelgrau.

Jungvögel: Junge Braunohrsittiche sind wie die Alttiere gefärbt, jedoch mit matterem Gefieder und schwärzlichen Iriden.

Größe: 26 cm (Flügellänge: 134,2 mm [120 - 140 mm])

Verbreitung: Südost-Brasilien von Südost-Bahia bis nach Rio Grande do Sul.

2. *Pyrrhura f. chiripepe* (Vieillot 1818) Paraguay-Braunohrsittich

Engl.: Azara's Conure

Braunohrsittich (*Pyrrhura f. frontalis*)

Ein Braunohrsittich *(P. f. frontalis) , erkennbar an seiner roten Färbung auf derSchwanzoberseite.*

Der Paraguay-Braunohrsittich *(P. f. chiripepe) hat eine olivgrüne Schwanzoberseite.*

Beschreibung: Diese Unterart ist wie *frontalis* gefärbt, aber die Schwanzoberseite ist vollständig olivgrün. Vögel aus dem Apa-Bergland haben vereinzelt rote Federn im Flügelbug.

Jungtiere: Junge Sittiche haben eine mattere Gefiederzeichnung und schwärzlich Iriden. Nach Berlepsch (1887) besitzen Jungvögel oft nur einige rote Federn am Bauch.

Größe: 26 cm (Flügellänge: 134,3 mm [129 - 137 mm])

Verbreitung: Diese Unterart kommt in Süd-Paraguay, Uruguay und Nord-Argentinien vor. Es existiert eine Mischzone mit *Pyrrhura devillei borelli* in Südwest Paraguay an der Grenze zu Brasilien und der näheren Umgebung in Brasilien.

Status: Die Art scheint trotz intensiven Fanges bis etwa zum Jahr 2005 noch häufig vorzukommen. BirdLife (2021) listet sie deswegen, aber vor allem auch wegen des großen Verbreitungsgebietes als „least concern" (nicht gefährdet).

Lebensraum: Die Art bewohnt alle Arten von Gebieten mit Baumbestand bis 1.300 m Höhe, insbesondere die atlantischen Küstenwälder und offenes Grasland mit Araukarien-Beständen, sowie Anbaugebiete, Plantagen und Parkanlagen oder Gärten in Städten und Dörfern.

Lebensweise: Über die Lebensweise der Art liegt bereits aus dem 19. Jahrhundert ein Bericht von J. F. Hamilton (1871) vor. Nach ihm war der Sittich damals sehr häufig anzutreffen. Er fand ihn regelmäßig in der Nachbarschaft von Maisplantagen, in denen er großen Schaden anrichtete. Ebenso überflogen häufig Schwärme die Strecke entlang der São-Paulo-Bahnlinie.

Chubb (1910) traf diesen Sittich in Zentralparaguay hingegen nur paarweise oder in kleinen Gruppen von vier bis sechs Stück an. Hier bevorzugte die Art Wälder, zumindest konnte sie Chubb nie in offenem Land sehen. Grant (1911) konnte ebenfalls nur eine Gruppe von acht Tieren in Paraguay beobachten. Laubmann (1939) sammelte während seiner Gran Chaco-Expedition im paraguayischen Chaco mit seinem leicht hügeligen Gelände nur wenige *chiripepe*-Stücke, dagegen traf er die Art im Apa-Bergland (Nordostparaguay) wesentlich häufiger an.

In Uruguay leben die Sittiche nach Gore und Gepp (1978) in aufgelockerten Wäldern und baumbestandenen Kulturlandschaften. Wetmore (1926) schreibt, dass sie erheblichen Schaden in Orangenplantagen anrichten können.

Im nordargentinischen Chaco scheint die Art dagegen häufiger vorzukommen. Wetmore (1926) sah sie hier selbst in der Umgebung von Las Palmas, und Eckelberry (1965) schreibt sogar, dass es sich beim Braunohrsittich um den am häufigsten vorkommenden Papagei Nordargentiniens handele. Auch Olrog (1959, 1968) bestätigt die Häufigkeit dieses Sittichs innerhalb seines Verbreitungsgebietes. Laut ihm lebt die Art in Argentinien in den Wäldern und Bergen der subtropischen Zone. Er konnte große Schwärme beobachten, die sich in den Baumwipfeln der Wälder aufhielten.

Sick (1968) berichtete für Brasilien, dass die Braunohrsittiche von einer Maisplantage zur anderen wanderten. Gleichzeitig schrieb er von ihrer Unart, in Plantagen beim Fressen von Obst und Zitrusfrüchten nur die Samen aufzunehmen und das Fruchtfleisch

Braunohrsittiche *(P. f. frontalis) im Botanischen Garten von Rio de Janeiro.*

herunterfallen zu lassen. Ruschi (1979) vermerkte den Braunohrsittich als eine Art, die man noch häufig in den Wäldern entlang der Atlantikküste antreffe.

Forshaw (1973) konnte Braunohrsittiche in der brasilianischen Provinz Rio Grande do Sul beobachten. Er fand, dass sie zwischen 800 m und 1.300 m die am häufigsten vertretenen und am weitesten verbreiteten Papageien waren. Sie bewohnten alle Arten von bewaldeten Gebieten, bevorzugten aber Täler, in denen das offene Grasland mit Araukarienwäldern durchsetzt war. Dagegen mieden sie Eukalyptus-Plantagen. Im Mai 1971 konnte Forshaw sie auf einem großen *Araucaria*-Baum beobachten. Es war später Nachmittag, und die kleine Gruppe fraß. Offenbar konnten sich die Vögel nur widerstrebend zum Aufbruch entschließen, denn jedes Mal, wenn sie aufgeflogen

waren, kehrten sie wieder zum Baum zurück. In der Nähe von Bom Jesus, ebenfalls in Rio Grande do Sul, sah Forshaw in der Mittagszeit einen rastenden Schwarm. Die Sittiche saßen zu Paaren und in Dreier- oder Vierergruppen eng aneinandergedrängt auf dicken Ästen in Stammnähe und putzten sich gegenseitig das Gefieder. Am nächsten Morgen konnte er bei Sonnenaufgang mehrere Schwärme beobachten, die ihre Schlafplätze verlassen hatten, entlang eines bewaldeten Tales auf- und abflogen und dabei unter lautem Geschrei die reinste Luftakrobatik vorführten. Während ihres schnellen, etwas welligen Fluges waren die Sittiche meist sehr laut, hingegen hörte man sie bei der Futteraufnahme in den Baumwipfeln nicht. Hier tarnte sie ihre Gefiederfärbung ausgezeichnet, und oft bemerkte man die Vögel erst, wenn sie unter lauten Rufen fluchtartig aufstiegen.

Mitchell (1957) sah sie im Botanischen Garten von Rio de Janeiro beim Fressen von Palmnüssen zusammen mit dem Tirikasittich (*Brotogeris tirica*). Beide Arten saßen dort auch auf blühenden Bäumen und bissen die einzelnen Blüten ab. Leider konnte Mrs. Mitchell nicht erkennen, welcher Blütenteil von ihnen gefressen wurde.

Roth (1982 schriftl. Mitteilung) konnte die Sittiche ebenfalls einige Male beobachten: Im Mai 1977 sah er ca. zehn Exemplare in der Nähe von Campo Mourão, Paraná, auf einer Fazenda mit ca. 40 ha ursprünglichen Waldes, weitum der einzige, der stehengebliebene war; vermutlich handelte es sich um eine relativ isolierte Restpopulation. Im April 1979 gelangten ihm Beobachtungen bei den Iguaçu-Fällen. Die Sittiche duschten auf einer Felswand im Wasserstaub des Falles. Im selben Monat von Iguacú kommend beobachtete er ca. 200 km vor Curitiba, Paraná, in einem Araukarien-Restwald drei Exemplare und in

Ein Braunohrsittich *(P. f. frontalis) im Freiland.*

der Serra do Mar zwischen Curitiba und Paranguá (Paraná) mehrere Gruppen, wovon eine Gruppe von sieben Exemplaren mit acht Maximilianpapageien (*Pionus maximiliani*) fliegend gesehen wurde.

Im September 1971 war *Pyrrhura frontalis* bei Sete Quedas (bei Guaira, Paraná) häufig anzutreffen. Als Roth und seine Frau im März 1979 Sete Quedas wieder besuchten, waren große Teile des umgebenden Waldes gerodet und die Art seltener geworden.

König (pers. Mitteilung) berichtete mir ebenfalls, dass Braunohrsittiche regelmäßig zu den Iguaçu-Wasserfällen kommen und an deren Rändern im Wasserstaub badeten.

Ein neuerer Bericht liegt von Brockner (2020) vor, der die Sittiche im brasilianischen Parque Nacional do Itatiaia beobachten konnte. Im Park sind die Braunohrsittiche eine der häufigsten Vogelarten und täglich in großen Schwärmen anzutreffen. Ihr Flug war rasant, in den Bäumen waren sie jedoch durch ihr Gefieder ideal getarnt. In einem Fall konnte er rund 20 Vögel beobachten, die in einen Hibiskus-Busch einflogen, um dort über eine Stunde lang von den Blättern und Flechten an den Zweigen zu fressen. Zusätzlich sah er Vögel beim Fressen in Früchte tragenden Bäumen und beim Verzehr verschiedener Palmfrüchte. In Peruíbu an der Atlantikküste beobachtete Brockner die Art in zwei Fällen beim Fressen der Früchte in einer Guave (*Psidium guajava*) sowie von reifen Bananen, die von einem Vogelfreund den dortigen Tangaren angeboten wurden.

Bekannt ist zusätzlich, dass sich Brauohrsittiche auch von Blüten und Beeren (u. a. die schwarzen Beeren einer Zypressenart) ernähren. Die Paare und kleinen Verbände halten eng zusammen, und oft kann man beobachten, dass sich die Vögel gegenseitig gern und ausgiebig das Gefieder kraulen. An Futterplätzen sieht man gelegentlich sehr große Ansammlungen von mehreren hundert Vögeln, die dann natürlich durch Lärmen auffallen.

Über das Brutverhalten oder die genauen Brutzeiten ist nichts bekannt. Orfila (1937) vermerkt lediglich, die Sittiche würden in Baumhöhlen brüten und bis zu fünf Eier legen. Die Eimaße betragen 25,8 mm × 21,0 mm (Schönwetter 1964).

Haltung: Der Braunohrsittich ist einer der wenigen Gattungsvertreter, die schon seit früherer Zeit in der Papageienliteratur Erwähnung finden. Erfreulicherweise zeigen alle Autoren (Keidel 1963, Rutgers 1970, Low 1972, Dost 1973, de Grahl 1974, Vriends 1979) und Halter (Spenkelink, Ender, Schnellbacher) ein durchweg positives Bild von ihm auf. Es wird mehrfach über die leichte Zähmbarkeit insbesondere von Jungtieren berichtet. Die Stimme sei zwar mitunter schrill und laut, zahme Vögel seien aber in der Regel leise, sie ließen meist nur ein nicht störendes Geplauder hören.

Ihr liebenswürdiger Charakter zeigt sich auch in der Voliere. Hier sind es sehr lebhafte Tiere, die zutraulich werden, wenn man sich mit ihnen beschäftigt. Es liegen mehrere Beispiele vor, bei denen sie ganzjährig in Außenvolieren gehalten wurden. Diese Haltung darf im Winter natürlich nur in klimatisch milden Gebieten praktiziert werden und wenn die Sittiche in einem dickwandigen Schlafkasten nächtigen. Braunohrsittiche sind robust und eignen sich gut für Anfänger in der Vogelhaltung. Nur vereinzelt sind sie ihrem Pfleger gegenüber ängstlich, trotzdem bleiben sie dabei immer noch ruhig, ohne in Panik auszubrechen.

Die Eignung für eine Haltung in Gemeinschaftsvolieren ist bei Braunohrsittichen von Vogel zu Vogel unterschiedlich. Es liegen Berichte vor, nach denen sie sich z.B. mit Agaporniden (*Agapornis* sp.) und Weißohrsittichen (*Pyrrhura leucotis*) gut vertrugen, andererseits können sie aber gegenüber Mitbewohnern auch sehr aggressiv sein. Oft liegt der Grund für derartige Unverträglichkeiten in zu kleinen Volieren. Die geringe Größe der Sittiche darf Halter nicht dazu verleiten, an der Unterkunft zu sparen. Sollte man für ein Paar schon eine Mindestgröße von 2,5 m × 1 m × 2 m wählen, muss der Volierenraum für mehrere Vögel entsprechend großzügiger ausfallen.

Schwierigkeiten könnten unter Umständen bei der Eingewöhnung der Sittiche auftreten. Neuzugänge sind in der Anfangszeit teilweise sehr scheu und leicht erschreckbar. Sie fliegen dann wild auf und landen hart am Gitter. Man sollte sich ihnen daher äußerst vorsichtig nähern und sie nach der Ankunft in den ersten Tagen in Ruhe lassen. In Bezug auf die Ernährung sollte darauf geachtet werden, dass die Umgewöhnung an ein neues Futter langsam vonstatten geht. Dies gilt insbesondere dann, wenn die Sittiche zuvor einseitig ernährt wurden.

Das Badebedürfnis der Braunohrsittiche ist meist sehr ausgeprägt. Bei kleineren Volieren sollten die Holzteile vor dem Benagen geschützt werden.

Zucht: Die Erstzucht gelang vermutlich bereits 1919 bei Mme. Lécallier in Frankreich. Die Züchterin hatte ursprünglich angenommen, es handele sich bei ihren Vögeln um Prinz-Lucien-Sittiche (*P. lucianii*). Einzelheiten über diesen Erfolg sind nicht bekannt.

Die Erstzucht der Unterart von *chiripepe* gelang Shore-Bailey (1924) im Jahre 1923. Das Weibchen legte 5 Eier, offenbar war aber nur das letzte Ei befruchtet, denn nach einer Brutdauer von 30 Tagen schlüpfte nur ein Junges.

Weitere ältere Aufzuchten meldeten die Autoren Delacour (1920, dieser Bericht wurde irrtümlich als Zucht von *Pyrrhura lucianii* veröffentlicht), Taka-Tsukasa (1928), Prestwich (1953), Dalberg-Johansen (1953), Hallstrom (1954), Dilwyn Jones (1957), Luckford (1963), Halford (1970), Meister (1971), Lörcher (1971), Kuroda (1975), Weyrich (1975), Land (1978), Fuß (1979), Meier (1979), Schlüter (1995) und Kalbus (1999). Bei den Haltern gelang die Zucht bei Ender, Schnellbacher, Spenkelink, Stahl, Walser, Geierhos, Trogisch, Harris und Miller. Ebenso brütete mein Paar erfolgreich. Es dürfte sich bei den Bruten nach 1971 wohl um die Unterart *chiripepe* gehandelt haben, da die Nominatform nicht mehr importiert wurde.

Insgesamt zeigen alle Berichte ein recht einheitliches Bild des Braunohrsittichs. Ohne Zweifel darf man ihn zu den brutwilligsten Vertretern der Gattung zählen. Der Brutbeginn fällt zumeist in das Frühjahr, bevorzugt in die Monate Februar bis Mai. Seltener beginnen die Vögel im Sommer oder Spätsommer. Das Durchschnittsgelege besteht aus vier oder fünf Eiern. Relativ oft werden aber auch mehr, in einem Fall gar 9 Eier gelegt. Die Befruchtungsrate ist immer hoch, nur in wenigen Beispielen kommt es zu einem oder zwei unbefruchteten Eiern. Ebenso schlüpfen auch die Jungen meist alle, leider werden mitunter nicht alle aufgezogen. Es sollten daher regelmäßig Nistkastenkontrollen erfolgen, um eventuell ein totes Tier (in den seltensten Fällen sind es mehr als ein Tier pro Brut) entfernen zu können. Da aber Braunohrsittiche mitunter empfindlich auf Nistkastenkontrollen reagieren, sollten diese nur dann erfolgen, wenn beide Elterntiere das Nest verlassen haben.

Braunohrsittiche scheinen eine Vorliebe für Brutkästen zu besitzen, denn meist ziehen sie diese den Naturstämmen vor. Dabei spielt die Form keine Rolle, die Bodenplatte sollte allerdings 20 cm × 20 cm nicht unterschreiten. Leider findet man in älterer Literatur oft wesentlich kleinere Maßangaben.

Die Volierengröße spielt bei der Zucht eine untergeordnete Rolle. Die Mindestmaße, die den Bedürfnissen der Sittiche noch gerecht werden, liegen wohl bei 2 m × 1 m × 2 m. Keinesfalls eignen sich Braunohrsittiche aber für eine Kistenkäfigzucht. Hierfür soll stellvertretend ein Zuchtversuch aus Dänemark stehen, wo dies versucht wurde. Die Sittiche legten in diesem Fall vier Eier, woraus nur zwei Junge schlüpften. Eines davon lebte nur kurze Zeit, das andere wurde nach drei Wochen von den Elterntieren getötet.

Braunohrsittiche brüteten auch bereits in Gemeinschaftsvolieren, doch müssen diese sehr geräumig sein, da die Brutpaare sehr angriffslustig werden können. Kleinere oder gleichgroße Vögel werden in zu kleinen Volieren mit einiger Sicherheit verletzt oder sogar getötet. Bei gleichgroßen Vögeln muss aber immer noch damit gerechnet werden, dass die Braunohrsittiche dominant sind und so Bruten ihrer Mitbewohner verhindern. Besondere Vorsicht ist geboten, sollen neue Vögel in eine Voliere mit Braunohrsittichen gesetzt werden. Kleinere Vögel werden oft sofort zerrissen, größere werden gejagt.

Anders verhält es sich, wenn sie mit Artgenossen zusammen gehalten werden. Dann übernächtigen zumeist alle Paare gemeinsam in einem Kasten. Von der Zucht von Prestwich (1954) aus dem Jahre 1953 ist bekannt, dass während der Aufzucht noch drei weitere Paare Braunohrsittiche den Brutkasten bewohnten.

Bemerkenswert war eine Brut bei H. Schnellbacher. Die Zuchtvoliere hatte die Maße von 1,5 × 4,5 × 2 m und war neben den Braunohrsittichen mit je einem Paar Schild- (*Polytelis swainsonii*), Princess-of-Wales- (*Polytelis alexandrae*), Rotflügel- (*Aprosmictus erythropterus*), Sing- (*Psephotus haematonotus*) und Vielfarbensittiche (*Clarkona varia*) besetzt. Inmitten dieser stattlichen Ansammlung begannen die Braunohrsittiche im Juli mit der Eiablage. Insgesamt wurden sechs Eier in einem Nistkasten mit der Größe 25 × 26 × 55 cm gelegt. Die Mitbewohner wurden von den Braunohrsittichen überhaupt nicht beachtet. Während des Brütens und auch später hielt sich das Männchen mit im Kasten auf. Alle sechs Junge wurden aufgezogen und nach dem Ausfliegen sogar von Singsittichen mitgefüttert. Auffallend war, wie eng der Braunohrsittich-Familienverband zusammenhielt und alle Tätigkeiten gemeinsam verrichtete.

Ein Paraguay-Braunohrsittich *(P. f. chiripepe) in der Bruthöhle; die Aufnahme entstand in der Zuchtanlage der Loro Parque Fundación.*

Tatsächlich gibt es aber nur wenige Beispiele, wo die Braunohrsittiche in einer Gemeinschaftshaltung brüteten. So hielt Land (1978) acht Braunohrsittiche zusammen. Zur Brut sonderte sich ein Paar ab und bezog einen separaten Kasten, in den drei Eier gelegt wurden. Land bemerkte aber, dass diese nach einer Woche Brutdauer zerbrochen waren. Diesen Misserfolg führte der Züchter auf die Gemeinschaftshaltung zurück.

Ich hatte Glück, als ich je ein Paar Braunohrsittiche, Kaktussittiche (*Eupsittula cactorum cactorum*) und Süd- mexikanische Elfenbeinsittiche (*Eupsittula canicularis eburnirostrum*) in einer Voliere (2 × 4 × 2 m) zusammen hielt. Dabei wurde das Paar Kaktussittiche zeitweilig so heftig von den Braunohrsittichen verfolgt und gebissen, dass ich es notgedrungen herausfangen musste. Anschließend brüteten die Braunohrsittiche friedlich. Bei Fuß zogen die Sittiche in einer

Ein Paraguay-Braunohrsittich *(P. f. chiripepe) in „Pale Falbe"; diese Mutationsform wird bereits regelmäßig nachgezüchtet und angeboten.*

Voliere mit Reisamadinen (*Lonchura oryzivora*) erfolgreich Junge auf. Hier konnten die Reisamadinen sogar selbst brüten, ohne belästigt zu werden.

Zu Streitereien kommt es meist nur dann, wenn die Nistkästen der einzelnen Paare zu eng beieinander aufgehängt werden. Das Männchen errichtet um seinen Nistkasten eine unsichtbare Schutzzone, in die kein anderer Mitbewohner eindringen darf. Dies gilt auch für Bewohner der Nachbarvolieren, denen dann mitunter die Füße zerbissen werden, wenn sie an den Draht fliegen (was sich allerdings sicher durch eine doppelte Drahtbespannung verhindern lässt).

Bei einer Gemeinschaftshaltung wird man aber auch noch eher das Balzverhalten beobachten können als bei einer Paarhaltung. Dabei spreizt das Männchen die Schwanzfedern und fordert durch ein Verbeugen und durch Auf-und-ab-Bewegen des Oberkörpers das Weibchen auf, sich füttern zu lassen. Zusätzlich sträubt es noch das Gefieder. Das Weibchen antwortet nun mit demselben Ritual.

Die Jungvögel werden nach dem Ausfliegen oft schon nach einer Woche nicht mehr gefüttert und manchmal sogar weggebissen. Da sie aber in der Regel nicht verfolgt oder verletzt werden, sollte man sie noch längere Zeit in der Voliere belassen.

Junge Braunohrsittiche sind schon im Alter von einem Jahr zuchtreif und brüten.

Mutationsformen: Bei Paul Miller, USA, wurde ein Paraguay-Braunohrsittich mit einem deutlich olivblauen Farbeinschlag gezüchtet, und um 1920 soll in Brasilien ein Lutino-Braunohrsittich gehalten worden sein (Silva, schriftl. Mittlg.). T. Martin erwähnt eine Mutationsform Lutino in den USA (Ehlenbröker, schriftl. Mittlg.). Nach Them (1982) besaß der Brasilianer Nelson Kawall, São Paulo, zimtfarbene Braunohrsittiche.

In Europa werden derzeit Braunohrsittiche mit den Mutationsformen Zimt, Falbe (grün), Pale Falbe und Misty (einfaktorig und doppelfaktorig) gezüchtet. Es tauchen hin und wieder melanistische Vögel auf. In Südafrika existiert eine blaue Mutationsform, die in kleinen Stückzahlen nachgezogen wird.

Allgemeines: Während die Nominatform bis in die siebziger Jahre noch der am häufigsten angebotene *Pyrrhura*-Vertreter war, ist sie heute sehr selten. Dies hängt mit dem Ausfuhrverbot Brasiliens und den verschärften Einfuhrbestimmungen zusammen. Bei den Züchtern und Haltern findet man meist die Unterart *chiripepe*.

In sehr alter Literatur wird der Braunohrsittich noch als Rotbauchsittich beschrieben. Dieser Name wird heute aber nur noch für *Pyrrhura perlata* verwendet.

Pyrrhura devillei (Massena & Souancé)

Deville-Sittich

Engl.: Blaze-winged Conure

Zwei Unterarten

Vorbemerkungen zu den Unterarten: Nur wenige Autoren führen *devillei* als Unterart von *Pyrrhura frontalis*. Jedoch war und ist dies berechtigt, da intermediäre Balgexemplare aus Nord-Paraguay und den sich anschließenden Gebieten Brasiliens die enge verwandtschaftliche Bindung aufzeigen und eine Eingliederung als Unterart von *Pyrrhura frontalis* gerechtfertigt erscheinen lassen. Ich habe mich trotzdem entschlossen, *devillei* hier als Art zu behandeln, nicht nur, weil dies international so gehandhabt wird, sondern auch, weil es derzeit noch keine genetischen Untersuchungen gibt, die diese Einteilung belegen bzw. widerlegen könnten.

Vögel aus einem Gebiet, das zur vermeintlichen Mischzone von *Pyrrhura frontalis* und *Pyrrhura devillei* gehört, wurden von Salvadori 1894 als *Pyrrhura borelli* beschrieben. Bei meinen Balguntersuchungen im American Museum of Natural History in New York und Museu Nacional in Río de Janeiro sowie während einem Aufenthalt in dem Gebiet, konnte ich allerdings feststellen, dass Vögel aus dem nahe gelegenen Pôrto Murtinho und Pôrto Quebracho einheitlich eine grünliche Scheitelfärbung und durchgehend komplett rote Unterflügeldecken haben. Sie rechtfertigen eine Listung von *borelli* als valide Unterart von *P. devillei*, zumal es sich bei dem *borelli*-Typenexemplar, dessen Unterflügeldecken mit wenigen grünen Federn durchsetzt sind, um einen noch nicht komplett ausgefärbten Jungvogel handeln könnte. Genau lässt sich das leider nicht feststellen, da sich das Standmodell in keinem guten Zustand befindet.

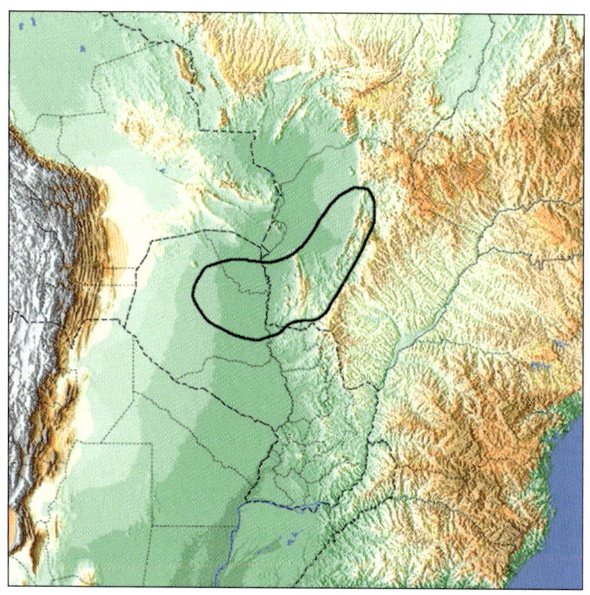

1. *Pyrrhura devillei devillei* (Massena & Souancé 1854)

Deville-Sittich

Engl.: Blaze-winged Conure

Beschreibung: Das Grundgefieder ist grün. Stirn und Scheitel sind aschbraun, die Ohrdecken braun. Das seitliche Nackengefieder, der Hals und die Oberbrust sind olivbräunlich, jede Feder matt graugelb gesäumt. Flügelbug, Flügelsaum und kleine Unterflügeldecken sind rot. Die Handdecken sind blaugrün, die blauen Handschwingen gehen an den Spitzen in Grün über. Bauch und Säume der Unterrückenfedern sind braunrot. Die Schwanzoberseite ist gelblich olivgrün, die Schwanzunterseite matt schwärzlich rot. Die nackten Augenringe sind weiß, die Iriden dunkelbraun, die Füße grau, und der Schnabel ist dunkel grau.

Jungvögel: Junge sind wie Alttiere gefärbt, jedoch mit matterem Gefieder und schwärzlichen Iriden. Das Rot der Unterflügeldecken ist bereits vorhanden, bei vielen Vögeln aber mit grün durchsetzt.

Das Typus-Exemplar von Pyrrhura borelli (MZUT Av11349) befindet sich im Museo Regionale di Scienze Naturali,Turin; es stammt vom Río Apa nahe Colonia Risso, Paraguay.

Deville-Sittiche mit einem grünen Scheitel und roten Unterflügeldecken findet man 30 km östlich von Pôrto Murtinho entlang einer kleinen Bergkette.

Größe: 24 cm (Flügellänge: 125,8 mm [122 - 130 mm])

Verbreitung: Die Art kommt in Nord-Paraguay (Nordwest-Concepción und Südost-Alto-Paraguay) und im südlichen Zentral-Brasilien (Südwest-Mato-Grosso-do-Sul) vor, wahrscheinlich auch im äußersten Südost-Boliviens.

2. *Pyrrhura devillei borelli* Salvadori 1894 Borelli-Sittich

Engl.: Borelli's Conure

Beschreibung: Diese Unterart unterscheidet sich von der Nominatform durch eine grüne (anstatt einer aschbraunen) Scheitelfärbung. Die Maße des Typenexemplares lassen vermuten, dass *borelli* wahrscheinlich etwas größer als *devillei* ist.

Jungvögel: Junge unterscheiden sich von den Alttieren, wie unter der Nominatform beschrieben.

Größe: 26 cm (Flügellänge: 136 mm)

Verbreitung: Die Unterart ist lediglich bekannt von einer kleinen Bergkette ca. 30 km östlich von Pôrto Murtinho über das Gebiet von Pôrto Quebracho, Mato Grosso do Sul, bis zum Gebiet des Río Apa bei Colonia Risso , Paraguay. Es existiert eine Mischzone mit *P. frontalis chiripepe* in Südwest-Paraguay und den angrenzenden Gebieten in Brasilien.

Status: Die Art ist örtlich häufig. Trotzdem listet sie BirdLife (2021) als „near threatened" (potenziell gefährdet), da ein starker Habitatsverlust erwartet wird.

Deville-Sittich (*P. devillei*)

***Eine Gruppe Deville-Sittich** (P. d. devillei) hat sich in einem kleinen Baum nahe der Stadt Bonito niedergelassen; rechts bettelt ein Jungvogel eines seiner Eltern mit hängenden Flügeln um Futter an, dass er wenige Sekunden später auch erhält.*

Lebensraum: Die Art bewohnt alle Arten von Landschaften mit Baumbestand am Rande von und in bergigen Gebieten (z.B. die Serra da Bodoquena), insbesondere Laub- und Galeriewälder und angrenzende Savannengebiete mit Gestrüpp. Daneben findet man sie in Anbaugebieten, Plantagen, Parkanlagen und Gärten in Dörfern und Städten.

Lebensweise: Außerhalb der Brutzeit habe ich die Art einzeln, paarweise oder in Schwärmen von zehn bis 15 Vögeln angetroffen. Allerdings waren sie mitunter in den Bäumen schwer auszumachen, da ihr Gefieder ausgezeichnet tarnt. Während des Rastens sind Deville-Sittiche sehr sozial, die Paare und kleine Verbände halten eng zusammen und kraulen sich gegenseitig gern und ausgiebig das Gefieder. Insgesamt sind sie nicht scheu und man kann sich ihnen gut nähern. Der Flug der Deville-Sittiche ist schnell und etwas wellenförmig.

Die Ernährung besteht aus Samen, Blüten, Früchten, Beeren und Nüssen. Sie fallen regelmäßig in Maisfelder, Obstplantagen und Gärten ein, wo sie gelegentlich erhebliche Schäden anrichten. Souza et al. (2009) beobachtete sie beim Benagen von Bromelienblättern (*Bromelia balansae*), mit dem die Sittiche möglicherweise ihren Flüssigkeitsbedarf decken.

Die genaue Brutzeit der Art ist unbekannt. Ich beobachtete ein um Futter bettelndes Junges (siehe Bild nebenan) Anfang November, was darauf hinweist, dass die jährliche Brutsaison im Juli und August beginnt.

Haltung: Nur wenige Vögel sind bislang in Menschenhand gelangt und zurzeit dürften außerhalb Brasiliens keine Tiere gehalten werden. Es sind leise, aber lebhafte, robuste und wenig empfindlich Sittiche, die bald zutraulich werden. Sie ähneln hierin den nahe verwandten Braunohrsittichen (*Pyrrhura frontalis*). Wie diese baden sie gern und oft, das Nagebedürfnis ist gering. Gegenüber anderen Vögeln können sie oft aggressiv werden.

Unterbringung und Fütterung: Die Voliere sollte wenigstens 2 × 1 × 2 m groß und im Winter frostfrei sein. Einen Nist- bzw. Schlafkasten (20 × 20 × 70 cm) sollte man auch außerhalb der Brutzeit anbieten. Die Ernährung entspricht der der anderen *Pyrrhura*-Arten.

Zucht: Über einen Bruterfolg der Art in Menschenhand ist nichts bekannt.

Pyrrhura perlata (Spix 1824)

Rotbauchsittich

Engl.: Crimson-bellied Conure

Vorbemerkungen: Spix hat die Art anhand von zwei noch nicht ausgefärbten Jungtieren beschrieben, die er von Einheimischen erworben hatte. Beide hatten beschnittene Flügel und, wie im Freiland üblich, noch kein leuchtend rotes Bauchgefieder. Es war jahrzehntelang unbekannt, dass sich junge Rotbauchsittiche so deutlich von den Altvögeln unterscheiden, zumal Sclater 1864 Altvögel als *Conurus rhodogaster* beschrieb, die dann, nachdem sich die Gattungsbezeichnung *Pyrrhura* Bonaparte 1856 durchsetzte, über 100 Jahre als *Pyrrhura rhodogaster* bekannt wurden. Als ich das Balgmaterial und die beiden Typenexemplare von Spix in der Zoologischen Staatssammlung München überprüfen konnte, war schnell klar, dass es sich bei *Pyrrhura perlata* um junge Rotbauchsittiche handelte und *Pyrrhura rhodogaster* lediglich ein Synonym von ihm war (Arndt 1983b). In einer Folgearbeit (Arndt & Roth 1986) belegten Paul Roth und ich, dass die zwischenzeitlich beschriebenen Taxa *anerythra*, *lepida* und *coerulescens* nicht als Unterarten von *Pyrrhura perlata* gerechnet werden dürften. Diese Einschätzung hat sich bis heute durchgesetzt (siehe auch unter *P. anerythra* und *P. coerulescens*).

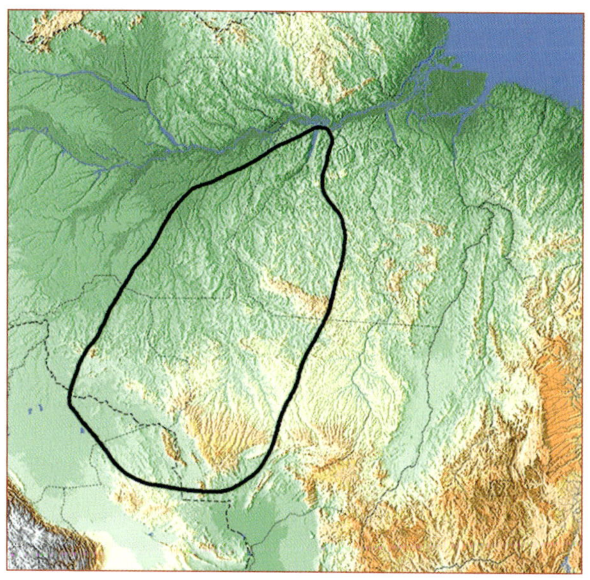

Beschreibung: Das Grundgefieder ist grün. Ein schmaler Streifen am Schnabelansatz ist rotbraun, Stirn, Scheitel und Hinterkopf sind matt braun, jede Federn weißlich braun gesäumt. Auf der Stirn befindet sich zusätzlich ein deutlicher, hellblauer Anflug. Zügel und Wangen sind gelbgrün, auf den unteren Wangen in Hellblau übergehend. Die Ohrdecken sind bräunlich weiß. Das seitliche Nackengefieder, der Hals und die Oberbrust sind braun, jede Feder breit weißlich bis matt grau gesäumt. Im Nacken befindet sich ein variables blaues Band. Die Unterbrust, der Bauch, die Flügelbuge und die Unterflügeldecken sind leuchtend rot, die Schenkel, Unterschwanzdecken, Handdecken und Handschwingen blau. Auf den Oberflügeldecken befindet sich ein deutlicher blauer Anflug. Der Schwanz ist etwas kürzer als bei anderen *Pyrrhura*-Arten, oberseits ist er dunkel braunrot mit grüner Basis und unterseits dunkelgrau gefärbt. Die nackten Augenringe sind weiß, die Iriden dunkelbraun, die Füße grau, und der Schnabel ist dunkelgrau.

Jungvögel: Junge sind wie Alttiere gefärbt, jedoch mit matterem Gefieder und grünem Bauch, der unregelmäßig mit Blau und rotgesäumten Federn durchsetzt ist. Die Iriden sind schwärzlich. Der Schnabel ist in der ersten Zeit nach dem Verlassen des Nestes noch deutlich heller als bei den Altvögeln. In Menschenobhut verlässt ein Teil der Jungvögel schon mit teilweisem oder vollständig rot gefärbtem Bauchgefieder das Nest. Die Umfärbung in das Adultgefieder mit rotem Bauch beginnt im Alter von rund einem halben Jahr (Mayer 2020).

Größe: 24 cm (Flügellänge: 134,8 mm [125 - 140 mm])

Ein junger ***Rotbauchsittich*** *(P. perlata), dessen Bauchgefieder noch wenig Rot aufweist.*

Eine kleine Gruppe ***Rotbauchsittiche*** *(P. perlata) im brasilianischen Parque Nacional da Amazônia.*

Verbreitung: Die Art bewohnt Nord-Bolivien und Nord-Brasilien südlich des Amazonas zwischen den Flüssen Madeira und Tapajós (die östliche Grenze ist der Rio Jamauchim und die südliche der Norden von Mato Grosso).

Anmerkung: *Pyrrhura perlata* wird von einigen Autoren mit *Pyrrhura anerythra* und *Pyrrhura coerulescens* (früher *Pyrrhura lepida*) zu einer Art zusammengefasst; in älterer Literatur wird die Art immer noch als *Pyrrhura rhodogaster* geführt.

Status: Die Populationsdichte der Art ist nicht so groß wie die anderer *Pyrrhura*-Arten im selben Gebiet, Rotbauchsittiche sind aber auch nicht selten. BirdLife (2021) listet die Art bereits als „vulnerable" (potenziell gefährdet), da die Populationen basierend auf einem Modell der Entwaldung im Amazonasbecken und der potenziellen Anfälligkeit für den Fang für den Tierhandel über drei Generationen sehr schnell im Bestand zurückgehen könnten.

Lebensraum: Die Art bewohnt Regenwälder der Tieflandgebiete, vor allem Waldränder mit dichter Vegetation, ist aber auch in Sekundärvegetation und offenen Landschaften mit Baumbestand zu finden.

Lebensweise: Über die Lebensweise war bisher wenig bekannt. Nach Haffer (1974) ist der Rotbauchsittich ein typischer Waldbewohner der Tiefländer südlich des mittleren Amazonasverlaufs, was von Olrog

(1968) und Ruschi (1979) bestätigt wird. Nach letzterem hält er sich meist in den Wipfeln der hohen Baumriesen auf.

Cherrie (in Naumburg 1930) fand 1916 während der Roosevelt-Rondon-Expedition im nördlichen Mato-Grosso-Gebiet große Schwärme entlang dem Roosevelt-Fluss. Ungestört gaben die Vögel ein ständiges Geschnatter von sich und flatterten in den Baumwipfeln umher, sie waren aber trotzdem noch immer vorsichtig und wachsam. Näherte sich Cherrie ihnen, wurden sie plötzlich still. Es war dann für den Beobachter schwierig, sie inmitten des Laubwerkes zu entdecken.

Ausführliche Informationen gibt Roth (1982 und schriftl. Mitteilung 1982), der von 1976 bis 1979 in Aripuanâ, Mato Grosso, die Ökologie der dortigen Papageienarten beschrieb. Seine Mitteilungen werden im Folgenden wörtlich zitiert (die lateinischen Namen wurden aktualisiert): „*Pyrrhura perlata* ist in vielen Belangen *Pyrrhura pallescens* recht ähnlich, und ich werde vor allem auf Unterschiede hinweisen. Sie ist im Untersuchungsgebiet weniger häufig als *P. pallescens*, Gruppen zählen meist 3 - 8 Individuen, und die Art hält sich häufiger in dichten Vegetationsformen auf, v. a. in Sekundärvegetationen.

Die Brutzeit liegt etwas später als bei *P. pallescens*. Erste Jungvögel, die sich im Gefieder bei dieser Art ja deutlich von den Altvögeln unterscheiden, beobachtete ich ab Anfang November (Beobachtungen von Vögeln im Jugendgefieder am 4.11.77 (drei bis vier am 12. und 17.11.77 sowie am 4.2.79). Drei im Dezember 1977 gefangene Jungvögel mauserten im Laufe des Februars 1978 ins Adultgefieder. Da ich auch am 25.6.79 mindestens zwei immature *P. perlata* beobachtete, kann ich nicht mit Sicherheit sagen, ob eventuell eine teilweise zweite Jahresbrut stattfindet, oder ob die Brutzeit nicht fixiert ist, das heißt, dass verschiedene Gruppen zu unterschiedlicher Zeit brüten, oder dass unter Umständen – abhängig von bestimmten Futterpflanzen – in verschiedenen Jahren zu unterschiedlicher Zeit gebrütet wird.

Die Nahrung setzt sich ähnlich zusammen wie bei *P. pallescens*. Der Anteil an hartfleischigen, mittelgroßen Früchten und auch an Blüten ist größer als bei *P. pallescens*; *Trema micrantha* wird häufiger gefressen und bildet zu gewissen Zeiten die Hauptnahrung. Hinzu kommen bei *P. perlata* „harzig" duftende Früchte (z. B. *Zanthoxylum* spec.), die bei *P. pallescens* fehlen.

Pyrrhura perlata besucht ebenfalls regelmäßig die „Barreiros", scheint dort in ihrem Verhalten etwas vorsichtiger als *P. pallescens*. Das Badebedürfnis ist beim Rotbauchsittich etwas weniger ausgeprägt als bei *P. pallescens* im Freiland.

Ich beobachtete *P. perlata* am 27.6.77 auch zwischen Caceras und Figueiropolis (Mato Grosso) in der Gegend des Rio Jaurú, der von R. Low als südliche Verbreitungsgrenze angegeben wird. Auch jene Vögel fraßen an *Trema micrantha*. Die Vegetation ist dort offener, und zwischen ursprünglichen Wäldern erstrecken sich bereits bedeutende Flächen offenen Kulturlandes".

Ich traf die Art lediglich im Parque Nacional da Amazônia in Gruppen von drei bis acht Vögeln an. Die Sittiche saßen gerne in den hohen Wipfeln von relativ kahlen Bäumen und waren eindeutig vorsichtiger und wachsamer als die Rio-Madeira-Sittiche (*Pyrrhura pallescens*), die ebenfalls im Nationalpark vorkamen. Über das Brutverhalten sind keine Einzelheiten bekannt.

Haltung: Der Rotbauchsittich wird zwar in einer Vielzahl von Papageienbüchern (Legendre 1962, Rutgers 1970, Low 1972/1980, Kuroda 1975, Vriends 1978, Spenkeling 1980) aufgeführt, doch über seine Haltung findet sich nur etwas bei de Grahl (1974 u.

Rotbauchsittiche *(P. perlata) sind äußerst soziale Vögel, die problemlos in der Gruppe gehalten werden können; wenn ein geeigneter Nist- bzw. Schlafkasten angeboten wird, werden sie bei dieser Haltung auch erfolgreich brüten.*

1982), Brockner (2000), Low (2013), Dupas und Garnier (2015) und Mayer (2020). De Grahl vermerkt, dass die Art vorsichtig eingewohnt und nach Möglichkeit bei Zimmerwärme untergebracht werden sollte. Dies war in erster Linie als Vorsichtsmaßnahme zu verstehen, da der Rotbauchsittich früher selten war. Die Tiere zeigten eine anfängliche Scheu, die sich aber bald gebe. Die Partner hielten sehr eng zusammen, und auch zwei gleichgeschlechtliche Tiere würden sich wie ein Paar benehmen. Mayer (2020) schreibt, dass seine Sittiche angenehme Vögel mit einem lebhaften und neugierigen Wesen waren. Außerhalb der Brutzeit waren sie friedlich, nagten wenig oder störten kaum durch lautes Rufen, was ich für mein Paar bestätigen kann.

Berichte von Haltern liegen mir von Frau Spenkelink, Herrn Dr. Roth und Herrn Geierhos vor. Nach ihren Auskünften sind die Rotbauchsittiche sehr lebhafte Tiere, die aber trotzdem sehr zutraulich werden. Die Tiere von Frau Spenkelink sind alle zahm geworden. Das Badebedürfnis ist groß, die Vögel baden regelmäßig. Das Nagebedürfnis scheint von Paar zu Paar unterschiedlich ausgeprägt zu sein. Vorteilhaft ist es, ihnen regelmäßig Zweige zum Benagen zu geben. Es sind leise Tiere, die nur bei Erregung ihre Stimme ertönen lassen. Mittlerweile hat sich gezeigt, dass die Art äußerst robust ist. So überwintert sie Frau Spenkelink lediglich in einer geschützten und überdachten Außenvoliere, obwohl die Rotbauchsittiche als reine Tropenvögel während der kalten Monate wenigstens bei 5 °C bis 10 °C untergebracht werden sollten. Die Voliere darf nicht zu klein sein, da die Sittiche schnelle Flieger sind und einen starken Bewegungsdrang haben. In einer Gemeinschaftsvoliere gehaltene Tiere haben sich als sehr friedlich erwiesen.

Dr. Roth und seine Frau hielten sieben Rotbauchsittiche während ihres Südamerika-Aufenthaltes in einer Voliere. Nach ihren Angaben sind die Sittiche sehr ruffreudig, haben aber eine angenehme Stimme und ein umfangreiches, arttypisches Lautrepertoire. Interessant ist der starke Zusammenhalt auch künstlich zusammengestellter Gruppen. Zweimal entwichen Vögel, da sie aber - zumeist am Abend - immer wieder zu ihrer Gruppe zurückkehrten, konnten sie beide Male wieder eingefangen werden.

Jordan et al. (2000) stellten ebenfalls fest, dass das Badebedürfnis der Art groß ist.

Unterbringung und Fütterung: Untergebracht werden sollten Rotbauchsittiche idealerweise in einer Voliere von rund 3 m × 1 m × 2 m, im Winter nicht unter 5 °C bis 10 °C in einem Innenraum. Ganzjährig muss ein Nistkasten (20 cm × 20 cm × 70 cm) angeboten werden. Mayer (2020) hielt seine Sittiche außerhalb der Brutzeit in einer Gemeinschaftsvoliere und setzte sie zum Nisten in kleinere Volieren von 1,20 m bis 2 m Länge und 70 cm bis 1 m Breite.

Die Ernährung unterscheidet sich nicht von der anderer Rotschwanzsittiche.

Zucht: Seitdem die Sittiche erstmals 1927 nach England eingeführt wurden, ist natürlich immer wieder versucht worden, sie zu züchten. Berichte hierzu findet man relativ häufig in der Literatur (Low 1972 und 1982, de Grahl 1974, Kuroda 1975, Vriend 1978, Spenkelink 1980, Jordan et al. 2000, Moschkowski 2008, Mayer 2020).

Der Herzog von Bedford erhielt 1935 Rotbauchsittiche, die dann zwei unbefruchtete Eier legten. Zwei Jahre später erhielt er von H. Whitley ein „Männchen“ für eine Zuchtgemeinschaft. Das „Paar“ schritt auch zur Brut, legte aber 14 unbefruchtete Eier, was dokumentierte, dass es zwei Weibchen waren. Der Wassenaar Zoo besaß zwar 1951 ein Einzeltier (AV 1955, S. 119), erst 1965 kam ein wirkliches Paar in den Zoo von Rotterdam. Hier gelang ein Jahr später die Welterstzucht. Es wurden drei Junge aufgezogen. Danach zog das Paar erst wieder 1971 vier Junge auf, 1972 folgten zwei, 1975 ebenfalls zwei und 1976 und 1977 je drei Jungtiere. Die zwei Nachzuchtvögel aus dem Jahre 1975 bekam der Chester Zoo in England. Dieses Paar zog bereits ein Jahr später Junge auf, ebenso die nächsten zwei Jahre. Die Vögel brüteten in einem Ausstellungskäfig, die erste Eiablage erfolgte immer zu Beginn des Junis.

Weitere Zuchterfolge liegen von Frau Spenkelink van Schaik vor. Ihr Paar hatte im Laufe eines Jahres mehrere Gelege. Sie berichtete mir aber, dass ein Zuchtbeginn im Mai als normal anzusehen sei. Die Gelegegröße bestehe aus fünf Eiern, wovon meist nur zwei befruchtet seien. Die Jungen schlüpften aber gut und wurden einwandfrei aufgezogen.

Ähnliche Erfahrungen machte Herr Geierhos, der mit einem Rotbauchsittich-Weibchen und einem Souancé-Schwarzschwanzsittich-Männchen zweimal je zwei Mischlinge züchtete. Auch bei seinen Vögeln bestand das Gelege jeweils aus fünf Eiern, wovon lediglich zwei befruchtet waren. Bei der ersten Brut im Juli 1981 schlüpften überraschenderweise aus dem ersten und dem letzten Ei Jungtiere, natürlich mit einem Zeitabstand von über einer Woche. Die zweite Brut begann schon im Dezember. Das Weibchen brütete bereits ab dem ersten Ei. Die Nistkastengröße betrug 21 cm × 21 cm × 30 cm. Ein angebotener Baumstamm wurde als Nisthöhle verschmäht. Während der Brut veränderte sich das Verhalten der Tiere. Das Männchen wurde sehr scheu und ängstlich und verschwand sofort im Kasten, sobald man sich der Voliere näherte. Bei Nistkastenkontrollen zeigte sich das Weibchen sehr aggressiv.

1982 konnte Herr Geierhos durch eine Zuchtgemeinschaft zu seinem Rotbauchsittich-Weibchen ein Männchen hinzubekommen. Das Paar bezog eine Voliere von 2,60 m × 1,25 m × 2,05 m, ihm wurde ein Nistkasten mit den Maßen 21 cm × 21 cm × 28 cm angeboten. Schon zwei Monate vor der ersten Eiablage konnte der Züchter wiederholte Tretakte beobachten. Drei Tage, bevor das Weibchen das erste Ei legte, hielt es sich schon fast ausschließlich im Kasten auf. Am 14.1.1983 legte es dann das erste Ei, vier weitere folgten am 16.1., 19.1., 21.1. und am 23.1.1983. Die drei Jungen schlüpften am 10.2., 12.2. und am 16.2.1983, wobei sich herausstellte, dass das erste Ei unbefruchtet und das vierte Ei abgestorben war. Bis zum vierten Ei war das Weibchen tagsüber noch öfter für kürzere Zeit aus dem Kasten gekommen, danach war es nicht mehr zu sehen. Auch bei Nistkastenkontrollen verließ es den Kasten nicht, allerdings zeigte es sich hierbei sehr aggressiv. Leider blieb das dritte Junge in seiner Entwicklung zurück und starb im Alter von 40 Tagen, die beiden verbleibenden entwickelten sich aber normal und verließen jeweils im Alter von 48 Tagen den Nistkasten.

Mayer (2020) hatte sehr produktive Vögel: Sein erstes Zuchtpaar brütete in zehn Jahren elfmal und zog dabei 48 Junge auf, sein zweites Zuchtpaar hatte in fünf Jahren 19 Junge. Insgesamt hatte er vier Zuchtpaare, bei denen in 23 Bruten 81 Junge ausflogen. Die Gelege bestanden meist aus 7 Eiern mit einer Durchschnittsgröße von 27,3 mm × 20,9 mm. Die Brutdauer pro Ei betrug 22 bis 24 und die Nestlingszeit 44 bis 46 Tage. Alle jungen Rotbauchsittiche flogen mit einem grünen Bauchgefieder aus.

Ein junger Rotbauchsittich *(P. perlata), links, der bereits mit rotem Bauchgefieder das Nest verlassen hat; rechts sitzt das Zuchtweibchen.*

Moschkowski (2008) gelang die Zucht seiner Vögel auch in der Gruppenhaltung, wobei es sich neben dem Zuchtpaar allerdings nur um ein zusätzliches Männchen handelte. Dieses half aber beim Füttern der Jungen problemlos mit.

Mutationsformen: Beim Rotbauchsittich soll eine Mutation Zimt aufgetreten sein.

Anmerkung: Der Rotbauchsittich wird heute so regelmäßig gezüchtet, dass er zu einer der wenigen Rotschwanzsitticharten gehört, die preislich günstig und auch paarweise zur Privathaltung abgegeben werden können.

Pyrrhura anerythra Neumann 1927

Neumanns Rotschwanzsittich

Engl.: Neumann's Pearly Conure

Vorbemerkung: Die Art wurde früher als Unterart von *Pyrrhura coerulescens* (ehemals *Pyrrhura lepida*) oder von *Pyrrhura perlata* eingeordnet. Untersuchungen von Somenzari und Silveira (2015) haben jedoch gezeigt, dass sich *Pyrrhura anerythra* deutlich von diesen unterscheidet.

Beschreibung: Die Grundfärbung ist grün. Ein schmaler Streifen am Schnabelansatz ist rotbraun, Stirn, Scheitel und Hinterkopf sind matt braun, jede Feder weißlich braun gesäumt. Die Stirn weist bei einigen Vögeln einen schwachen hellblauen Anflug auf. Die Zügel sind dunkelgrün, die Wangen blaugrün bis blau und die Ohrdecken weißlich braun. Das seitliche Nackengefieder, der Hals und die Oberbrust sind braun, jede Feder breit bis sehr breit weißlich bis hell schmutzig braungrau gesäumt. Im Nacken befindet sich ein variables blaues Band. Die Unterbrust, der Bauch und die Schenkel variieren von Grün bis Blaugrün, an den Körperseiten mit stärker bläulichem Anflug. Die Bauchfedern sind kräftig rotbraun gesäumt. Der Flügelbug und die Unterflügeldecken sind grün, die Schenkel, Unterschwanzdecken, Handdecken und Handschwingen blau. Die Schwanzoberseite ist dunkel braunrot mit grüner Basis, die Schwanzunterseite grau mit rötlichbraunem Anflug. Die nackten Augenringe sind weißlich, die Iriden dunkelbraun, die Füße grau, und der Schnabel ist dunkelgrau.

Jungtiere: Junge Neumanns Rotschwanzsittiche weisen eine schmalere Nackensäumung auf, Schnabel und Füße heller, die Iriden schwärzlich.

Neumanns Rotschwanzsittich (P. anerythra) im Zoo von Brasília.

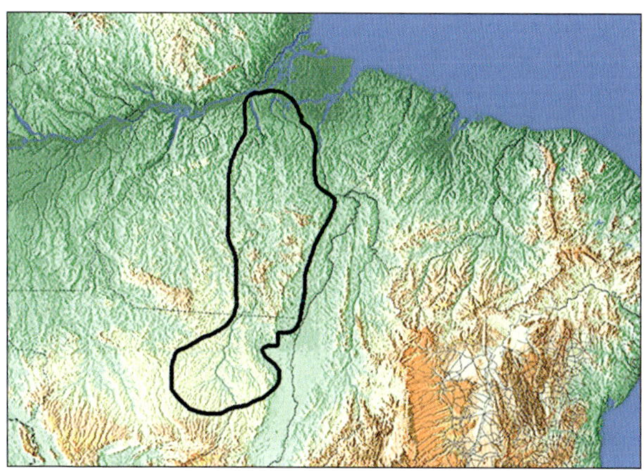

Größe: 25 cm (Flügellänge: 132,6 mm [125 - 138 mm])

Verbreitung: Die Art bewohnt das Einzugsgebiet des oberen Rio Xingú und seiner Nebenflüsse (beginnend am Rio Pracuí und der linken Uferseite des Rio Tocantins) in Pará, Brasilien.

Status: Die Art ist nur örtlich noch häufig. BirdLife (2021) führt sie als Unterart von *P. coerulescens.*

Lebensraum: Die Art bewohnt feuchte Terra-firme-Wälder, Sekundärvegetation und sich anschließende offene Gebiete bis 600 m Höhe (Juniper & Parr 1998).

Lebensweise: Über das Freileben der Art ist nichts bekannt. Ich habe den Neumanns Rotschwanzsittich in der Serra dos Carajás beobachten können (Arndt 2013/14). Die Sittiche zogen in Gruppen von fünf bis zehn Vögeln in einem offenen und mit Büschen bewachsenem Gelände an einem Waldrand auf der Nahrungssuche umher. In den Büschen fraßen sie leise von kleinen beerenartigen Früchten, wobei sie nur eine geringe Fluchtdistanz hatten. Ich war überrascht, wie stark ihre Brustzeichnung variierte. Im Laubwerk der Büsche und Bäume waren sie nur schwer zu entdecken.

Haltung und Zucht: Zurzeit gibt es vermutlich außerhalb Brasiliens keine Haltung bzw. Zucht. Selbst in Brasilien ist die Art nahezu unbekannt.

Pyrrhura coerulescens Neumann 1927

Blausteißsittich

Engl.: Pearly Conure

Vorbemerkungen: Die Art wurde früher als *Pyrrhura lepida* geführt. Somenzari und Silveira (2015) stellten jedoch fest, dass eine kleine Hybridisierungszone zwischen *lepida* und *anerythra* westlich der Mündung des Tocantins existiert (begründet durch eine geologische Änderung des Flusslaufes) und das Typenexemplar von *lepida* aus diesem Gebiet stammt. Es ist ein Hybride mit *anerythra*, was nach den „Internationalen Regeln für die Zoologische Nomenklatur" (englisch: International Code of Zoological Nomenclature, ICZN) für die Benennung einer Art nicht zulässig ist. An Stelle des ungültigen alten Namens muss der nächstverfügbare Name, im vorliegenden Fall *Pyrrhura coerulescens*, verwendet werden.

Die Untersuchungen haben zusätzlich gezeigt, dass die bisherige Unterart *anerythra* Artstatus hat (siehe auch unter „Vorbemerkungen" bei *anerythra*) und die Gefiederfärbung der restlichen Blausteißsittiche sehr variabel ist, weshalb keine Unterart abgetrennt werden kann. Einen guten Überblick über die Änderungen gibt Schnitker (2015).

Beschreibung: Die Grundfärbung ist grün. Stirn, Scheitel und Hinterkopf sind matt dunkelbraun, wobei jede Feder weißlich braun gesäumt ist. Die Stirn, die Zügel und ein schmaler Streifen über den Augen haben bei einigen Vögeln einen schwachen hellblauen Anflug. Die Wangen sind grün oder blaugrün, auf den unteren Wangenbereichen in Blau übergehend. Die Ohrdecken sind bräunlich weiß. Das seitliche Nackengefieder, der Hals und die Oberbrust sind matt graubraun, jede Feder breit weißlich gesäumt. Die Ausdehnung variiert von Vogel zu Vogel. Im Nacken befindet sich ein variables blaues Band. Unterbrust und Bauch sind variabel grün bis blau gefärbt, an den Körperseiten oft mit bläulichem Anflug. Flügelbug und Unterflügeldecken sind leuchtend rot. Schenkel, Unterschwanzdecken, Handdecken und Handschwingen sind blau. Der Schwanz ist oberseits dunkel braunrot, unterseits dunkelgrau mit rötlichbraunem Anflug. Die nackten Augenringe sind weiß, die Iriden dunkelbraun und die Füße und der Schnabel dunkelgrau.

Jungtiere: Junge Blausteißsittiche haben eine schmalere Säumung auf den Nacken-, Hals- und Oberbrustfedern. Schnabel und Füße sind heller, die Iriden dunkler gefärbt.

Größe: 24 cm (Flügellänge: 125,4 mm [118 - 133 mm])

Verbreitung: Die Art kommt von Belém und dem Rio Capim, Pará, ostwärts über São Luís bis Nord-Maranhão (bis etwa Rosário) vor. Sichtmeldungen aus Açailândia oder Barra do Corda (Maranhão) sowie Araguacema und Dois Irmãos do Tocantins (Tocantins) zeigen, dass die Art auch die Einzugsgebiete der Flüsse Araguaia und Tocantins besiedelt.

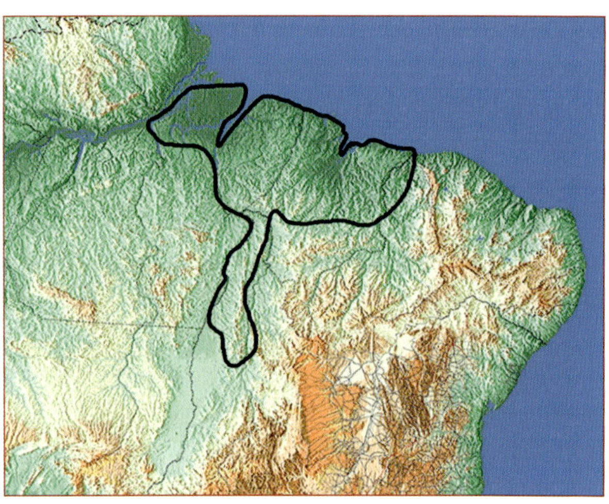

Blausteißsittich (*P. coerulescens*)

Blausteißsittiche *(P. coerulescens) haben eine variable Brust- und Bauchfärbung, wie diese Bilder zeigen. Früher wurden im Regelfall Vögel wie der links gefärbte als Unterart „lepida“ und der rechte Vogel als „coerulescens“ bestimmt. Nun wurde wissenschaftlich erkannt, dass keine Unterarten existieren, sondern Pyrrhura coerulescens variabel gefärbt ist.*

Status: Die Art ist nur noch örtlich anzutreffen und leidet unter deutlichen Bestandsrückgängen aufgrund von Habitatsverlust und Fang für den Tierhandel. BirdLife (2021) listet sie deshalb als „vulnerable“ (gefährdet).

Lebensraum: Blausteißsittiche bewohnen feuchte Tiefland-Terra-Firma-Wälder und deren Ränder und Lichtungen, sind aber auch in Sekundärvegetation und offenen Gebieten mit Baumbestand zu finden. In Recife (Pernambuco) befindet sich mittlerweile eine Population entflogener Vögel, die die Grünanlagen und Parks der Stadt nutzt (Pereira et al., 2008).

Lebensweise: Leider ist über den Blausteißsittich nur wenig bekannt. Hellmayr (1929), Forshaw (1973) und Haffer (1974) schreiben lediglich, dass die Art die Regenwälder innerhalb ihres Verbreitungsgebietes nutzt. Dies bestätigt Ruschi (1979), der noch weiterhin anführt, dass sich die Sittiche in der höchsten Vegetationsstufe des tropischen Regenwaldes aufhalten, in der Regel also in den bis zu 60 m hohen Baumriesen zu finden sind. Ebenso ist nicht viel über die Ernährungsgewohnheiten der Art bekannt. Es liegt lediglich ein Bericht von Schubart (1965) vor, der in dem Magen eines am Gurupi-Fluss gesammelten Exemplares drei Samenkörner fand. Über die Brutgewohnheiten gibt es keinerlei Hinweise.

Haltung: Der Blausteißsittich wurde früher zwar schon hin und wieder gehalten, doch finden sich in der Literatur (Müller 1964, Low 1967, 1972, Vriends 1978, de Grahl 1982) nur wenige Berichte über sein Verhalten in Menschenhand. Fast immer wird der Sittich als ein lebhafter, neugieriger und zutraulicher Vogel geschildert. Offensichtlich scheint er der Clown innerhalb der Gattung zu sein. Berichte über einen zahmen Vogel liegen mir nicht vor, doch wird von einigen Autoren betont, dass es keine Schwierigkeiten bereiten würde, einen jungen Blausteißsittich zu zähmen. Sie sollen dann sogar ein Sprachtalent besitzen.

Mit etwas Geduld bringt man die Blausteißsittiche dazu, Futter oder Leckerbissen aus der Hand zu nehmen. Allerdings muss man besonders bei jungen Tieren dabei sehr vorsichtig sein. Sie kennen dann oftmals vor ihrem Pfleger keine Scheu und entwischen leicht durch die Volierentür, sobald dieser sie öffnet. R. Low hatte bei einem entflogenen Paar, das durch ein kleines Loch im Gitter entkommen konnte, Glück. Als sie die Volierentür öffnete, flogen die Tiere sofort wieder in ihre Behausung zurück. Ihre Meinung, dieses Beispiel zeige, wie leicht Blausteißsittiche wohl im Freiflug zu halten seien, musste sie aber bald revidieren, nachdem ihr nacheinander zwei weitere Paare entflogen waren, ohne zurückzukommen. Ebenso erging es K. Müller in Deutschland, dessen Zuchtmännchen eines Tages mit sechs Jungtieren für immer verschwand.

Sprichwörtlich soll die Neugierde der Tiere sein. So berichtete zum Beispiel R. Low, dass beim Reinigen der Voliere regelmäßig der Abfalleimer von den Sittichen untersucht und alles Essbare sofort verwendet wurde. Ebenso wird jede Nistgelegenheit sofort inspiziert. Es verwundert daher auch nicht, dass die Tiere regelmäßig sofort einen Schlafkasten beziehen.

Die Vögel baden regelmäßig und ausgiebig; im Sommer ist deshalb immer auf ausreichendes Wasser zu achten. Sie benagen auch gern frische Zweige, obwohl man nicht davon sprechen kann, dass sie Holzzerstörer sind.

Im Allgemeinen sind die Blausteißsittiche nicht laut, was sich allerdings sofort ändern kann, wenn sie etwas Fremdes erblicken. Nicht ohne Grund wurden sie deshalb mit Wachhunden verglichen.

In der Gemeinschaftshaltung haben sie sich bisher immer als äußerst verträgliche Tiere gezeigt. Dabei spielt es keine Rolle, ob nur Vögel der eigenen Art in der Voliere sind, oder ob es sich um eine Mischbesetzung handelt. Innerhalb der Gruppe ergibt sich schnell eine Rang- oder Hackordnung, die zumindest von den Blausteißsittichen friedlich akzeptiert wird.

Die Veröffentlichungen aus der Literatur decken sich fast völlig mit Berichten, die ich von verschiedenen Haltern (Geierhos, Mathys, Schnellbacher) bekommen habe. Sie fügen aber alle an, dass Blausteißsittiche gegenüber Fremden sehr misstrauisch und scheu seien. Ihre Stimme lassen sie vor allem in der Dämmerungszeit hören.

Unterbringung: Die Tiere sollten in einer nicht zu kleinen Voliere untergebracht werden, da sie äußerst bewegliche und schnelle Flieger sind. So sollten die Maße von 1×3×2 m nicht unterschritten werden. Die meisten Vogelliebhaber brachten die Sittiche in einem Schutzhaus mit angebautem Freiflug unter, was vermutlich auch die ideale Überwinterungsbedingung für sie darstellt.

Fütterung: In Bezug auf ihr Fressverhalten ist man mit Blausteißsittichen in einer glücklichen Lage, denn im Regelfall akzeptieren sie jedes Futter und gehen ohne Misstrauen auch an alle neuen Angebote, die man ihnen reicht. In der Ernährung unterscheiden sie sich nicht von anderen Rotschwanzsittichen.

Zucht: Die Erstzucht gelang A. Møller in Dänemark im Jahre 1960 oder 1961. Bei diesem ersten Erfolg wurden zwei Junge aufgezogen. Einzelheiten sind mir nicht bekannt.

Fast alle älteren Zuchten wurden fälschlicherweise unter der lateinischen Bezeichnung *Pyrrhura p. perlata* veröffentlicht, und mitunter wurde der Blausteißsittich sogar mit dem Weißohrsittich (*Pyrrhura leuco-*

Blausteißsittich-Weibchen *(P. coerulescens) im Nest mit vier Jungen und zwei weiteren Eiern.*

tis) oder dem Blaustirn-Rotschwanzsittich (*Pyrrhura picta*) verwechselt.

Weitere Zuchten gelangen 1962 in Deutschland bei Müller (die Zucht wurde als Erfolg mit dem Blaustirn-Rotschwanzsittich veröffentlicht), 1963 bei Killick und 1966 bei Low in England, 1973 bei Nilsson in Schweden, ebenfalls 1973 bei Bridges in England und 1980 bei Mathys in der Schweiz. In den USA glückte ebenfalls eine Zucht bei H. Voren in Florida (mündl. Mitteilung Silva, ohne Angabe der Jahrzahl).

Mittlerweile wird die Art in Menschenobhut regelmäßig nachgezüchtet. Jüngere Veröffentlichungen über die Zuchterfolge mit ihren Vögeln liegen vor von Clausen (1986), Mayer (1999), Koslowski (2012) und Wüst (2015), sie unterscheiden sich nicht von den alten Zuchtberichten.

Zur Zucht sollte eine nicht zu kleine Voliere gewählt werden. Ein eigentliches Balzverhalten der Sittiche wurde bislang von den Züchtern (z.B. Leumann und Spenkelink van Schaik) nicht beobachtet. Das Weibchen hält sich lediglich einige Zeit vor der ersten Eiablage häufiger im Nistkasten auf. Mitunter zieht das Paar von seinem Schlafkasten in den späteren Brutkasten um. Ebenso können mit den Bewohnern der Nachbarvolieren Scheingefechte am Draht durchgeführt werden.

Der Brutbeginn fällt meist in die Monate Juni bis August. In der Regel werden vier Eier gelegt, seltener fünf oder sechs. Bei den bisherigen Erfolgen hat sich gezeigt, dass fast immer ein oder zwei Eier unbefruchtet waren. So schlüpften bei den meisten Paaren pro Brut lediglich drei Junge, die aber in der Regel gut aufgezogen wurden. Die höchste Jungenzahl, die den Kasten verließ, betrug bis heute sechs Vögel, was aber wohl als Ausnahme anzusehen ist. Das Weibchen verlässt oft auch während Kontrollen nicht das Nest.

Es liegen einige Berichte vor, nach denen die Jungtiere nach zwei bis drei Wochen Nestlingszeit ohne ersichtlichen Grund starben. In derartigen Fällen liegt meist eine Infektion mit Bakterien oder Viren zugrunde, die die Alttiere, nicht aber die Nestlinge verkraften. Um den Erfolg der nächsten Bruten zu gewährleisten, sollten die eingegangenen Tiere in ein Labor geschickt werden und ein Tierarzt bei Bedarf die notwendige Behandlung einleiten.

Während der Brutzeit sitzt das Männchen in der Regel ruhig vor dem Nistkasten, der die Maße von 25 cm × 25 cm × 35 cm nicht unterschreiten sollte. Das Männchen bewacht das Brüten seiner Partnerin und beobachtet dabei die Umgebung genau. Nähert sich der Voliere etwas Fremdes, so meldet er dies aufgeregt durch schrille Schreie. Dabei reckt er den Kopf mit schlangenartigen, gleitenden Bewegungen. Das Weibchen verlässt während der Zeit des Bebrütens den Kasten nur kurz, um zu fressen.

Ein Gelege pro Jahr darf bei den Blausteißsittichen als normal angesehen werden, gelegentlich brüten sie aber auch ein zweites Mal. Dies meist dann, wenn die erste Zucht sehr früh begonnen wurde und eine Wärmeperiode im Spätsommer noch einmal ideale Bedingungen bringt. Gegenüber Nistkontrollen zeigen sich die Alttiere in der Regel nicht empfindlich, lediglich ältere Jungvögel sträuben schon das Gefieder und drohen. Nach dem Ausfliegen werden die Jungen von beiden Elternteilen gefüttert; sie können noch lange bei ihnen belassen werden.

Ist man erst einmal in der glücklichen Lage, ein Zuchtpaar zu besitzen, so erweist sich dies in der Regel als sehr produktiv. Mit zunehmendem Alter scheint die Zahl der pro Gelege aufgezogenen Jungen etwas zu

Drei junge Blausteißsittiche (P. coerulescens) nach dem Ausfliegen

steigen. So zog das Paar von K. Müller zehn Jahre lang in jedem Jahr Junge auf. Ähnliche Berichte sind auch aus England bekannt.

Mutationsformen: 2019 sind bei einem deutschen Züchter mehrere Jungvögel der faded Mutation aufgetreten (Högner, schriftl. Mitteilung).

Allgemeines: Der Blausteißsittich wird heute in solchen hohen Stückzahlen gezüchtet, dass Züchter Probleme haben, Junge abzugeben. Die Art darf trotzdem nicht von den Züchtern vernachlässigt werden.

Früher hatte ich noch bemängelt, dass besonders in Dänemark Mischlinge von *lepida* und *coerulescens* existieren. Im Nachhinein hat sich nun herausgestellt, dass diese Vorgehensweise in Dänemark bei der Zucht genau richtig war und eine Aufteilung nach Unterarten nicht möglich ist.

Pyrrhura molinae (Massena & Souancé)

Grünwangen-Rotschwanzsittich

6 Unterarten:

Vorbemerkung zu den Unterarten: Die Zucht in Menschenhand hat gezeigt, dass es sich bei der ehemaligen, von Salvadori 1899 beschriebenen Art *Pyrrhura hypoxantha* (bekannt als Gelbseitensittich) um eine Mutationsform Opalin des Mato-Grosso-Rotschwanzsittichs (ehemals *Pyrrhura molinae sordida*) handelt. Nach den „Internationalen Regeln für die Zoologische Nomenklatur" spielt es für die Benennung einer Art oder Unterart keine Rolle, ob es sich bei dem Typenexemplar um eine Mutations- oder um eine Wildform handelt. Da *hypoxantha* die ältere Bezeichnung für Vögel aus Mato Grosso do Sur, Brasilien, und dem äußersten Ost-Bolivien ist, musste sich der lateinische Name dieser Unterart von *sordida* in nun *hypoxantha* ändern.

Durch die große Gefiedervariabilität und durch fehlerhafte Beschreibungen sind manche Unterarten nur schwer zu bestimmen. Ich habe die groben Unterschiede zwischen ihnen in der Tabelle auf Seite 182 dargestellt, wobei die unterarttypischen Merkmale rot markiert sind, die individuellen Unterschiede bei den Vögeln jedoch nicht erfasst werden konnten.

1. *Pyrrhura m. molinae* (Massena & Souancé 1854)

Grünwangen-Rotschwanzsittich

Engl.: Green-cheeked Conure

Beschreibung: Die Grundfärbung der Nominatform ist grün. Stirn, Scheitel und Hinterkopf sind dunkelmattbraun, die Ohrdecken deutlich heller matt-

bräunlich. Im Nacken, bei einigen Vögeln als schmaler Streifen über und hinter dem Auge, befinden sich einige blaue Federn. Die Wangen sind grün, bei einigen Vögeln mit schwach bläulichem Anflug. Das seitliche Nackengefieder, der Hals und die Oberbrust sind graubraun bis grünlichbraun, jede Feder weißlich gesäumt, auf der Unterbrust in Mattgelb übergehend. Die Handdecken und Handschwingen sind blau, ein variabler Bauchfleck braunrot. Die Unterschwanzdecken haben einen bläulichen Anflug. Der Schwanz ist oberseits rotbraun, unterseits braunrot. Die nackten Augenringe sind weiß, die Iriden braun, die Füße grau, und der Schnabel ist dunkelgrau.

Jungvögel: Junge Grünwangen-Rotschwanzsittiche sind wie die Alttiere gefärbt, haben jedoch ein matteres Gefieder. Die Iriden sind dunkel, auf dem Bauch befindet sich nur wenig Braunrot, oft nur ein nicht klar abgegrenzter rotbrauner Anflug.

Größe: 26 cm (Flügellänge: 135,1 mm [129 - 140 mm])

Grünwangen-Rotschwanzsittich (*P. molinae molinae*)

Gelbflügel-Rotschwanzsittich (*P. molinae flavoptera*)

Argentinien-Rotschwanzsittich (*P. molinae australis*)

Verbreitung: Die Nominatform bewohnt das Hochland von Ost-Bolivien.

2. *Pyrrhura m. flavoptera* Maijer, Herzog, Kessler, Friggens & Fjeldsa 1998 Gelbflügel-Rotschwanzsittich

Engl.: Yellow winged Green-cheeked Conure

Beschreibung: Der Gelbflügel-Rotschwanzsittich ist wie *molinae* gefärbt, besitzt aber eine von Vogel zu Vogel variable Zahl gelblicher bis gelblichroter Deckfedern auf den Flügelrändern und -bugen. Die Daumenfittiche sind bei vielen Vögeln gelblichrot.

Jungtiere: Jungtierunterschiede sind wie bei der Nominatform beschrieben, die meisten Vögel haben aber nur wenige orangenfarbige Flügelfedern.

Unterartenvergleich:

Unterart	Flügelbug	Brustfärbung	Ober- / Unterbrustsäume	Schwanzdecken	Schwanz	Bauch	Wangen
molinae	grün	graubraun	schmal weißlich / matt gelblich	blauer Anflug	braunrot	braunrot	leicht blau
flavoptera	orangerot	graubraun	schmal weißlich / matt gelblich	blauer Anflug	braunrot	braunrot	leicht blau
australis	grün	blass graubraun	schmal blass gelblich / olivfarben	wenig blau	braunrot	stark braunrot	leicht blau
phoenicura	grün	graubraun	schmal weißlich bis breit blassbraun	blauer Anflug	grünliche Basis	wenig braunrot	leicht blau
restricta	grün	blass graubraun	breit hell cremefarben	matt blau	braunrot	kaum braunrot	blau
hypoxantha	grün	blass graubraun	sehr breit weißlich / matt gelblich	matt blau	braunrot	kaum braunrot	grün

***Die Tabelle** zeigt den Unterschied in der Färbung an, wobei die große Variationsbreite nicht berücksichtigt werden konnte*

Palmarito-Rotschwanzsittich (*P. molinae restricta*)

Größe: 26 cm (Flügellänge: 135,0 mm [131 - 139 mm])

Verbreitung: Die Unterart bewohnt das Río-Khatu-Tal in der bolivianischen Provinz La Paz. Eine Mischzone mit der Nominatform existiert im La-Paz-Tal.

3. *Pyrrhura m. australis* Todd 1915 Argentinien-Rotschwanzsittich

Engl.: Argentina Conure

Beschreibung: Diese Unterart ist wie *molinae* gefärbt, aber das Brustgefieder ist blasser graubraun, jede Feder mit schmalerer hell gelblicher bis hell olivfarbener Säumung. Insgesamt wirkt das Brustgefieder dadurch bräunlich olivfarben. Das Grün von Unterbrust und Flanken ist etwas matter, die braunrötliche Bauchfärbung oft kräftiger und ausgedehnter. Die Unterschwanzdecken haben in der Regel einen schwächeren bläulichen Anflug. Die Unterart ist etwas kleiner als die Nominatform.

Schlegel-Rotschwanzsittich (*P. molinae phoenicura*)

Jungtiere: Junge unterscheiden sich, wie unter der Nominatform beschrieben.

Größe: 26 cm (Flügellänge: 130,7 mm [126 - 134 mm])

Verbreitung: Die Unterart bewohnt Süd-Bolivien in der Provinz Tarija und die argentinischen Provinzen Salta, Jujuy und Tucumán.

4. *Pyrrhura m. phoenicura* (Schlegel 1864) Schlegel-Rotschwanzsittich

Engl.: Crimson-tailed Conure

Beschreibung: Die Unterart ist wie *molinae* gefärbt, aber das Gesamtgefieder ist insgesamt matter. Die

Mato-Grosso-Rotschwanzsittich (P. molinae hypoxantha) - das Erscheinungsbild dieser Unterart variiert stark; die Aufnahme rechts entstand bei einem brasilianischen Züchter.

Brustsäumung variiert von schmal bis breit und in der Färbung von weißlich bis hell bräunlich. Der Bauch hat deutlich weniger Rotbraun. Das Grün an der Schwanzoberseitenbasis ist (im Gegensatz zur Beschreibung in den meisten Büchern) bei kaum einem Vogel sichtbar. Die Unterart ist etwas kleiner.

Jungtiere: Die Jungtierunterschiede sind wie bei der Nominatform beschrieben.

Größe: 24,5 cm (Flügellänge: 127,0 mm [126 - 128 mm])

Verbreitung: Die Unterart ist im Tiefland von Nordost-Bolivien und Westzentral-Mato-Grosso, Brasilien, zu finden.

5. *Pyrrhura m. hypoxantha* Salvadori 1899 Mato-Grosso-Rotschwanzsittich

Engl.: Sordid Conure (Yellow-sided Conure)

Beschreibung: Diese Unterart ist wie *molinae* gefärbt, aber insgesamt blasser. Die Wangen sind grün, bei einigen Vögeln mit schwachem Anflug von Blau. Das Brustgefieder ist sehr variabel gezeichnet, in der Regel matt bräunlich weiß mit verschwommenen breiten, hellen Säumen. Es existieren jedoch auch Vögel mit so breiten Säumen, dass das Brustgefieder nahezu wie eine weißliche bis hellgelbe Fläche wirkt. Das Rot auf dem Bauch ist meist nur noch schwach vorhanden und nicht so weit ausgedehnt. Die Unterschwanzdecken variieren von grün bis matt blau.

Jungvögel: Junge sehen aus wie die Alttiere, haben jedoch ein matteres Gefieder und sehr wenig oder kein Rot auf dem Bauch. Die Iriden sind dunkel und der Schnabel anfangs heller.

Größe: 26 cm (Flügellänge: 130,7 mm [123 - 136 mm])

Verbreitung: Die Unterart bewohnt das äußerste Ost-Bolivien und Mato-Grosso-do-Sul, Brasilien.

Die Opalin-Mutationsform des Grünwangen-Rotschwanzsittichs (P. molinae) ist zwar nicht identisch mit Salvadoris hypoxantha-Typenexemplaren, erinnert aber an sie.

6. *Pyrrhura m. restricta* Todd 1947 Palmarito-Rotschwanzsittich

Engl.: Santa Cruz Conure

Beschreibung: Diese Unterart ist wie *hypoxantha* gefärbt und macht insgesamt einen blassen Eindruck. Die Wangen, Körperseiten und Unterschwanzdecken sind variabel, bei einigen Vögeln jedoch mit deutlichem bläulichen Anflug gezeichnet. Ein blaues Nackenband ist immer vorhanden. Das Brustgefieder ist blass graubraun mit breiten, hell cremefarben Säumen. Das Bauchgefieder zeigt nur wenig Rotbraun.

Jungtiere: Junge haben in der Regel weniger Rot auf dem Bauch und mit Ausnahme der Wangen keinen blauen Anflug. Die Iriden sind dunkel, der Schnabel ist anfangs heller.

Größe: 27 cm (Flügellänge: 139,3 mm [135 - 143 mm])

Verbreitung: Die Unterart ist nur von einigen Orten im Tiefland des Departments von Santa Cruz, Bolivien, bekannt (u. a. in der Umgebung von Palmarito, Provinz Chiquitos), ist aber vermutlich deutlich weiter verbreitet als bislang angenommen.

Status: Die Art hat ein großes Verbreitungsgebiet und kommt dort zumindest örtlich durchweg häufig vor. BirdLife (2021) listet sie deswegen auch als least concern (nicht gefährdet).

Lebensraum: alle Arten von Gebieten mit Baumbestand; Sumpflandschaften und Wälder mit verhältnismäßig niedrigen Bäumen, Trocken- und Nebelwälder, Sekundärvegetation, Anbauflächen und Gebirgshänge mit Buschbestand bis 3.000 m Höhe.

Lebensweise: Nach Olrog (1968) ist der Grünwangen-Rotschwanzsittich ein Waldbewohner, der allgemein in großen Schwärmen in den Wipfeln der Bäume gesehen wird. Niethammer (1953) berichtet, dass dieser Sittich in einer Höhe von 2.000 m in den Yungas oder bewaldeten Tälern um Pojo und Irupana neben dem Korallenschnabelpapagei (*Pionus corallinus*) der am häufigsten anzutreffende Papagei ist.

Laubbaum (1930) sammelte vermutlich *restricta*-Exemplare, beschrieb sie aber als *P. m. molinae*. Er fand sie in dem von Sumpflandschaften durchzogenen Mittelgebirgsmassiv der Sierras von Chiquitos recht häufig.

Maijer et al. (1998) fanden *P. m. flavoptera* im Río-Khatu-Tal in allen dort vorkommenden offenen Landschaftstypen. Obwohl sie täglich gesehen wurden, kamen sie lediglich einzeln oder in Kleingruppen bis maximal fünf Vögeln vor. Bei Saila Pata waren sie im Laubwald häufiger und konnten sowohl einzeln als auch in Gruppen bis zu 15 Vögeln gesichtet werden. Regelmäßig beobachteten die Ornithologen eine Gruppe von drei Gelbflügel-Rotschwanzsittichen,

Eine Gruppe Mato-Grosso-Rotschwanzsittiche (P. molinae hypoxantha) auf dem Geländer des Refúgio Ecológico Caiman im brasilianischen Bundestaat Mato Grosso do Sul

die die Nacht auf einem steilen Felsen verbrachten. Jeden Abend kamen die Vögel kurz vor Einbruch der Dunkelheit kreischend an und setzte sich dann zusammen für 15 bis 30 Minuten auf einem kleinen Strauch in der Felswand, während sie eigenartige Rufe von sich gaben. Schließlich flogen sie wenige Meter zu einem überhängenden Abschnitt in der Felswand, wo sie vermutlich zum Übernachten in einer Höhle verschwanden. Es gab keine Anzeichen einer Brut, aber es schien wahrscheinlich, dass sie in derselben Felswand nisten würden.

In den Tälern Khatu und La Paz konnten die Autoren die Vögel häufig beim Fressen beobachten. Neben Früchten und Blüten von *Cassia* sp. (Leguminosen) wurden im Inquisivi-Gebiet auch Pfirsiche in Obstgärten gefressen. Die Einheimischen berichteten, dass die Sittiche so viele reife Pfirsiche fressen würden, dass sie nur schwer fliegen konnten und leicht zu fangen waren. In Saila Pata beobachtete N. Krabbe (in Maijer et al. 1998) immer wieder Vögel, die *Erythrina*-Blüten fraßen.

Maijer et al. (1998) fanden die Rufe von *flavoptera* ähnlich denen der anderen bolivianischen Unterarten von *P. molinae*. Ein zusätzlicher lauter, lang ausstrahlender „*KEEEE-eh*"-Ruf, den die Vögel in regelmäßigen Abständen von sich gaben, war lediglich an der bereits zuvor erwähnten Felswand während der Abenddämmerung zu vernehmen.

Laubmann (1930) sammelte die Unterart *australis* 1926 am Rande der Chaco-Ebene in der Nähe von Villa Montes in der bolivianischen Provinz Tarija. Nach Orfila (1937) ist es für den nordwest-argentinischen Verbreitungsbereich dieses Sittichs nicht ungewöhnlich, dass man die Tiere in Schwärmen von 20 und mehr Vögeln in den Wäldern beobachten kann. Dies bestätigt Olrog (1978). So soll der Argentinien-Rotschwanzsittich die Wälder und offene Waldlandschaften in den Bergen bewohnen und in den argentinischen Provinzen Salta, Jujuy und gelegentlich auch im Norden von Tucumán bis zu einer Höhe von etwa 1.500 m vorkommen.

König (1983 u. mündl. Mitteilung.) konnte die Unterart im östlichen Teil der Provinz Salta, Argentinien, am Rande des Gran Chaco oft beobachten. Gruppen von 12 bis 20 Exemplaren hielten sich regelmäßig in aufgelockertem Buschwald auf trockenen Stauden auf. Hier saßen sie häufig dicht beieinander oder fraßen trockene Samen. Daneben ernährten sie sich aber auch von den Knospen verschiedener Baumarten.

König sah sie nie auf dem Boden, sie waren aber kaum scheu, der Ornithologe konnte sich ihnen oft bis auf 10 m nähern. Häufig sah man die Sittiche auch in Waldschneisen, in Waldlichtungen und entlang von Bachläufen, wo sie durch ihr lautes Schreien auffielen.

Anfang Februar fand Hoy (1968) in Orán ein Nest mit drei frischen Eiern in einer Baumhöhle. Der Höhleneingang befand sich etwa 5 m über dem Boden. Anscheinend war das Nest zuvor schon von anderen Vögeln benutzt worden, denn auf dem Boden lagen feine Halme und etwas Moos.

Hoy (19681) gibt die Maße von drei Eiern mit 24.2 mm (23.5 - 24.8 mm) × 19.6 mm (19.2 - 20.0 mm) an.

Haltung: Über den Grünwangen-Rotschwanzsittich und seine Unterarten war früher nicht allzu viel bekannt. In der Fachliteratur wurde die Nominatform zwar mitunter erwähnt, über die Haltung lagen aber nur spärlich Aussagen vor (Low 1972 und 1980, Burkard 1974 und 1975, de Grahl 1982, Harris 1982, Würth 1997). So konnte Low (1972) lediglich vermerken, dass Walter Goodfellow den Grünwangen-Rotschwanzsittich als einen insgesamt entzückenden Vogel bezeichnete.

Die ersten Erkenntnisse über die Haltung stammten von Burkard (1975). Er hatte seine 14 Vögel 1971 in Cochabamba fangen lassen. Schon bei der Eingewöhnung entpuppten sie sich als robust. So wurden sie in einer Gemeinschaftsvoliere in einem ungeheizten Innenraum mit Freiflug gehalten. Burkard verglich das Verhalten der Grünwangen-Rotschwanzsittiche mit dem der Weißohr- (*P. leucotis*) und Braunohrsittiche (*P. f. frontalis*). Er vermerkte, dass den Tieren mehrere Holzkästen zum Übernachten angeboten, diese aber arg zernagt wurden.

Weitere Informationen über die Haltung der Sittiche erhielt ich von Miller, Hauri, Maurer, Trogisch, Spenkelink und Schnellbacher. Allgemein decken sich die Aussagen mit den Beobachtungen, die ich an meinem Paar machen konnte. Grünwangen-Rotschwanzsittiche zeigten als Wildfänge ein sehr ängstliches Wesen. Sobald sich der Halter der Voliere näherte, verschwanden sie sofort in den hinteren Teil der Voliere, meist aber in ihren Kästen. Die publikumsgewöhnten Tiere des Vogelparks Walsrode hingegen gewöhnten sich recht gut an die Besucher, was man von meinen Vögeln, die sich im Tierpark Bretten befanden, nicht behaupten konnte. Nachzuchttiere sind hingegen nicht scheu, sie verhalten sich auch dann ruhig, wenn sich der Pfleger ihnen nähert. Unbeobachtet sind Grünwangen-Rotschwanzsittiche lebhafte Tiere. Sie baden regelmäßig. Manche Paare stürzen sich sofort auf frisch angebotenes Wasser, andere hingegen müssen erst durch Volierennachbarn dazu animiert werden. Ihr Nagebedürfnis ist meist sehr gering, tatsächlich scheinen die oben beschriebenen Tiere von Dr. Burkard eine Ausnahme zu sein. Schreien hört man sie eigentlich nie, auch nicht bei Erregung.

In einer Gemeinschaftsvoliere haben sie sich als äußerst friedlich erwiesen. So hielt Miller zum Beispiel 14 Tiere zusammen, ohne dass es zu Problemen gekommen wäre. Dies kann ich mit meinem Paar unterstreichen. Es wurde eine Zeit lang alleine gehalten. Als zwei *restricta*-Paare dazugesetzt wurden, jagten die Grünwangen-Rotschwanzsittiche die Neuankömmlinge zwar eine Stunde lang in der Voliere, aber dann herrschte Ruhe und sie verhielten sich friedlich. Schon am nächsten Tag übernachteten alle sechs Vögel gemeinsam in einem Nistkasten. Auffallend war bei meinen Palmarito-Rotschwanzsittichen, dass ein Bade- oder Nagebedürfnis so gut wie nicht vorhanden zu sein schien, ebenso selten ließen sie ihre Stimme hören.

Wenn die Sittiche die Auswahl zwischen einer Naturstammhöhle und einem Nistkasten haben, wird zum Schlafen meistens die erstere bevorzugt.

Der Schweizer Hauri hielt zwei Paare mit Jungtieren erfolgreich im Freiflug. Leider wurden ihm aber mehrere Tiere von böswilligen Nachbarn abgeschossen, ein weiteres Tier wurde von einer Katze geholt, so dass dieser interessante Versuch nach zwei Jahren abgebrochen werden musste.

Die Beobachtungen Dr. Burkards, die Sittiche seien äußerst robust, kann hier in jedem Fall bestätigt werden. Dies hängt sicher damit zusammen, dass zumindest die Vertreter der Unterarten aus den Anden als Bewohner des ostbolivianischen Hochlandes auch tiefere Nachttemperaturen gewöhnt sind.

Unterbringung: Für die Grünwangen-Rotschwanzsittiche ist eine Voliere von wenigstens 2 × 1 × 2 m ausreichend, wobei eine größere Voliere dem Flugbedürfnis der Vögel entgegenkommt. Im Winter sollten die Sittiche frostfrei untergebracht werden. Ein dickwandiger Nist- bzw. Schlafkasten (20 × 20 × 70 cm) sollte auch außerhalb der Brutzeit angeboten werden.

Ernährung: Bei der Nahrungsaufnahme bietet man den Grünwangen-Rotschwanzsittiche das unter dem Kapitel „Ernährung“ angeführte Futter an. Allerdings können sie sehr stur in ihrem Fressverhalten sein. Der Halter sollte daher immer darauf achten, dass sie sich nicht zu einseitig ernähren, indem er bestimmte Futtersorten nur reduziert reicht.

Zucht: Die Erstzucht der Nominatform gelang zweifelsohne dem Schweizer Dr. Burkard im Jahre 1973. Sein Zuchtpaar schritt im Sommer zur Brut. Kurioserweise hatte sich das Paar lange Gänge von ca. 1 m unter den Bretterboden der Innenvoliere gegraben und zog seine zwei Jungen dort in einer erweiterten Nistmulde auf. Hierbei haben sie sich scheinbar auch nicht von Mäusen stören lassen. Bei Kontrollen, die erst durch das Anheben der Bodenbretter möglich waren, verschwanden die Jungen in den Gängen. Als die Jungen das Nest verließen, wurden sie mit einem großen Geschrei der Alttiere begrüßt. Im darauffolgenden Jahr brütete das Paar in derselben Weise.

Weitere Veröffentlichungen liegen erst wieder aus den Jahre 1997 und 1979 über die Zucht bei dem Deutschen Würth und dem Engländer Smith, dessen Paar drei Junge aufzog, vor. In den USA gelang die Zucht der Nominatform zum ersten Mal bei Fred und Robbie Harris, Florida, im Jahre 1981. Die Tiere brüteten hier sogar in einem großen Kistenkäfig.

Weitere Zuchtergebnisse liegen von Frau Spenkelink van Schaik, Herrn Hauri, Herrn Schnellbacher und von meinem Paar vor. Sie zeigen, dass es eine feste Jahreszeit, wann die Grünwangen-Rotschwanzsittiche mit der Brut beginnen, offensichtlich nicht zu geben scheint. Lediglich in den kalten Monaten kam es bisher noch nicht zu einer Eiablage. Meist werden fünf Eier gelegt, doch können es einmal auch mehr oder weniger sein. Die Befruchtungsrate ist von Paar zu Paar verschieden. Teilweise sind nur zwei oder drei Eier befruchtet. Dagegen gibt es aber auch Beispiele, dass von sieben Eiern alle sieben Jungen schlüpften. Die Sittiche scheinen ihre Jungen gut aufzuziehen, nur selten gibt es Verluste.

Werden mehrere Sittiche in einer Gemeinschaftsvoliere gehalten, bewohnen meistens alle Vögel gemeinsam mit dem Zuchtpaar den Kasten. So nutzte Schnellbacher zum Beispiel unbewusst das Bruthelfersystem der Rotschwanzsitticharten und ließ die fünf Jungen der ersten Brut weiterhin in der

Bei der Kombinationsform „Opalin Türkis" *werden die Psittacine (gelbe bis rote Gefiederfarbstoffe) in bestimmten Gefiederpartien unterschiedlich stark reduziert und neu verteilt.*

Diese Kombinationsform „Opalin Zimt Violett Türkis" des Grünwangen-Rotschwanzsittichs *(P. molinae) ist durch die Kreuzung mehrerer Mutationsformen entstanden.*

Voliere. Als das Paar die nächste Brut tätigte und diesmal sieben Junge aufzog, nächtigten schließlich 14 Tiere im Nistkasten. Ähnlich erging es meinem Paar, das seinen Nistkasten mit zwei Paaren Palmarito-Rotschwanzsittichen teilte. Wenn auch bei solchen Gemeinschaftsbruten schon erfolgreich Junge aufgezogen wurden, sollten die Tiere trotzdem nach Möglichkeit nur in Einzelvolieren brüten.

Eine Besonderheit der Grünwangen-Rotschwanzsittiche ist wohl, dass der Halter meist nicht bemerkt, wann sein Paar mit der Eiablage beginnt. Dies hängt in erster Linie mit der Scheuheit zusammen, die die meisten Tiere an den Tag legen.

Bei Hauri brütete ein Paar, das freifliegend gehalten wurde. Der Nistkasten befand sich in der Voliere. Es handelte sich hier um ein Paar, das aus der Nachzucht von Dr. Burkard stammte. Bei der ersten Zucht im Sommer 1978 wurden drei Junge aufgezogen.

Zusammenfassend lässt sich sagen, dass die Zucht der Grünwangen-Rotschwanzsittiche nicht schwierig ist. Wer das Bruthelfersystem nicht probieren möchte, sollte die Vögel während der Brutzeit paarweise halten, da mehrere Paare in einem Nistkasten brüten und sich gegenseitig stören. Der Brutbeginn ist das ganze Jahr über möglich, wird aber oft von den Haltern nicht bemerkt. Das Durchschnittsgelege beträgt fünf Eier, die Gelegegröße variiert von drei bis sieben Eier, von denen oft nicht alle befruchtet sind. Die Brutdauer beträgt 23, die Nestlingszeit 50 Tage. Mehrere Bruten pro Jahr sind möglich. Besonders bei kleinen Nistkästen oder wenn das Bruthelfersystem nicht angewendet werden soll, müssen Jungvögel vorangegangener Bruten rechtzeitig entfernt wer-

Die Kombinationsform Opalin dilute *des Grünwangen-Rotschwanzsittichs (P. molinae).*

den, da sie sonst bei der nächsten Brut stören würden. Grünwangen-Rotschwanzsittiche sind gelegentlich empfindlich bei Nestkontrollen, da die Weibchen oder Paare leicht in Panik geraten und dann das Gelege oder die Jungtiere beschädigen bzw. verletzen. Junge sind bereits mit acht Monaten zuchtreif.

Mutationsformen: Nach Salvadori (1900) wurden in einem Schwarm von Mato-Grosso-Rotschwanzsittichen (*P. m. hypoxantha*) drei Vögel gesehen, die ein gelbliches Gefieder (Opalin-Mutation) aufwiesen. Zwei dieser Sittiche wurden im Gebiet um Corumbá gesammelt und dienten später als Typenvorlagen für die Erstbeschreibung von *hypoxantha*. Insgesamt scheinen die Vögel aus diesem Gebiet zu Mutationsformen zu neigen, denn in den Museen von Rio de Janeiro und São Paulo befinden sich weitere Exemplare der Opalin-Mutation.

Heute existiert eine Vielzahl an Mutationsformen, und eine Reihe Züchter hat sich auf deren Zucht spezialisiert. Am häufigsten vertreten ist wohl die Opalin-Form, daneben gibt es Dilute, Zimt, Violett grün, Türkis, Misty, NSL Ino (Non-Sex-Linked = nicht geschlechtsgebunden) sowie rezessive Schecken. Alle diese Mutationsformen lassen sich kombinieren, was vielfache Möglichkeiten mit sich bringt. Bekannt sind Opalin Türkis, Opalin Zimt, Opalin dilute, Violett Türkis, Opalin Violett Türkis, Ino Türkis (früher als „Cremeino" bezeichnet) und viele mehr.

Bei der Mutation Opalin existiert eine selektive Zucht in zwei Formen: Vögel mit hohem Rot- und Vögel mit hohem Gelbanteil. Es gibt aber auch schon eine dominant rot vererbende Mutationsform (Högner, schriftl. Mitteilung).

All diese Mutationsformen hier tiefergreifend zu behandeln, würde den Rahmen und die Intention des Buches sprengen. Hingewiesen werden soll lediglich darauf, dass viele dieser Mutationsformen im Grunde nichts mit der Unterart *hypoxantha* zu tun haben. So sind die ersten Zimter mit großer Wahrscheinlichkeit bei *australis* aufgetreten und Violett grün, Dilute und NSL Ino bei der Nominatform. Opalin, Violett grün, Misty, Türkis und Zimt hingegen dürften tatsächlich oder ebenfalls bei *hypoxantha* entstanden sein (J. Ehlenbröker, schriftl. Mitteilung).

Allgemeines: Früher war die Art noch selten. Heute werden vor allem die Mutationsformen in so großen Stückzahlen gezüchtet und angeboten, dass die Gefahr besteht, die Wildformen könnten nach und nach aus unseren Volieren verschwinden.

Pyrrhura rupicola (Tschudi)

Steinsittich

Engl.: Black-capped Conure

2 Unterarten:

1. *Pyrrhura r. rupicola* (Tschudi 1844) Steinsittich

Engl.: Black-capped Conure

Beschreibung: Das Grundgefieder ist grün. Die Stirn und der Scheitel sind schwarzbraun, der Hinterkopf und der Nacken dunkelbraun, wobei jede Feder hell gesäumt ist. Die Wangen und Ohrdecken sind gelblich grün und stehen in einem starken Kontrast auch zum Grün anderer Federpartien. Der Hals und die Oberbrust sind dunkelbraun, wobei jede Feder so breit weißlich gelb gesäumt ist, dass die Brust nahezu einheitlich weißlich gelb erscheint. Auf dem Bauch befindet sich ein variabler Anflug von Dunkelrot, die Flügelsäume und die Handdecken sind leuchtend rot. Die Handschwingen zeigen eine schwache Blaufärbung. Der Schwanz ist oberseits grün, unterseits dunkelgrau. Die nackten Augenringe sind schwärzlich, die Iriden braun, die Füße sowie der Ober- und Unterschnabel dunkelgrau.

Jungvögel: Junge Steinsittiche sind wie Alttiere gefärbt, jedoch mit nahezu grünen Flügelsäumen und Handdecken. Die Augenringe sind weißlich, die Iriden dunkler.

Größe: 25 cm (Flügellänge: 130,0 mm [124 - 135 mm])

Verbreitung: Die Nominatform bewohnt die Andenhänge von Zentral-Peru in den Höhenlagen von 500 m bis 2.400 m.

2. *Pyrrhura r. sandiae* Bond & Meyer de Schauensee 1947 Sandia-Steinsittich

Engl.: Sandia Conure

Beschreibung: Diese Unterart ist wie *rupicola* gefärbt, hat aber deutlich schmalere Säume auf Hals- und Brustfedern sowie lediglich eine sehr schmale Säumung auf dem Hinterkopf.

Jungtiere: Die Unterschiede bei den Jungtieren entsprechen denen, die bereits bei der Nominatform beschrieben wurden.

Größe: 24 cm (Flügellänge: 125,8 mm [119 - 135 mm])

Verbreitung: Diese Unterart bewohnt die Tieflandgebiete bis zu einer Höhenlage von etwa 300 m von Junin und Süd-Loreto, Südost-Peru, nordwärts bis zum Bundesstaat Acre im äußersten Nordwesten Brasiliens, sowie südostwärts bis zum Departemento Beni in Nord-Bolivien. In Puno, Peru, wurde ein Hybrid zwischen *P. molinae* und *P. rupicola* gesammelt (siehe auch Urantowka et al. 2016).

Status: Die Nominatform ist nur örtlich verhältnismäßig häufig, aber die Unterart *sandiae* kommt innerhalb ihres Verbreitungsgebietes durchweg zahlreich vor. BirdLife (2021) listet die Art deswegen auch als „least concern" (nicht gefährdet).

Lebensraum: Die Nominatform bewohnt die bewaldeten Hanglagen der Andenvorgebirge einschließlich der *Podocarpus*-Wälder, die Unterart *sandiae* hingegen bevorzugt nicht überflutete, aber feuchte Terra-firme-Tiefland- sowie jahreszeitlich überflutete Várzea-Wälder und deren Ränder, ist aber auch in offenen Gebieten mit Baumbestand zu finden.

Lebensweise: Über die Lebensweise des Steinsittichs ist so gut wie nichts bekannt. Nach Olrog (1968) bewohnt er die höher gelegenen Wälder, und Forshaw (1973) vermerkt lediglich, dass Vögel in Süd-Loreto (Südost-Peru) in ungefähr 300 m Höhe und in Nord-Bolivien in ungefähr 170 m Höhe gesammelt wurden. Nach Peters (1961) lebt der Sandia-Steinsittich innerhalb seines Verbreitungsgebietes in der tropischen Zone, in Bolivien speziell in den gebirgigen Yungas. Nach O'Neill (1980) ist *sandiae* in Südost-Peru ziemlich häufig, aber auch relativ unbekannt bei der Bevölkerung. Aus diesem Grund würden die Vögel auch nur selten verfolgt.

Nach Juniper und Parr (1998) sind die Sittiche außerhalb der Brutzeit in Schwärmen bis 30 Vögeln und während der Brutzeit in kleinen Gruppen zu sehen. Sie kommen selten in tiefere Regionen als 300 m und halten sich bevorzugt in den oberen Baumkronen auf.

Ich habe Steinsittiche lediglich in Peru am Río Purus nahe der Grenze zu Brasilien angetroffen. Die Vögel waren dort relativ häufig, aber immer nur paarweise

Peru-Steinsittich *(Pyrrhura rupicola rupicola) – fotografiert im Zoologico el Gallito de las Rocas in La Merced, Junín, Peru.*

Sandia-Steinsittich *(P. rupicola sandiae) mit deutlich schmaleren Brustfedersäumen.*

oder in Familienverbänden anzutreffen. Im Gegensatz zu den Informationen von Juniper und Paar (1998) ließen sie sich in offenem Gelände absolut still auf kleinen, meist kahlen Bäumen nieder. Nach kurzer Zeit (oder wenn ich ihnen zu nahe kam) flogen sie auf und verschwanden aus meiner Sichtweite.

Über die Ernährungsgewohnheiten ist lediglich bekannt, dass die Vögel regelmäßig an Collpas beim Fressen mineralhaltiger Erde beobachtet werden. Nach Juniper und Parr (1998) soll die Brutzeit von Februar bis März reichen. Die Aussage, die Sittiche (wenn überhaupt, dann die Nominatform) würden teilweise ihre Eier in Felslöchern oder Höhlen ablegen (de Grahl 1982), ist unverbürgt.

Haltung: Steinsittiche waren bis Herbst 1981 eine große Seltenheit. Erst zu diesem Zeitpunkt wurden von zwei Importeuren große Stückzahlen eingeführt.

Eine kleine Gruppe Sandia-Steinsittiche (P. rupicola sandiae) hat sich am Rande einer Collpa niedergelassen.

Der Anfangspreis dieser Vögel war allerdings sehr hoch, was viele Züchter vom Kauf abhielt.

Schuster (1896) und R. Low (1972) vermerkten bereits Jahre zuvor, dass die Art sehr selten eingeführt würde. Whitley soll ein Tier in seiner Sammlung im Paignton Zoo im Jahre 1931 gehalten haben.

Von den Züchtern konnte ich von Leumann, Geierhos und Schnellbacher Informationen erhalten, die alle den Sandia-Steinsittich gehalten haben. Alle schildern ihn als einen lebhaften, aber sehr ängstlichen Vogel. Bleibt der Pfleger in einiger Entfernung von seinen Sittichen, verhalten sie sich ruhig, betritt er die Voliere, verschwinden sie entweder sofort im Kasten oder fliegen panikartig umher. Nur selten lassen sie ihre nicht allzu laute Stimme hören. Sie baden regelmäßig und gern, deshalb sollte der Wassernapf nicht zu klein sein. Ihr Nagebedürfnis ist ausgesprochen groß. Das sollte berücksichtigt werden, falls die Voliere oder der Käfig Holzteile enthält. Etwas Abhilfe bringen zwar regelmäßige Frischholzgaben, doch empfiehlt es sich schon, die mit Holz verarbeiteten Teile zu schützen. Leumann konnte bei seinen Tieren beobachten, wie sie in morsche Naturholzstämme regelrechte Gänge nagten, bis schließlich nicht mehr viel von den Stämmen übrig blieb.

Über eine Gemeinschaftshaltung liegen nur Erfahrungen mit Sandia-Steinsittichen vor. Sie waren sehr friedlich und der soziale Kontakt so stark, dass man auch bei längerer Beobachtung keine Paarbindung erkennen konnte. Diese scheint erst einzutreten, wenn die Tiere brutbereit sind. Bis dahin übernachten alle in einem gemeinsamen Schlafkasten. Neuzugänge sollten die ersten Wochen in einer Innenvoliere untergebracht werden, später sind sie recht robust.

Unterbringung und Ernährung: Die ideale Unterbringung für Steinsittiche ist wohl eine Außenvoliere (wenigstens $3 \times 1 \times 2$ m) mit Schutzhaus, das lediglich frostfrei gehalten werden muss. Ein Nist- bzw. Schlafkasten sollte allerdings von Anfang an angeboten werden. Bei der Unterbringung in einer Gemeinschaftsvoliere sollten 1,5 m^2 Bodenfläche pro Paar zur Verfügung stehen.

Was die Ernährung anbelangt, unterscheiden sie sich nicht von anderen Rotschwanzsitticharten.

Zucht: Die Erstzucht des Sandia-Steinsittichs gelang Tore Mc Coy in Kalifornien, USA, im Jahre 1981. Es wurden zwei Junge aufgezogen. Der Züchter hatte 1980 drei Altvögel von einem Mr. Don Wells erhalten, die dieser in Cobija, Beni, Bolivien, im Jahre 1979 gefangen hatte (Silva, schriftl. Mitteilung).

Ein Zuchtpaar Sandia-Steinsittiche (P. rupicola sandiae) mit seinen vier gerade ausgeflogenen Jungen am Nistkasten.

In der Schweiz gelang Herrn Leumann 1982 die Zucht. Er hatte bereits 1980 fünf Tiere erworben, die alle in eine Voliere von 4 m × 1 m × 2 m gesetzt wurden. Obwohl ihnen Naturstammhöhlen angeboten wurden, bezogen sie gemeinsam einen Holzkasten mit einer Bodenfläche von 25 cm × 25 cm. Eine Balz konnte nie beobachtet werden; die bevorstehende Brut kündigte sich lediglich dadurch an, dass ein Paar in einen separaten Nistkasten umzog. Anfang Juli legte das Weibchen das erste von sechs Eiern. Nachdem die ersten Jungen geschlüpft waren, ließen weitere auf sich warten. Da das Weibchen oft das Gelege für längere Zeit verließ, wurden die verbleibenden drei Eier herausgenommen und in einen Brutapparat gelegt. Hier schlüpften noch alle drei Jungen, die zu den anderen Nestlingen gesetzt und weiterhin gut aufgezogen wurden. Nach Herrn Leumann ist dieser Erfolg einer abwechslungsreichen Fütterung zu verdanken. Insbesondere reichte er viele Grünpflanzen.

Neuere Zuchtberichte liegen von Müller (2004) und Gärtner (2019) vor. Letzterer setzt seine Sandia-Steinsittiche zur Zuchtzeit in kleinere Zuchtboxen, die eine Länge von circa 1,20 m und eine Tiefe und Höhe von 0,80 m haben. Es wird ein Nistkasten in L-Form, bestehend aus OSB-Platten, angeboten. Um in die eigentliche Bruthöhle zu gelangen, muss das Zuchtpaar durch ein 6 – 7 cm großes Loch und kommt über einen 15 cm langen Quersteg in die etwa 22 cm breite, 24 cm lange und 30 cm hohe Bruthöhle. Meist werden vier bis sechs Eier gelegt. Oft misslingt die erste Brut eines Jahres und es folgt ein Nachgelege. Nach einer Brutdauer von circa 23 Tagen pro Ei schlüpfen die Jungen, die in der Regel gut aufgezogen werden und im Alter von circa sieben Wochen den Nistkasten verlassen, sie sind dann etwas hektisch. Nach der Brutzeit setzt der Züchter Jung- und Altvögel in größere Volieren mit Außengehege, damit sie ihre Brustmuskulatur beim Fliegen wieder stärken können und auch Wind und Wetter mit Sonne und Regen ausgesetzt sind.

Mutationsformen: Vom Sandia-Steinsittich existiert eine Mutation Opalin (Ehlenbröker, schriftl. Mittlg.).

Anmerkung: Obwohl gelegentlich Vögel mit einer sehr breiten Brustsäumung auftauchen, ist unklar, ob *rupicola* je nach Europa oder Nordamerika gelangte.

Pyrrhura melanura (Spix)

Schwarzschwanzsittich

Engl.: Maroon-tailed Conure

Drei Unterarten:

Vorbemerkungen zu den Unterarten: Es wurde zwischenzeitlich allgemein akzeptiert, dass die zwei ehemaligen *melanura*-Unterarten *chapmani* und *pacifica* Artstatus erhalten. Wenig bekannt ist jedoch, dass *Pyrrhura albipectus* genetisch eigentlich nur eine Unterart von *Pyrrhura melanura* ist. Die entsprechenden Untersuchungen im „Institute of Pharmacy and Molecular Biotechnology" der Universität Heidelberg haben ergeben, dass *melanura* und *albipectus* sowie *souancei* und *berlepschi* je eine Klade bilden, die aber in *Pyrrhura melanura* zusammengefasst werden können.

Dass ich hier *albipectus* weiterhin als eigenständige Art führe, liegt lediglich daran, dass es für diese internen genetischen Erkenntnisse noch keine Veröffentlichung gibt, auf die man sich berufen könnte.

1. *Pyrrhura m. melanura* (Spix 1824) Östlicher Schwarzschwanzsittich

Engl.: Maroon-tailed Conure

Beschreibung: Das Grundgefieder ist grün. Ein schmaler Streifen am Schnabelansatz ist rotbraun, die restliche Stirn, der Scheitel, der Hinterkopf und der Nacken sind dunkelbraun, jede Feder grün gesäumt. Das seitliche Nackengefieder, der Hals und die Oberbrust sind grün bis graugrün, jede Feder schmal

Östlicher Schwarzschwanzsittich (*Pyrrhura melanura melanura*)

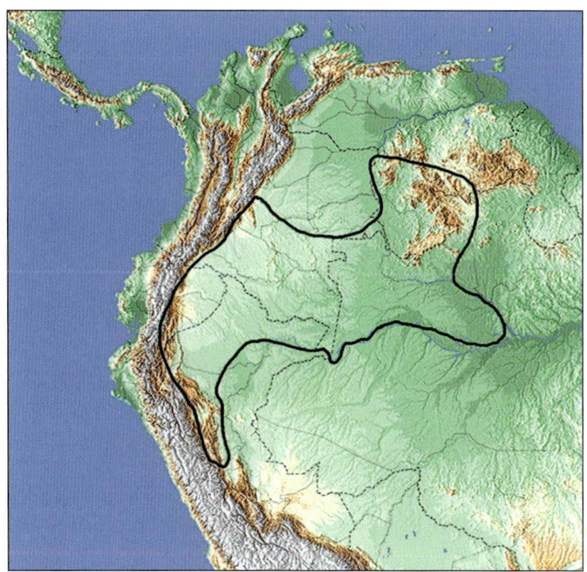

matt weißlich bis matt gelblichgrau gesäumt und mit braun gezeichnet. (Manche Vögel zeigen schon eine Säumungsbreite, die der von *souancei* entspricht). Der Daumenfittich ist grün. Die Handdecken sind rot, jede Feder mit blassgelber Spitze. Die blauen Handschwingen haben an den Außenfahnen einen schmalen grünen Saum. Die Schwanzoberseite ist braunrot mit grüner Basis, die Schwanzunterseite schwärzlich-grau. Die nackten Augenringe sind weißlich, die Iriden dunkelbraun, die Füße dunkelgrau, und der Schnabel ist grau.

Jungvögel: Junge Schwarzschwanzsittiche sind wie die Alttiere gefärbt, haben jedoch vollständig (Friedmann 1948) oder teilweise grüne Handdecken. Die Säumung auf der Brust ist insgesamt schmaler und die Iriden sind schwärzlich.

Größe: 25 cm (Flügellänge: 129,8 mm [124–134 mm])

Verbreitung: Die Nominatform kommt nördlich des Amazonas in Nordost-Peru und die sich anschließenden Gebiete in Ost-Ekuador, in Nordwest-Amazonas (Brasilien), im äußersten Osten und Süden Kolumbiens sowie im äußersten Süden Venezuelas vor.

Souancé-Schwarzschwanzsittich (*P. melanura souancei*), *diese Unterart hat eine breitere Säumung auf dem Brustgefieder und rein rote Handdecken.*

Berlepsch-Schwarzschwanzsittich (*P. melanura berlepschi*), *diese Unterart hat eine noch breitere Säumung auf dem Brustgefieder.*

2. *Pyrrhura m. souancei* (Verreaux 1858) Souancé-Schwarzschwanzsittich

Engl.: Souancé's Conure

Beschreibung: Die Unterart entspricht *melanura*, aber das seitliche Nackengefieder, der Hals und die Oberbrust sind grün bis dunkel braungrau, jede Feder breit matt weißlich bis matt gelblichgrau gesäumt. Die Flügelsäume und die Daumenfittiche sowie die Handdecken sind einheitlich rot gefärbt, letztere ohne gelbe Spitzen. Der Bauch ist variabel braunrot gezeichnet, bei vielen Vögeln fehlt das Braunrot vollständig. Die grüne Oberschwanzbasis ist ausgedehnter.

Jungtiere: Junge Souancé-Schwarzschwanzsittiche unterscheiden sich von Altvögeln, wie unter der Nominatform beschrieben.

Größe: 25 cm (Flügellänge: 132,7 mm [128 - 137 mm])

Verbreitung: Diese Unterart kommt in den östlichen Fußbergen der Anden in Meta und Caqueta, Kolumbien, in Ost-Ekuador und dem äußersten Nord-Peru vor.

3. *Pyrrhura m. berlepschi* Salvadori 1891 Berlepsch-Schwarzschwanzsittich

Engl.: Berlepsch's Conure

Beschreibung: Diese Unterart ist wie *souancei* gefärbt, aber Stirn und Vorderscheitel haben keine grünen Säume. Die seitlichen Nackenfedern, der Hals, die Oberbrust und zum Teil die vorderen Wangenbereiche haben eine sehr breite weißliche Säumung. Die Ohrdecken sind etwas heller grün und haben einen olivfarbenen Anflug. Das Braunrot auf dem Bauch ist stärker ausgeprägt, fehlt bei einigen Vögeln allerdings auch komplett. Wie bei *souancei* sind die Flügelsäume und die Daumenfittiche sowie die Handdecken einheitlich rot gefärbt, einige Vögel zeigen allerdings auch auf dem Flügelbug vereinzelte rote Federn.

Jungtiere: Junge Berlepsch Schwarzschwanzsittiche unterscheiden sich von Altvögeln, wie unter der Nominatform beschrieben.

Größe: 25,5 cm (Flügellänge: 135 mm)

Verbreitung: Diese Unterart kommt im Huallaga-Flusstal, Ost-Peru, sowie entlang der östlichen Andenhänge in Ost-Peru und Ost-Ekuador, vor.

Status: Die Art ist durchweg häufig. BirdLife (2021) listet sie vor allem wegen des großen Verbreitungsgebietes als „least concern“ (nicht gefährdet).

Lebensraum: Der Lebensraum richtet sich vor allem nach den Unterarten. Typisch für *melanura* sind jahreszeitlich überflutete Wälder, deren Ränder und teilweise gerodete Gebiete unterhalb 500 m Höhe. Für *souancei* und *berlepschi* wurden Nebelwälder, bewaldete Fußberge und Feuchtwälder sowie Kulturland und Sekundärvegetation in vorgebirgigen Zonen bis zu einer Höhenlage von 1.500 m (*berlepschi*) und sogar 3.200 m (*souancei*) beschrieben (BirdLife 2021).

Lebensweise: Nach Lehmann (1957) bewohnt der Schwarzschwanzsittich in Kolumbien hauptsächlich die Wälder der tropischen Zone. Diese Aussage wird von Meyer de Schauensee (1964) bekräftigt. Auch in Venezuela findet man ihn in den Wäldern der tropischen Zone, allerdings scheint er hier nach Phelps und Phelps (1958) nur noch örtlich vertreten zu sein und nicht mehr eine so starke Populationsdichte wie in Kolumbien zu besitzen. Meyer de Schauensee und Phelps (1978) vermerken, dass die Nominatform in den Regenwäldern Venezuelas in den Höhenlagen von 150 m bis 300 m lebt. In Brasilien findet man den Schwarzschwanzsittich nach Ruschi (1979) im Amazonasgebiet in der obersten Baumschicht des tropischen Regenwaldes.

Eine weitere Beobachtung für die Nominatform liegt von R. Low (1976) vor. Sie konnte die Sittiche auf der Isla de Santa Sofía in der Nähe der kolumbianisch-brasilianischen Grenze bei Leticia sehen. Ein Schwarm, der sich aus insgesamt ca. 35 Schwarzschwanzsittichen und Vertretern einer nicht-identifizierbaren *Brotogeris*-Art zusammensetze, saß fressend in einer Palme am Rande eines Flusses. Einige Tiere ruhten in kleinen Gruppen und kraulten sich gegenseitig, andere kletterten am Stamm, wo sie bereits große Flächen von Rinde abgeknabbert hatten. Die Sittiche ließen sich nicht in ihrer Beschäftigung stören, sodass R. Low sie einige Minuten lang beobachten konnte. Plötzlich aber flog ein kleiner Papagei mit hoher Geschwindigkeit vorbei, und der ganze Schwarm erhob sich mit großem Geschrei in die Luft und flog davon.

Über das eigentliche Brutverhalten der Nominatform ist nicht viel bekannt. Nach Goodfellow (1900) fallt die Brutzeit an den Quellflüssen des Rio Napo in Ost-Ekuador in die Monate April bis Juni.

Nach Chapman (1926) bewohnt *souancei* die subtropische Zone in Ost-Ekuador. So scheint sie in der Gegend der kleinen Stadt Sarayaco außerordentlich häufig zu sein, was aber für große Teile des Vorkommensgebietes gilt. Dies bestätigen Dugand und Bor-

Eine Gruppe Östliche Schwarzschwanzsittiche *(P. melanura melanura) hat sich zum Fressen auf einer Açaí-Palme niedergelassen*

rero (1948) ebenfalls für Kolumbien. Sie berichteten, dass *souancei* und der Blauflügelsittich (*Brotogeris cyanoptera*) in der Umgebung von Tres Esquinas (Caquetá, Süd-Kolumbien) die am häufigsten anzutreffenden Papageien seien.

Pearson (1972) konnte diesen Sittich in Nordost-Ekuador in der Nähe des Limon-Cocha-Sees über einen Zeitraum von 10 Jahren beobachten. Er stellte dabei fest, dass er ein häufiger Bewohner der mittleren und oberen Vegetationsschicht des tropischen Regenwaldes ist. Eine ähnliche Beobachtung machte König (1981, mündl. Mitteilung), der mehrfach Gruppen von bis zu 30 Stück in der Umgebung von Coca am Rio Napo sah. Die Sittiche turnten in einer Höhe von ca. 40 m auf den Baumwipfeln, wobei sie vermutlich Knospen abbissen und fraßen.

Parker, Parker und Plenge (1982) vermerken, dass die Berlepsch-Schwarzschwanzsittiche nicht häufig vorkommen und im Durchschnitt nur jeden dritten Tag in geringer Anzahl gesehen oder gehört werden konnten. Als Lebensraum geben sie die feuchten Terra-firme-Wälder und die Gebirgswälder in der tropischen Zone an.

Einen ausführlichen Kopulationsakt konnte Lemke (1977) in der Nähe von Chamusa, Meta (Kolumbien), mit dem Fernrohr beobachten: Um 7.23 Uhr landeten zwei Souancé-Schwarzschwanzsittiche 20 m über der Erde in den abgestorbenen Ästen eines Baumes auf der Südbank des Río Duda. Die Vögel waren 1,5 bis 2 m voneinander getrennt. Um 7.25 Uhr flog das Männchen zum Weibchen hinüber. Sofort begann ein gemeinsames Gefiederkraulen am Nacken und Rücken, das eine Minute andauerte. Um 7.26 Uhr bot sich das Weibchen selbst dem Männchen an, indem es seine Kloake, parallel zum stützenden Ast, dem Männchen entgegenstreckte. Dieses bestieg schnell sein Weibchen, wobei es sich an seinem Rücken und Unterrücken festhielt und seinen Schwanz rechts vom Weibchen nach unten richtete. Dann richtete das Weibchen seinen Schwanz zur linken Seite aus, wodurch es ermöglichte, dass sich die Kloake des Männchens mit seiner berühren konnte. Während der Kopulation drehten sich der Schwanz und der Unterrücken langsam im Uhrzeigersinn und das Männchen zerzauste das Nackengefieder des Weibchens mit seinem Schnabel. Das Weibchen verhielt sich ruhig und gab lediglich etwa 12 schwache Gurrlaute von sich. Um 7.28 Uhr stieg das Männchen von hinten von dem Weibchen, nachdem es 2,5 Minuten auf seiner Partnerin gewesen war. Sofort „pumpte" es seinen Kopf und den Nacken auf, indem es die Federn 7- bis 8-mal kräftig aufstellte. Beide Vögel setzten sich jetzt wieder in die normale Sitzposition. Das Männchen begann nun erneut für weitere 30 Sekunden mit dem gemeinsamen Gefiederkraulen. Um 7.29 Uhr setzten sich beide Vögel wieder auseinander, begannen mit einem leisen, rauen Rufen und flogen dann gemeinsam über den Fluss in Richtung Norden, wobei das Weibchen etwas vor dem Männchen flog.

Ich konnte die Nominatform auf dem Gelände der Otorono-Amazon-River-Lodge beobachten, die etwa 25 km östlich der Río- Napo-Mündung am Amazonas liegt. Etwa 30 Sittiche kamen im rasanten Flug auf das Lodge-Gelände und ließen sich verteilt auf kleinen Bäumen nieder, um dort von den Früchten zu fressen. Sie waren nicht scheu und man konnte sich ihnen bis auf wenige Meter nähern. Beim Anflug waren sie noch laut, während des Fressens auffällig leise. Nach zehn Minuten sammelte sich eine Gruppe auf einer Açaí-Palme (*Euterpe oleracea*), und die Sittiche fraßen dort die schwarzen Früchte. Nach fünf Minuten flogen alle wie auf Kommando auf und der Schwarm verschwand wieder in reißend schnellem Flug.

Den Berlepsch-Schwarzschwanzsittich beobachtete ich zusammen mit Henry Gonzales Pinedo (Arndt & Gonzales Pinedo 2013) im Caynarachi-Tal, wo auch der Amazonas-Rotstirnsittich (*Pyrrhura parvifrons*) ganzjährig anzutreffen ist. Berlepsch-Schwarzschwanzsittiche sind im hohen und dichten Laub der Bäume schwer zu entdecken, zumal sich die Schwärme unauffällig und leise verhalten. Meist sieht man Gruppen von 10 bis 30 Vögeln nur fliegend, wobei dann für den ungeübten Beobachter nicht festzustellen ist, um welche der beiden im Gebiet vorkommenden *Pyrrhura*-Arten es sich handelt. Berlepsch-Schwarzschwanzsittiche zeigen sehr soziale Verhaltensweisen. Sie sitzen oft paarweise oder in kleinen Gruppen zusammen, wobei sie sich oft das Gefieder gegenseitig kraulen und putzen. Wir konnten nie Streitigkeiten oder Aggressivität beobachten. Sie sind nicht scheu, und man kann sich ihnen gut nähern. In der Regel halten sie sich in niedrigen Bäumen zwischen 2,5 und 5 m Höhe auf, bevorzugen von April bis November aus nicht ersichtlichen Gründen jedoch deutlich höhere, bis zu 25 m hohe Bäume. Die Nahrungsaufnahme beginnt um 6.30 Uhr und dauert bis etwa 10 Uhr, gefolgt von einer ausgedehnten Ruhephase (wobei sie oft den Rastbaum wechseln) und erneuten Fressaktivitäten zwischen 15 und 17 Uhr. Im Gegensatz zu den standorttreuen Amazonas-Rotstirnsittichen fliegen Berlepsch-Schwarzschwanzsittiche zur Nahrungsaufnahme in das Caynarachi-Tal, bei schlechtem Wetter oft erst in den Mittagsstunden. Die Schwärme überqueren den Bergrücken und begeben sich laut rufend ins Tal hinab, wo sie sich dann ausschließlich im Gebiet zwischen Kilometer 15 und 20 aufhalten. Sie ernähren sich von diversen Früchten und Blüten. Von Juni bis August fallen sie auch in die Obstgärten und -plantagen der Bauern ein, wo sie aufgrund ihrer verschwenderischen Fressweise erhebliche Schäden bei der Mango- und Guaven-Ernte anrichten können. Man kann sie vor allem auf Korallenbäumen (*Erythrina* spp.) und *Trema micrantha*, einem bis zu 10 m hohen Baum mit kleinen grünen – beziehungsweise im reifen Zustand orangefarbenen – Beeren, beobachten. Bis zu 20 Minuten halten sich die Vögel in einem Nahrungsbaum auf, dann wird er – unabhängig von seiner Ergiebigkeit – gewechselt. Während der Nahrungsauf-

Berlepsch-Schwarzschwanzsittiche *(P. melanura berlepschi) im Caynarachi-Tal; man muss schon genau hinschauen, um die vier Sittiche im Laub der Büsche zu entdecken*

nahme hört man allenfalls hin und wieder ein leises Plappern, ansonsten ist die Stimme scharf und laut, wobei *berlepschi* etwas harscher klingt als *parvifrons*. Bei beiden kann man mehrere Rufe unterscheiden. Vor dem Abflug aus einem Futterbaum und während des Fliegens hört man das typische, relativ hochtonige Geschrei aller Schwarmmitglieder, das dem Gruppenzusammenhalt dient.

Die Brutzeit fällt in die Monate Januar bis März. Dann findet man deutlich kleinere Gruppen, da sich die Paare absondern. Ab April können Jungvögel in den Schwärmen beobachtet werden, die bei *berlepschi* an den noch ganz oder teilweise grünen Handdecken zu erkennen sind.

Haltung: Obwohl der Schwarzschwanzsittich 1967 oder 1968 zusammen mit *souancei*- und einigen *Pyrrhura-pacifica*-Exemplaren in großen Stückzahlen nach England eingeführt wurde, ist praktisch nichts über sein Verhalten bekannt. Nur R. Low (1972 und 1980), die die Nominatform hielt, vermerkt, dass ihr das zutrauliche Wesen anderer *Pyrrhura*-Arten fehle.

Der Schwarzschwanzsittich muss im 19. Jahrhundert schon in Deutschland gehalten worden sein, denn Schuster (1896) vermerkt ihn als seltenen Vogel in Menschenhand.

In Fachzeitschriften oder Büchern (Schuster 1896, Rhodes 1970, Fanselau 1971, Low 1972, de Grahl 1974 und 1982, Kuroda 1975, Cooper 1981 und Kolar & Spitzer 1982) wird im Verhältnis zu vielen anderen *Pyrrhura*-Vertretern mitunter erfreulich ausführlich über *souancei* berichtet. Schuster musste noch vermelden, dass der Souancé-Schwarzschwanzsittich sehr selten sei. Dies änderte sich wohl erst ab 1968, als große Sendungen nach Europa gelangten. Es wird berichtet, die Sittiche seien anfangs recht scheu, erst allmählich gewöhnen sie sich an ihren Pfleger. Sie können dann sogar recht zutraulich werden. Einzeln gehaltene Tiere dürfen wohl nicht allzu schwer zu zähmen sein. Hierüber liegen zwar nicht viele Hinweise vor, doch berichtet Fanselau, dass ihr Souancé-Schwarzschwanzsittich ihr nachflog, um sich auf ihren Kopf oder die Schulter zu setzen. Ein Sprechtalent wurde jedoch nie festgestellt. Ansonsten ist die Stimme auch im Haus erträglich, sie wird sogar als melodiös und abwechslungsreich geschildert. Ebenso berichtet Fanselau, dass sich ihre Sittiche erst ab 20 °C wohlfühlten. Allgemein sollen die Souancé-Schwarzschwanzsittiche aber nach der Eingewöhnungszeit nicht empfindlich sein.

In der Voliere fällt auf, wie sehr die einzelnen Paare zusammenhalten. Die Partner machen alles gemeinsam, nur ganz selten streiten sie sich. Auffallend lange Zeit verbringen sie damit, sich gegenseitig zu kraulen. Es wird daher oft ausdrücklich empfohlen, Souancé-Schwarzschwanzsittiche nur paarweise zu halten.

Erfreulicherweise sind die Vögel nicht zerstörerisch, zumindest außerhalb der Brutzeit. Die Voliere darf daher auch Holzteile enthalten. Das Badebedürfnis wird bei vielen Autoren betont. Daher sollten genügend große Wassergefäße zur Verfügung stehen und im Hochsommer eventuell mehrmals täglich frisches Wasser nachgefüllt werden. Die Stimme ist in der Voliere nicht allzu laut, nur bei Aufregung kann sie sich als etwas störend erweisen.

Souancé-Schwarzschwanzsittiche sind bereits des Öfteren in einer Gemeinschaftsvoliere gehalten worden. Andere Arten wurden von ihnen akzeptiert. Beim Fehlen eines arteigenen Partners gehen sie auch eine Verbindung mit anderen Sittichen ein, allerdings nur solange, bis man ihnen einen Vertreter der eigenen Unterart anbieten kann. Hält man eine Gruppe von Souancé-Schwarzschwanzsittichen, fällt auf, dass die Mitglieder alles gemeinsam machen. Muss die Gruppe getrennt werden, sollten die Tiere außer Sicht- und Hörweite voneinander untergebracht werden, da sie sonst ständig versuchen, wieder zueinander zu kommen. Hierbei fangen sie an, dünnen Draht zu zerbeißen und Holz zu zernagen.

Die Aussagen verschiedener Halter (Trogisch, Ender, Schnellbacher, Spenkelink, Geierhos, Banzer, Menné, Walser) und die Beobachtungen an meinen eigenen Paaren decken sich nicht immer mit den Angaben in der Literatur. Häufig werden die Sittiche als ruhige und zutrauliche Tiere beschrieben, oftmals sind sie aber auch sehr ängstlich. So konnte zum Beispiel mehrfach beobachtet werden, dass beim Fressen in einer Gruppe immer ein Vogel als Wache auf der Sitzstange bleibt und die Umgebung beobachtet. Ebenso unterschiedlich ist das Badebedürfnis ausgeprägt: Bei vielen Vögeln ist es ausgesprochen gering, während zum Beispiel bei meinen Paaren zweimal täglich Wasser gegeben werden muss. Das Nagebedürfnis wird einheitlich als gering bezeichnet, auch in der Lautstärke sind sich alle Halter einig: Nur manchmal sind die Sittiche laut.

In der Gemeinschaftshaltung kommt es unter arteigenen Tieren zwar zu einer festen Gruppenbildung, innerhalb der sich aber einzelne Paare gut unterscheiden lassen. Anderen Sittichen gegenüber verhalten sie sich nicht immer friedlich. Bei einer gemischten Besetzung der Voliere empfiehlt sich deshalb zumindest am Anfang eine genaue Beobachtung der Tiere.

Unterbringung: Die ideale Unterkunft für Schwarzschwanzsittiche ist ein Schutzhaus mit angebauter Außenvoliere. Beides muss nicht allzu groß sein. Da sich die Sittiche allerdings als recht robust erwiesen haben, könnten sie in klimatisch milden Gebieten notfalls auch in einer geschützten, überdachten Außenvoliere überwintert werden, sofern ihnen ein dickwandiger Schlafkasten zur Verfügung steht und die Temperaturen nicht unter den Gefrierpunkt fallen.

Zucht: Über Zuchterfolge der Nominatform oder der Unterart *berlepschi* ist nichts bekannt geworden, andere Zuchterfolge beziehen sich wohl alle ausnahmslos auf die Unterart *souancei*. Bereits in demselben Jahr, in dem die Souancé-Schwarzschwanzsittiche in großen Stückzahlen nach Europa gelangten, soll ein Bruterfolg von einem Jungvogel in Dänemark gelungen sein (Low 1972). Weitere folgten. Ein Jahr später, 1969, gelang bei K. Hansson im Malmö, Schweden, die Aufzucht von vier Jungtieren. Weitere veröffentlichte Zuchten liegen vor von Rhodes (1970), Fanselau (1971) und von Cooper (1971).

Das Paar von Mrs. Rhodes war in einem Käfig mit den Maßen von ca. 1 × 1 × 2 m untergebracht. Im Januar 1970 konnte sie eine Paarung beobachten. Das erste Ei wurde vermutlich am 1. Februar gelegt. Am 26. Februar war das erste Junge zu hören und sieben Wochen später verließen zwei Junge den Kasten. Das Gesamtgelege hatte aus vier Eiern bestanden. Das Paar brütete weitere Male im Dezember 1970 und dann bereits wieder im April 1971.

Bei Frau Fanselau deutete sich die beginnende Brut durch ein verstärktes Imponiergehabe des Paares gegenüber anderen Mitbewohnern einer Gemeinschaftsvoliere an. Insbesondere das Männchen stolzierte „wie ein Gockel", wobei es die gesäumten Hals-und Oberbrustpartien sträubte und so zur Geltung brachte. Zum Brüten wurde das Paar in einen 1×0,43×1,05 m (B×T×H) Käfig umgesetzt. Der Nistkasten war 20×20×30 cm groß, das Einflugloch betrug 5,5 cm im Durchmesser. Im April änderte sich das Verhalten des Paares, es begann verstärkt zu nagen und wurde lauter. Das Innere des Nistkastens wurde jetzt bearbeitet, und ab Ende April konnten tägliche Paarungen beobachtet werden. Bei einer Kontrolle Mitte Mai wurden die ersten zwei von fünf Eiern entdeckt. Es schlüpften vier Junge, wovon eines offensichtlich von den Eltern getötet wurde, die restlichen wurden aber problemlos aufgezogen. Bei Nestkontrollen ging das Weibchen nicht vom Gelege, drohte aber. Das Männchen war zeitweise äußerst aggressiv und biss sogar, wenn Frau Fanselau im Käfig hantierte. Das älteste Junge verließ nach 45 Tagen den Nistkasten und fraß bereits vier Tage nach dem Ausfliegen selbstständig.

Bei Mrs. Cooper wurden 1971 vier in einer Innenvoliere und 1973 drei Junge in einer Außenvoliere aufgezogen. 1974 musste das Männchen mit einer seiner Töchter aus dem Vorjahr verpaart werden, weil das Zuchtweibchen eingegangen war. Das neue Paar hatte Anfang Juni ein Gelege, woraus drei Junge schlüpften. Das Bemerkenswerte an dieser Zucht war, dass die Züchterin mit den Tieren umziehen musste. Überraschenderweise wurden aber die einen Monat alten Jungen sogar während des Transportes von den Eltern gefüttert. Nach dem Ausfliegen blieben die Jungtiere immer in der Nähe der Alttiere.

Weitere Erfolge gelangen bei Spenkelink, Menné, Walser, Leumann und Schnellbacher und meinen Paaren. Eine bevorzugte Zeit für den Brutbeginn scheint es bei den Souancé-Schwarzschwanzsittichen nicht zu geben, Brutaktivitäten fanden praktisch schon in jedem Monat des Jahres statt. Die Weibchen sitzen meist sehr fest auf dem Gelege und nehmen Nestkontrollen nicht übel. Trotzdem ist hier Vorsicht geboten. Es sind Beispiele bekannt geworden, wo das Gelege verlassen wurde und abstarb. Die normale Gelegegröße beträgt vier bis fünf Eier, in seltenen Fällen auch einmal sechs. Oft sind ein oder zwei Eier nicht befruchtet, die Jungen schlüpfen aber in der Regel alle und werden gut aufgezogen. Fällt der Brutbeginn in das Frühjahr, können auch zwei Aufzuchten getätigt werden. Als Ammen haben sich die Sittiche ebenfalls schon bewährt. So zogen sie in einem Fall neben drei eigenen Jungen noch vier Blaulatzsittiche (*Pyrrhura cruentata*) erfolgreich in einem Nest auf.

Souancé-Schwarzschwanzsittiche haben auch schon erfolgreich in einer Gemeinschaftsvoliere Junge aufgezogen. Allerdings wurden die Brutpaare teilweise sehr aggressiv und verfolgen die Mitbewohner. Pech hatte Menné, der sein Paar zusammen mit Rosellasittichen (*Platycercus eximius*) und Gelbmantelloris (*Lorius garrulus*) in einer Voliere hielt. Hier wurden die jungen Souancé-Schwarzschwanzsittiche nach dem Ausfliegen von den Loris getötet.

Allgemeines: Zurzeit dürfte es keine Haltung der Nominatform und des Berlepsch-Schwarzschwanzsittichs (das Foto entstand in einer Auffangstation nahe Tarapoto) außerhalb des Verbreitungsgebietes geben.

Durch die Gefiedervarietät der Souancé-Schwarzschwanzsittiche werden Vertreter dieser Unterart gelegentlich fälschlicherweise als Berlepsch-Schwarzschwanzsittiche oder Chapman-Sittiche (*Pyrrhura chapmani*) identifiziert. Der Berlepsch-Schwarzschwanzsittich besitzt aber eine deutlich breite Säumung auf dem Brustgefieder und zeigt in der Regel eine braunrote Zeichnung auf dem Bauch. Der Chapman-Sittich unterscheidet sich vom Souancé-Schwarzschwanzsittich durch das sehr breite Brustgefieder.

Pyrrhura albipectus Chapman 1914

Weißbrustsittich

Engl.: White-necked Conure

Vorbemerkungen: Es wurde zwischenzeitlich allgemein akzeptiert, dass *Pyrrhura albipectus* Artstatus besitzt. Wie bereits unter *Pyrrhura melanura* angeführt ist wenig bekannt, dass *Pyrrhura albipectus* genetisch eigentlich nur eine Unterart von *Pyrrhura melanura* ist. Die entsprechenden Untersuchungen im „Institute of Pharmacy and Molecular Biotechnology" der Universität Heidelberg haben ergeben, dass *melanura* und *albipectus* eine Klade bilden, die aber in *Pyrrhura melanura* enthalten ist.

Dass ich hier *albipectus* weiterhin als eigenständige Art führe, liegt lediglich daran, dass es für diese internen genetischen Erkenntnisse noch keine Veröffentlichung gibt, auf die man sich berufen könnte.

Beschreibung: Das Grundgefieder des Weißbrustsittichs ist grün. Scheitel und Hinterkopf sind dunkel graubraun, jede Feder hell gesäumt. Die Ohrdecken sind orangegelb und mit einem hellen Rot durchsetzt. Die Wangenfedern sind grün und zeigen auf den unteren Wangen eine blassgelbe Säumung. Hals und Nacken sind weiß, in das Hellgelb der Oberbrust übergehend. Auf dem Bauch befindet sich ein von Vogel zu Vogel variierender rotbrauner Anflug. Flügelsaum und Handdecken sind rot und die Außenfahnen der Handschwingen blau verwaschen. Der relativ kurze Schwanz ist oberseits bis zur Mitte grün und wird dann dunkel braunrot; unterseits ist er schwärzlich. Die nackten Augenringe sind weißlich, die Iriden braun, die Füße grau und der Schnabel ist grau.

Jungvögel: Junge Weißbrustsittiche sind wie Alttiere gefärbt, haben jedoch nahezu grüne Flügelsäume und Handdecken sowie dunkle Iriden.

Größe: 25 cm (Flügellänge: 138,0 mm [135-141 mm])

Verbreitung: Die Art ist in drei Gebieten im Südosten Ekuadors (Podocarpus-Nationalpark, Cordillera de Cutucú und Cordillera del Cóndor) und im äußersten Norden Perus (Mirador Cóndor) zu finden. Neue Sichtmeldungen gibt es aus dem Süden von Panguri in Zamora-Chinchipe und der Cordillera del Cóndor, Peru (Navarrete 2003).

Status: Die Art hat ein sehr kleines Verbreitungsgebiet, ist aber örtlich relativ häufig. BirdLife (2021) listet sie vor allem aufgrund der kleinen Verbreitung als „vulnerable" (gefährdet). Die jüngsten Sichtmeldungen deuten aber darauf hin, dass der Weißbrustsittich nicht so stark bedroht ist wie früher befürchtet (Balchin & Toyne 1998).

Lebensraum: Weißbrustsittiche bewohnen den höher gelegenen ursprünglichen Tropenwald zwischen 900 und 2.000 m Höhe, sind aber auch in Lichtungen und in der Umgebung des Podocarpus-Nationalpark in stark degradierten Gebieten zu finden (Snyder et al. 2000).

Lebensweise: Außerhalb der Brutzeit lebt die Art standorttreu in kleinen Gruppen oder Schwärmen von gelegentlich bis 50 Vögeln. Bevorzugt werden Bäume entlang von Gebirgsflüssen, wo sich die Sittiche bis 7 Uhr aufhalten. Bei Regen bleiben sie etwas länger und beginnen schon mit der Nahrungsaufnahme. Ansonsten ziehen die Gruppen tagsüber auf der Suche nach Nahrung umher. Die größeren Ansammlungen findet man dann in größeren, Früchte tragenden Bäumen. Ich konnte die Sittiche bei meinem Besuch des Podocarpus-Nationalparks beim Baden in Bromelienkelchen beobachtet. Insgesamt sind die Gruppen wenig lärmend und selbst während des Fluges hört man nur von Zeit zu Zeit vereinzelte Rufe. Der Flug ist schnell und leicht wellenförmig. Gegen Abend werden bestimmte Schlafbäume regelmäßig aufgesucht. In einem Fall beherbergte die Schlafhöhle 14 Sittiche (Brockner 2018).

*Dieser **Weißbrustsittich** (P. albipectus) saß als „Wachtposten" am Rande einer Felswand, um seine Artgenossen bei Gefahr zu warnen.*

Über die Nahrungsgewohnheiten ist wenig bekannt, aber wie die anderen *Pyrrhura*-Vertreter sieht man sie überwiegend in blühenden und fruchtenden Bäumen, wo sie sich bevorzugt in den oberen Zweigen aufhalten und Früchte, Samen oder Blüten fressen (Juniper & Parr 1998, Toyne et al. 1992). Dort sind sie nur schwer zu beobachten.

Grunwald und Schumann (in Arndt 2011) beobachteten Ende Oktober 2008 Weißbrustsittiche entlang dem Rio Bombuscara im Eingangsbereich des Podocarpus-Nationalparks am frühen Nachmittag an der steilen Uferwand auf der gegenüberliegenden Seite des Flusses. Fünf Sittiche hingen an der Wand und nahmen relativ ruhig vermutlich kleine Bröckchen Erde an einer moosbewachsenen Stelle auf. Nur hin und wieder blickte ein Vogel kurz auf. Die Beobachter vermuteten, dass dies eine Art Collpa war, die von den Sittichen zur Aufnahme von mineralhaltiger Erde genutzt wird. Möglich wäre auch, dass sie zwischen dem Moos nach Insekten und anderen Wirbellosen suchten. Ein sechster Vogel saß still am Rand der Wand in einem niedrigen Baum und beobachtete die Umgebung. Vermutlich war es ein Wachtposten, der seine Artgenossen bei Gefahr warnen sollte.

Die Brutzeit reicht vermutlich von April bis Juni, denn im Juli wurde die Fütterung eines Jungvogels beobachtet (Snyder et al. 2000). Im 3.500 ha großen Tapichalaca-Reservat der Fundación Jocotoco nutzen die Weißbrustsittiche erfolgreich künstliche Nistkästen (Waugh 2009).

Haltung und Zucht: Derzeit ist keine Haltung in Menschenhand außerhalb Ekuadors bekannt. Gelegentlich erschienen wenige Exemplare auf ekuadorianischen Vogelmärkten, die jedoch nach kurzer Zeit eingingen. Trotzdem dürfte sich die Art in der Haltung, Unterbringung, Ernährung und Zucht nicht von anderen *Pyrrhura*-Vertretern unterscheiden.

***Weißbrustsittiche** (Pyrrhura albipectus) an der Schlafhöhle, in der 14 Vögel übernachteten.*

Pyrrhura chapmani Bond & Meyer de Schauensee 1940

Chapman-Sittich

Engl.: Chapman's Conure

Beschreibung: Die Grundfärbung ist grün. Die Stirn ist schwarzbraun. Scheitel, Hinterkopf und Nacken sind dunkelbraun, aber jede Feder ist grün, bei vielen Vögeln auch bräunlich-weiß gesäumt. Die Brust, der Hals und der Nacken sind dunkel graubraun, jede Feder sehr breit weißlich bis bräunlich-weiß gesäumt. Der Bauch ist variabel braunrot gezeichnet. Die Flügelsäume, Handdecken und Daumenfittiche sind rot, oft einige grün. Die blauen Handschwingen haben an den Außenfahnen einen schmalen grünen Saum. Die Schwanzoberseite ist bis zur Mitte braunrot, dann bis zur Basis grün. Die Schwanzunterseite ist schwärzlich. Die nackten Augenringe sind weiß, die Iriden dunkelbraun, die Füße grau, und der Schnabel ist grau.

Jungvögel: Junge Chapman-Sittiche sind wie Alttiere gefärbt, haben jedoch Handdecken und Daumenfittiche. Die Säumung auf der Brust ist schmaler, der Schnabel hornfarben, und die Iriden sind schwärzlich.

Größe: 26 cm (Flügellänge: 139,6 mm [132 - 147 mm])

Verbreitung: Die Art bewohnt die subtropische Zone zwischen 1.600 m und 2.800 m an den Osthängen des oberen Magdalena-Flusstals in den Departements Tolima und Huila, Kolumbien (Donegan et al. 2016).

Status: Die Art ist durchweg selten. BirdLife (2021) listet sie aufgrund des kleinen Verbreitungsgebiets als „vulnerable" (gefährdet).

Chapman-Sittich (*Pyrrhura chapmani*)

Lebensraum: Die Art bewohnt die Feucht- und Nebelwälder, aber auch Sekundärvegetation und teilweise gerodete Gebiete im oberen Magdalena-Tal.

Lebensweise: Lehmann (1957) beobachtete Gruppen von sechs bis zwölf Tieren, manchmal auch größere Schwärme, in der Moscapán-Region, Cauca, nicht unterhalb von 1950 m. Die Vögel rasteten oft für einige Minuten in den Bäumen, bevor sie weiterflogen. Sie besuchten hohe und mittlere Waldbäume und kamen lediglich zur Nahrungsaufnahme auf den Erdboden. Sie waren ruhelos und lebhaft, und ständig konnte man ihr Geschnatter hören. Bei den geringsten Anzeichen von Gefahr wurden sie jedoch plötzlich still. Wenn sie über offenes Land flogen, geschah das so tief über dem Boden, dass ihn die Sittiche manchmal fast gestreift hatten. Ihre Nahrung bestand aus Samen, Nüssen, Beeren, Früchten, Blüten und Rinde von Bäumen. Über das Brutverhalten ist nichts bekannt.

Haltung und Zucht: Die Art ist wahrscheinlich außerhalb Kolumbiens noch nicht in Menschenhand gehalten oder gezüchtet worden.

Allgemeines: Der Chapman-Sittich wurde früher regelmäßig mit dem Souancé-Schwarzschwanzsittich (*Pyrrhura melanura souancei*) verwechselt, hat aber eine deutlich breitere Brustsäumung, Braunrot auf dem Bauch und ist durchschnittlich etwas größer.

Pyrrhura pacifica Chapman 1915

Pazifik-Schwarzschwanzsittich

Engl.: Choco Parakeet

Vorbemerkungen: Collar et al. (2013) haben den Pazifik-Schwarzschwanzsittich aufgrund seiner isolierten Lage westlich der Anden und seiner morphologischen Unterschiede von *Pyrrhura melanura* als eigenständige Art abgetrennt, was Sinn macht und deshalb von mir hier ebenfalls übernommen wird. Diese systematische Änderung scheint sich mittlerweile allgemein durchgesetzt zu haben.

Beschreibung: Die Grundfärbung ist grün. Scheitel und Hinterkopf sind dunkelbraun, jede Feder grün gesäumt, die Stirn ist grün. Das seitliche Nackengefieder, der Nacken und der Hals sind graubraun, auf der Oberbrust in Grün übergehend, wobei jede Feder sehr schmal und weißlich bis bräunlich weiß und auf der Unterbrust hell rotbräunlich gesäumt ist. Die Handdecken, die Daumenfittiche, der Flügelsaum und einige Federn des Flügelbugs sind leuchtend rot. Die blauen Handschwingen haben an den Außenfahnen einen schmalen grünen Saum. Die Schwanzoberseite ist braunrot mit grüner Basis, die Unterseite schwärzlich grau. Die nackten Augenringe sind grau, die Iriden dunkelbraun, die Füße grau, und der Schnabel ist grau

Jungvögel: Junge Pazifik-Schwarzschwanzsittiche ähneln den Altvögeln, aber die Handdecken und Daumenfittiche sind noch grün bzw. mit grünen Federn durchsetzt. Die nackten Augenringe sind hellgrau, die Iriden schwärzlich, und der Schnabel ist deutlich heller im Grauton.

Pazifik-Schwarzschwanzsittich (*Pyrrhura pacifica*)

Größe: 25 cm (Flügellänge: 128,3 mm [124 - 136 mm])

Verbreitung: Die Art bewohnt die Tieflandgebiete und Westhänge der Anden in Nordwest-Ekuador und Nariño, Südwest-Kolumbien.

Status: Die Art soll nach BirdLife (2021) selten sein, dennoch listet sie die Organisation als „least concern" (nicht gefährdet).

Lebensraum: Die Art bewohnt Nebel- und Tiefland-Feuchtwald in vorgebirgigen Zonen, deren Ränder sowie teilweise gerodete Gebiete und Sekundärvegetation im Allgemeinen zwischen 150 bis 500 m, manchmal auch bis 1.400 m Höhe (Collar et al. 2013).

Lebensweise: Über die Lebensweise dieser Art ist so gut wie nichts bekannt. Meyer de Schauensee (1964) vermerkt lediglich, dass der Pazifik-Schwarzschwanzsittich die Wälder der tropischen Zone in Südwest-Nariño (Kolumbien) bewohnt, und Forshaw (1973) berichtet nur, es sei der einzige *Pyrrhura*-Vertreter, der westlich der Anden in den Gebirgshängen der Pazifikküste lebe.

Pazifik-Schwarzschwanzsittiche *(P. pacifica) sind zwar keine Holzzerstörer, sollten aber trotzdem ein Angebot zum Nagen erhalten.*

Ich konnte die Art nur ein einziges Mal in Nariño, Kolumbien, sehen, als eine Gruppe von etwa zehn Vögeln laut schreiend ein Waldstück überflog.

Nach Angaben des World Parrot Trust (WPT) lassen die Sittiche während des Fliegens laute und raue *screeet-screeet-screeet*-Rufe hören. Die Art soll jahreszeitliche und unregelmäßige Wanderungen (vermutlich abhängig von der Nahrungsverfügbarkeit) im Nordwesten Ekuadors durchführen.

Die Ernährung gleicht der anderer Rotschwanzsitticharten und besteht aus Samen und Früchten (BirdLife 2021).

Weiterhin finden sich beim WPT die Informationen, dass die Gelegegröße vier bis fünf Eier betrage und die Brutzeit in die Monate April bis Juni falle.

Haltung: Vom Pazifik-Schwarzschwanzsittich liegen über das Verhalten in Menschenobhut lediglich Berichte von Low (1972) und Prante (1993) vor. Rosemary Low berichtet, dass sie im November 1968 drei Vögel in einer Sendung von Souancé-Schwarzschwanzsittichen entdeckte, die sie erwarb. Ein vierter Sittich machte zwar einen kranken Eindruck, wurde aber trotzdem gekauft, da er mit einem der beiden anderen verpaart zu sein schien. Allerdings starb dieses Tier nach 15 Monaten. Nach dem Kauf kamen die Pazifik-Schwarzschwanzsittiche in eine Gemeinschaftsvoliere zu anderen *Pyrrhura*-Arten, jedoch mussten zwei der Sittiche bald wieder herausgefangen werden, da sie für den Tod von zwei Blausteißsittichen (*Pyrrhura coerulescens*) verantwortlich waren. Bald darauf starb einer der Sittiche an einer Zungenverletzung. Die restlichen zwei Pazifik-Schwarzschwanzsittiche hielt Mrs. Low vom Herbst 1969 bis Juni 1970 in einer Außenvoliere.

Von den Züchtern konnte ich von Frau Spenkeling van Schaik einige Angaben über die Haltung dieser seltenen Art erhalten. Die Züchterin bekam ihre Vögel Ende 1982 als junge Importtiere. Sie wurden wegen des bevorstehenden Winters in einem Gewächshaus untergebracht, ein Kasten wurde ihnen noch nicht gereicht. Auffallend war, dass sich die Tiere durch ihr ruhiges Verhalten in der Eingewöhnungszeit deutlich von den *Pyrrhura-melanura*-Vertretern unterschieden.

Ich selbst besaß einen einzelnen Pazifik-Schwarzschwanzsittich, der sich als robust erwies und zusammen mit Souancé-Schwarzschwanzsittichen (*P. melanura souancei*) gehalten wurde, bis ich ihn zu Zuchtzwecken der zuvor erwähnten Frau Spenkelink van Schaik überließ. Insgesamt lässt sich sagen, dass Pazifik-Schwarzschwanzsittiche ruhige Vögel sind, die zumindest anfangs etwas scheu sind und nur langsam zutraulich werden. Die Partner halten eng zusammen und kraulen sich oft und ausgiebig. Ihr Nagebedürfnis ist gering. Sie baden gerne. Eine Gemeinschaftshaltung in großen Volieren ist auch während der Brutzeit möglich, allerdings nur unter Beobachtung, da brutwillige Paare aggressiv werden können.

Unterbringung und Fütterung: Pazifik-Schwarzschwanzsittiche sollten eine Voliere von wenigstens 3 × 1 × 2 m erhalten. Im Winter müssen sie frostfrei untergebracht werden, und ein dickwandiger Nist- bzw. Schlafkasten (20 × 20 × 70 cm) sollte ihnen ganzjährig zur Verfügung stehen.

In der Ernährung unterscheiden sie sich nicht von anderen *Pyrrhura*-Arten.

Zucht: Ein Teilerfolg bei der Zucht dieser Art liegt ebenfalls von R. Low vor. Ende Oktober 1970 fing ihr Paar an zu brüten. Das Weibchen legte vier Eier, aus denen zwei Junge schlüpften. Als die Züchterin im Dezember die Nisthöhle inspiziert, saß das Weibchen immer noch auf zwei unbefruchteten Eiern. Die aus den zwei anderen Eiern geschlüpften Jungen lebten nicht mehr, offensichtlich waren sie kurz nach dem Schlupf eingegangen. Im Februar 1971 bekam das Männchen eine Beinlähmung und starb kurz darauf. Das Weibchen war zusammen mit dem Männchen aus der Voliere entfernt worden und legte zwei Tage nach dessen Tod sogar noch ein Ei.

Eine erfolgreiche Zucht beschreibt Prante (1993). Er hielt das Zuchtpaar in einer Innenvoliere von 1,80 × 1,25 × 2,20 m (L × B × H), im Winter nicht unter 8 °C. Das Paar kam 1990 erstmals in Brutstimmung und interessierte sich ab Ende April für den 30 cm hohen Naturstamm (Innendurchmesser 18 cm, etwa 15 cm unterhalb der Volierendecke aufgehängt). Ab Mitte Mai hielt sich das Weibchen länger in ihm auf. Ab 20. Mai legte es jeden zweiten Tag ein Ei, insgesamt fünf, eines davon war unbefruchtet. Am 12. Juni schlüpfte nach 23 Tagen das erste von vier Küken. Die ersten Jungen wurden am 23. Juni beringt (Ringgröße 5,5 mm). Im Alter von etwa sieben Wochen flogen die Jungen aus, nach weiteren zwei bis drei Wochen waren sie selbstständig. Die hellen Oberschnäbel färbten erst im Alter von fünf bis sechs Monaten in die dunklere Farbe der Altvögel um. Auffallend war,

Pazifik-Schwarzschwanzsittich *(P. pacifica) am Nistkasten; die Loro Parque Fundacion züchtet diese Art regelmäßig.*

dass die Augenringe der Alttiere während der Brutzeit fast schwarz waren und nach dem Ausfliegen der Jungtiere wieder etwas heller wurden.

Die Zucht gelingt noch nicht regelmäßig. Der Brutbeginn kann das ganze Jahr über sein, die Gelegegröße beträgt vier bis fünf Eier (oft sind ein oder zwei Eier unbefruchtet), die Brutdauer 23, die Nestlingszeit 50 Tage. Zwei Bruten pro Jahr sind möglich. Die Brut ist auch in Gemeinschaftshaltung möglich, aber nicht ratsam.

Allgemeines: Es ist nicht bekannt, ob die Art früher, außer nach Deutschland und England, auch noch in andere europäischen Ländern gelangte. Wie mir Toni Silva mitteilte, sollen drei Pazifik-Schwarzschwanzsittiche in die USA gekommen sein. Die Art wird heute in kleinen Stückzahlen gezüchtet, allerdings ist es bereits schwierig, nicht miteinander verwandte Tiere zu erhalten.

Pyrrhura orcesi Ridgely & Robbins 1988

El-Oro-Sittich

Engl.: El Oro Conure

Beschreibung: Das Grundgefieder ist grün. Stirn, Zügel, Flügelrand, Flügelbug, Daumenfittiche und Handdecken sind rot. Auf dem Scheitel befinden sich hin und wieder einzelne rote Federn. Hals- und Oberbrustfedern sind unregelmäßig matt grau gesäumt, auf Nackenseiten stärker ausgeprägt. Auf dem Bauch (meistens auf den Seiten) befindet sich ein von Vogel zu Vogel variierender Anflug von Rotbraun, der bei einigen ganz fehlt. Die Außenfahnen der Hand- und äußeren Armschwingen sind blauviolett, jede Feder mit schmalem grünen Saum. Der Schwanz ist oberseits rotbraun, zur Basis hin grün, unterseits schmutzig grau, auf den Innenfahnen mit Dunkelbraunrot verwaschen. Die nackten Augenringe sind hell rosafarben, die Iriden dunkelbraun, die Füße grau, und der Schnabel ist graubraun hornfarben.

Weibchen: Bei den Weibchen ist die rote Stirn durchschnittlich schmaler, und die Zügel sind meist grün.

Jungvögel: Junge sind wie Alttiere gefärbt, jedoch mit weniger Rot auf Stirn und Flügelbug. Der Bauch hat keinen roten Anflug. Der Schnabel ist hornfarben, die Augenringe sind weißlich und die Iriden schwarz.

Größe: 23 cm (Flügellänge: 119,2 mm [114 - 128 mm])

Verbreitung: Die Art bewohnt die Anden-Westhänge Südwest-Ekuadors in den Provinzen El Oro und Azuay.

Status: Die Art ist lediglich von wenigen Orten (z.B. Buenaventura Reserve, Ñalacapac, Palo Solo, Paccha) bekannt. BirdLife (2021) listet sie als endangered (stark gefährdet).

El-Oro-Sittiche (*Pyrrhura orcesi*)

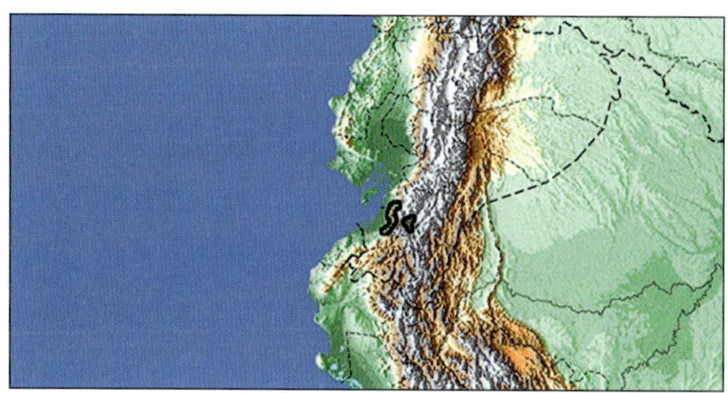

Lebensraum: Die Art bewohnt sehr feuchte Tropenwälder zwischen 800 und 1.300 m Höhe, gelegentlich tiefer oder höher (300 bzw. 1.800 m).

Lebensweise: Man sieht El-Oro-Sittiche meist paarweise oder in Gruppen bis zu neun Vögeln. Von Dezember bis März sammeln sie sich in Gebieten mit mehr Nahrungsangebot. Die Ernährung umfasst Samen, Früchte (Feigen, *Heliocarpus-popayanensis-* und *Hieronyma*-Früchte), Beeren und Blüten. Die Gruppen halten sich bevorzugt in den Baumwipfeln auf oder werden zwischen den Bäumen fliegend gesehen. Der schnelle, gerade Flug wird von hohen rauen Kontaktschreien begleitet. Ab Ende November werden Kopulationen beobachtet. Es wird im Helfersystem genistet (auch in künstlichen Nistkästen), wobei dies schon beim Bebrüten (im Schnitt 31 Tage pro Gelege) beginnt. Drei bis vier Alttieren füttern die Jungen über drei Wochen lang mehrmals täglich (mitunter mit Insekten). Dann wird nur noch zweimal täglich gefüttert. Nach 56 Tagen nehmen die Fütterungen deutlich ab und die Gruppe animiert 25 bis 30 m vom Nest entfernt die Jungen durch Rufen, das Nest zu verlassen. Nach dem Ausfliegen betteln diese noch zwei Wochen um Futter (López Lanús & Lowen 1999, Naranjo Saltos 2007, Waugh 2008, Schaefer 2015).

Haltung und Zucht: Zurzeit gibt es vermutlich keine Haltung (oder Zucht) außerhalb Ekuadors.

Pyrrhura calliptera (Massena & Souancé 1854)

Prachtflügelsittich

Engl.: Brown-breasted Conure

Beschreibung: Das Grundgefieder ist grün. Stirn, Scheitel, Hinterkopf und Nacken sind schmutzig braun, jede Feder mattblau und grünlich gesäumt. Die Ohrdecken sind rotbraun. Die seitlichen Nackenbereiche sind schmutzig braun, jede Feder mit weißlichem Saum. Der Hals und die Oberbrust sind aschbräunlich rot mit etwas hellerer Säumung. Der Bauch ist variabel dunkelrot gezeichnet. Der Flügelsaum und die Handdecken, oft auch der Flügelbug, sind gelb bis orangefarben, bei einigen Vögeln sogar rot. Die Handschwingen sind an den Außenfahnen grünblau. Der Schwanz ist oberseits braunrot, unterseits dunkelbraunrot. Die nackten Augenringe sind weißlich, die Iriden braun, die Füße fleischfarben grau, und der Schnabel ist hornfarben.

Jungvögel: Junge sind wie Alttiere gefärbt, haben jedoch ein matteres Gefieder. Auf den Flügelsäumen ist bei einigen Vögeln kein oder nur wenig Gelb, und die Handdecken sind grün. Die Iriden sind schwärzlich.

Größe: 25 cm (Flügellänge: 142,0 mm [134 - 156 mm])

Verbreitung: Die Art bewohnt die Anden Zentral-Kolumbiens in den Departementos de Meta, Cundinamarca, Boyacá und vielleicht Norte de Santander.

Status: Die Art kommt aufgrund fortschreitender Waldrodungen nur noch in kleinen Populationen in wenigen übrig gebliebenen Waldinseln vor, ist dort aber noch verhältnismäßig häufig. BirdLife (2021) listet sie deshalb als „vulnerable“ (gefährdet).

Prachtflügelsittich (*Pyrrhura calliptera*)

Lebensraum: Die Art nutzt die Wälder, Waldränder und angrenzende Rodungsgebiete in der feuchten oberen subtropischen und in der gemäßigten Zone zwischen 1.850 und 3.400 m, ist aber auch in Elfen- und Sekundärwald sowie in angrenzenden Gebieten von Páramo, Subpáramo und auf landwirtschaftlichen Flächen zwischen 3.000 und 3.400 m zu finden.

Lebensweise: Nach Chapman (1917) kam dieser Sittich Anfang des letzten Jahrhunderts in der subtropischen Zone der Ost-Anden noch sehr häufig vor. Hauptsächlich fand man ihn in den Wäldern des Verbreitungsgebietes (Meyer de Schauensee, 1964), wobei er auf beiden Hangseiten der Ost-Anden anzutreffen war (Meyer de Schauensee, 1966). Olrog (1968) vermerkt noch, der Sittich sei durch seine brillante Färbung gut zu bemerken. Nach diesem Autor besucht er auch gern zur Nahrungsaufnahme die höher gelegenen Wälder.

Dem zuvor Geschriebenen widerspricht allerdings Olivares (1969) zumindest für das Departemento de Cundinamarca. Hier soll der Sittich in den Ödländern der kalten Paramo-Region vorkommen. Im Gegensatz zu Chapman fand ihn Olivares aber nur sehr selten.

Die zwei Prachtflügelsittiche *(Pyrrhura calliptera) in der Auffangstation der Fundación Bioparque.*

Ein junger Prachtflügelsittiche *(Pyrrhura calliptera) mit noch matten Gefiederfarben und dunklen Iriden.*

Ihm begegnete lediglich in Paramo de Guasca ein Weibchen, das mit vier anderen Vogelarten bei Einheimischen gehalten wurde.

Nach Ridgely (1980) ist diese Art ein Bewohner der Wälder und deren Ränder, der nur mitunter auch in den sich anschließenden offenen Gebieten fliegend oder beim Fressen beobachtet werden kann. An der oberen vertikalen Grenze seines Verbreitungsraumes erscheint er regelmäßig und häufig in ziemlich kleinen Waldflecken und selbst in neuentstandener Sekundärvegetation. Ridgely vermutet, dass der Prachtflügelsittich lediglich unregelmäßig oder jahreszeitlich bedingt die kalte Paramo-Region bewohnt, die von Olivares als typischer Lebensraum bezeichnet wurde.

Der Sittich ist überall dort noch verhältnismäßig häufig, wo ihm geeigneter Waldlebensraum zur Verfügung steht. Mit Ausnahme von Restwaldflecken, die noch viele Sittiche beheimateten, konnte Munves (1975) die Art nie in der Umgebung von Bogotá entdecken.

Die Nahrung besteht hauptsächlich aus fleischigen und trockenen Früchten (*Cecropia*, *Clusia* spp., *Ficus* sp., *Brunellia colombiana*), Beeren (Blaubeeren, Brombeeren), Blüten, Samen (*Espeletia uribeii*) und kultiviertem Mais. Die größten Schwärme wurden jedoch in offenen Gebieten beobachtet, in denen sich die Sittiche von Grasblättern und Samen ernährten (Cortés-Herrera et al. 2007, Botero-Delgadillo & Páez 2011). Offensichtlich unternehmen die Sittiche jahreszeitlich Wanderungen zwischen den Höhenlagen, um bestimmte Nahrungsquellen zu erreichen, wobei diese Wanderungen aber wahrscheinlich nur über kurze Entfernungen unternommen werden (Botero-Delgadillo & Páez 2011).

***Bei den Prachtflügelsittichen** (P. calliptera) setzt die Fundación ProAves künstliche Nistkästen zur Bestandsstärkung ein.*

Sittiche in Brutkondition wurden in Cundinamarca in Fusagasuga, Farallon de Medina und Soata zwischen August und Oktober und zwischen November und Januar (Cortés-Herrera et al. 2007) sowie im Chingaza-Nationalpark von September bis Februar (Arenas-Mosquera 2011) gefangen. Bruthöhlen befinden sich in 10 bis 20 m hohen Bäumen. Die Fundación ProAves führt derzeit ein Überwachungsprogramm durch.

Haltung: H. Jacobson teilte mit, dass die Art Ende der 70er-Jahre des vorigen Jahrhunderts nach Dänemark importiert worden sein könnte, und Tony Silva berichtete, dass 1979 ca. 25 Tiere in die USA gelangten. Über den Verbleib dieser Sittiche ist nichts bekannt.

René Wüst (mündl. Mitteilung 2020) konnte zwei Männchen in der Auffangstation der Fundación Bioparque bei Bogotá begutachten. Es waren ruhige, jedoch verängstigte Tiere. Nach Aussage der Pfleger waren sie bei der Aufnahme des Futters nicht wählerisch, sondern fraßen alles, was ihnen angeboten wurde. Sie badeten gerne und benagten mit Vorliebe frische Zweige. Nur gelegentlich wurden sie laut, insbesondere in den Morgen- und Abendstunden.

Derzeit gibt es vermutlich keine Haltung außerhalb Kolumbiens, aber auch dort werden sie nur äußerst selten gepflegt.

Unterbringung: Falls die Art je nach Europa oder Nordamerika gelangen sollte, dürfte die Unterbringung in einem Schutzhaus von 2 × 1 × 2 m (H × B × T) mit sich anschließender Außenvoliere von 4 × 1 × 2 m angemessen sein. Im Winter sollten die Vögel das erste Jahr nicht unter 10 °C gehalten werden, später sind 5 °C wahrscheinlich ausreichend. Ein dickwandiger Schlaf- bzw. Nistkasten (25 × 25 × 70 cm) muss ganzjährig angeboten werden.

Zucht: Eine Zucht der Sittiche ist nicht bekannt.

Pyrrhura hoematotis (Souancé)

Blutohr-Rotschwanzsittich

Engl.: Red-eared Conure

Zwei Unterarten:

1. *Pyrrhura h. hoematotis* (Souancé 1857) Blutohr-Rotschwanzsittich

Engl.: Red-eared Conure

Beschreibung: Das Grundgefieder ist grün. Stirn und Scheitel sind braun, jede Feder mattblau gesäumt. Die Hinterkopf- und Nackenfedern sind olivgrün mit einer variablen mattbräunlich gelben Säumung. Die Ohrdecken sind rotbraun, der seitliche Nackenbereich braungrau, jede Feder mit einer bräunlich weißen Säumung. Die Hals- und Oberbrustfedern sind olivgrünlich mit schmutzig grauen Säumen. Der Bauch ist variabel dunkelrot gezeichnet. Die Flügelsäume und Unterschwanzdecken sind grünblau, die Handdecken und Außenfahnen der Handschwingen blau. Der Schwanz ist oberseits braunrot mit einer olivgrünen Spitze, unterseits dunkelbraunrot. Die nackten Augenringe sind dunkelgrau, die Iriden braun, die Füße bräunlich grau, und der Schnabel ist grauhornfarben.

Jungvögel: Junge Blutohr-Rotschwanzsittiche sind wie Alttiere gefärbt, haben jedoch ein matteres Gefieder. Die Handdecken sind grün, die nackten Augenringe weißlich, die Iriden grauschwärzlich, und der Schnabel ist hornfarben.

Größe: 25 cm (Flügellänge: 129,9 mm [121 - 133 mm])

Blutohr-Rotschwanzsittiche *(Pyrrhura h. hoematotis)*

Verbreitung: Die Art bewohnt in Nord-Venezuela die nördlichen Kordilleren entlang der Küste vom Nordosten des Bundesstaates Carabobo über Aragua und den Hauptstadtdistrikt bis nach Miranda.

2. *Pyrrhura h. immarginata* Zimmer & Phelps 1933 Cubiro-Rotschwanzsittich

Engl.: Cubiro Red-eared Conure

Beschreibung: Diese Unterart ist wie *hoematotis* gefärbt, aber die seitlichen Nackenfedern haben keine Säumung und der braungelbe Anflug auf Hinterkopf und Nacken fehlt. Die Brustfedern haben eine leicht hellere Säumung, aber diese ist ohne schmutzig grauem Anflug. Die Unterart ist geringfügig größer.

Jungvögel: Junge Cubiro-Rotschwanzsittich haben dieselben Unterschiede zu den Altvögeln wie unter der Nominatform beschrieben.

Größe: 25 cm (Flügellänge: 136,7 mm [135 - 138 mm])

Ein vier Monate alter Blutohr-Rotschwanzsittich *(P. h. hoematotis) mit mattem Gefieder in der LPF-Zuchtstation.*

Cubiro-Rotschwanzsittich *(P. h. immarginata) – dieser Unterart fehlt die Säumung auf dem seitlichen Nackengefieder.*

Verbreitung: Das Verbreitungsgebiet dieser Unterart erstreckt sich im Süden des venezolanischen Bundesstaates Lara von Cabudare südwestwärts über Cubiro bis etwa in Höhe der Stadt El Tocuyo.

Status: Die Art ist im Freiland noch verhältnismäßig häufig anzutreffen. BirdLife (2021) listet sie deshalb als „least concern“ (nicht gefährdet).

Lebensraum: Der Blutohr-Rotschwanzsittich bewohnt die Wälder der subtropischen Zone (Phelps und Phelps 1958), ist aber auch in Nebelwäldern, in Waldlichtungen und in offenem Gelände, das mit niedrigen, verstreut stehenden Bäumen bewachsen ist, zwischen 1.200 und 2.000 m Höhe zu finden (Meyer de Schauensee 1978). Juniper und Parr (1998) geben 1.000 bis 2.000 m als bevorzugte Höhenlage an, die Art wurde jedoch auch in tieferen (600 m) bzw. höheren Lagen (2.400 m) gesichtet.

Lebensweise: Meyer de Schauensee (1978) schreibt, dass man die Blutohr-Rotschwanzsittiche in ihren bevorzugten Höhenlagen in Schwärme von zehn bis 100 Tieren, die sich meist in den Baumwipfeln aufhalten, finden kann.

Schäfer und Phelps (1954) berichten ebenfalls, der Blutohr-Rotschwanzsittich sei ein charakteristischer Vogel der Bergwälder, der hauptsächlich in den Südhängen, ab einer Höhe von 1.600 m an aufwärts bis in die höchsten Gebirgsspitzen, anzutreffen ist. Er besuche aber auch die höher gelegenen Savannenwaldgebiete der gemäßigten Zone und sogar gelegentlich die subtropischen Nebelwälder, aus denen er durch den Venezuela-Sittich (*Psittacara wagleri transilis*) verdrängt wurde. Im Rancho Grande-Reservat ist der Sittich in der Zeit von Dezember bis März und im Juli sehr häufig. Hier kann man oft große Schwärme in den Baumkronen beobachten.

Nach Ridgely (1980) ist die Art über den größten Teil ihres Verbreitungsgebietes häufig anzutreffen. Innerhalb des großen und gut geschützten Henri-Pittier-Nationalparkes ist sie äußerst zahlreich.

Nach Schäfer und Phelps (1954) ist der Blutohr-Rotschwanzsittich ein sehr beweglicher Vogel. Wenn er in den Baumwipfeln frisst, klettern die einzelnen Tiere ständig im Laubwerk herum, um an die Früchte zu kommen. Oft hängen sie dann kopfunter oder sie strecken sich in ihrer gesamten Länge aus, um eine Blüte oder Frucht zu erreichen. Besonders auffallend ist während des Fliegens ihr braunroter Schwanz.

Um die Nahrungsgebiete zu erreichen, unternehmen die Blutohr-Rotschwanzsittiche tägliche Flüge von ihren Schlafplätzen aus in tiefere Lagen. Solche Flugrouten ändern sich je nach Nahrungsverfügbarkeit. Normalerweise beobachtet man Gruppengrößen zwischen drei und zwölf, sehr selten Schwärme von bis zu 100 Sittichen (Juniper & Parr 1998).

Die Nahrung besteht aus Sämereien, Früchten (Guaven), Nüssen und Beeren. Beebe (1947), der den Magen eines im Rancho-Grande-Nationalpark (der Nationalpark wurde 1953 nach Henri Pittier umbenannt) gesammelten Exemplars untersuchte, fand darin eine rötliche Frucht.

Über das Brutverhalten ist nicht viel bekannt. Lediglich Schäfer und Phelps (1954) berichteten, dass sie im Rancho-Grande-Nationalpark im August brüteten.

Haltung: Die Art war bis vor kurzem außerhalb Venezuelas in Menschenobhut unbekannt. Brockner (1999) veröffentlichte allerdings bereits die Zuchtergebnisse eines venezolanischen Papageienhalters mit dessen Blutohr-Rotschwanzsittich-Paar.

Die Loro Parque Fundación erhielt im August 2019 mehrere zwei- bis dreijährige Blutohr-Rotschwanzsittiche von einem venezolanischen Züchter (Weinzettl et al. 2021). Die Vögel mussten erst eine Quarantäne und mehrere medizinischen Tests (Untersuchungen auf Borna-, Herpes-, Adeno-, Circo- und Polyomavirus sowie auf Chlamydien) durchlaufen, obwohl bereits in Venezuela eine Parasiten- und Viruskontrolle durchgeführt worden war. Zusätzlich wurden der allgemeine Gesundheitszustand und die Entwicklung der Gonaden untersucht. Nachdem sie alle Tests bestanden hatten, kamen die Sittiche in das Zuchtzentrum der Loro Parque Fundación. Sie zeigten sich als sehr robust und hatten keinerlei Probleme mit dem Klima-, Ernährungs- oder Haltungswechsel.

Zur Beschäftigung diente neben der Vegetation an den Käfigseiten auch eine Berieselungsanlage (die gerne angenommen wurde) sowie Kiefernzweige und morsche Holzstücke zum Benagen oder Blüten und Grünpflanzen (Salat, Löwenzahn, Luzerne, halbreife Saaten), die zwei- bis dreimal pro Woche gereicht wurden.

Im Verhalten unterschieden sich die Blutohr-Rotschwanzsittiche nicht wesentlich von anderen Arten der Gattung *Pyrrhura*, obwohl sie unruhiger sind und selten auf einer Stange ruhig sitzen bleiben.

Unterbringung: Die ideale Unterbringung für Blutohr-Rotschwanzsittiche ist sicherlich ein Schutzhaus von 2 × 1 × 2 m (H × B × T) mit sich anschließender Außenvoliere von 4 × 1 × 2 m. Im Winter sollten die Vögel das erste Jahr nicht unter 10 °C gehalten werden, später sind 5 °C ausreichend.

In der Loro Parque Fundación mit dem sehr milden Klima auf Teneriffa werden die Sittiche paarweise in Hängekäfigen gehalten, die sich 1,20 m über dem Boden befinden und 3 × 1 × 1 m (L × B × H) groß sind. Feste Sitzstangen und bewegliche Schaukeln werden so angebracht, dass den Sittichen das Fliegen von einer Stange zur anderen ermöglicht wird.

***Das Zuchtpaar Blutohr-Rotschwanzsittiche** (P. h. hoematotis) mit seinen vier Jungen.*

***Die vier jungen Blutohr-Rotschwanzsittiche** (P. h. hoematotis) bei einer Nistkastenkontrolle.*

Zum Übernachten bzw. Brüten erhalten die Paare Holznistkästen (20 × 20 × 50 cm) im Hochformat mit einem kleinen rechteckigen Tunnel vor dem Schlupfloch. Als Nistmaterial dienen Holzspäne; der Nistkasten wird mit ihnen bis zu 10 cm aufgefüllt.

Zucht: Die klimatischen Bedingungen auf Teneriffa unterscheiden sich von denen in Venezuela, wo die Blutohr-Rotschwanzsittich normalerweise im August brüten. Die Zucht wurde deshalb vorbereitet. Wie andere *Pyrrhura*-Arten auch erhielten sie zunächst ein „Erhaltungsfutter". Zur Brutzeit bekamen sie dann morgens eine Kochfutter- und Früchte-Mischung sowie pro Paar 5 g einer trockenen Samenmischung für australische Sittiche (Firma Versele Laga), die mehr fettreiche Saaten enthält. Nachmittags erhielten sie Apfelstücke sowie Löwenzahn oder Luzerne, außerdem pro Paar 20 g einer Großsittich-Saatenmischung, die energie- und fetthaltig ist.

Eines der Paare begann im frühen Frühjahr sich auch tagsüber im Nistkasten aufzuhalten. Anfang März wurden sechs befruchtete Eier in einem Intervall von zwei Tagen gelegt. Das Weibchen brütete fest, und die Brutdauer betrug genau 23 Tage pro Ei. Nachdem die ersten vier Jungen geschlüpft waren, wurden die letzten zwei Eier vorsichtshalber einem erprobten Zuchtpaar Blausteißsittiche (*Pyrrhura coerulescens*) untergelegt. Nur aus einem der Eier schlüpfte ein Junges, das aber problemlos von den Ammeneltern aufgezogen wurde.

Die Blutohr-Rotschwanzsittich-Eltern blieben den größten Teil des Tages im Nistkasten und kümmerten sich um die Küken. In dieser Entwicklungsphase wurden verstärkt Maiskolben verfüttert, was den Eltern bei der Aufzucht der Jungen helfen sollte. Die Nestlinge wurden nach zwei Wochen mit 6-mm-Ringen beringt und verließen das Nest im Alter von etwa 7 bis 8 Wochen. Nach ungefähr 90 Tagen waren alle Jungen selbstständig, und nach vier Monaten wurden sie von ihren Eltern getrennt. Eine Endoskopie erbrachte, dass es sich um drei Männchen und zwei Weibchen handelte.

Pyrrhura egregia (Sclater)

Demerarasittich

Engl.: Demerara Conure

Zwei Unterarten:

Vorbemerkungen zu den Unterarten: Ich haben die Gelegenheit gehabt, in der Colección Ornitológica Phelps, Caracas, die Typen- und weitere Exemplare von *obscura* mit der Nominatform zu vergleichen. Tatsächlich ist ein gewisser Unterschied im Grünton vorhanden, dieser ist aber so gering, dass die Berechtigung dieser Subspezies angezweifelt werden muss. Ohne direkten Vergleich beider Taxa ist es nicht möglich, die Unterart zu bestimmen.

1. *Pyrrhura e. egregia* (Sclater 1881) Demerarasittich

Engl.: Demerara Conure

Beschreibung: Das Grundgefieder ist grün. Ein schmaler Stirnstreifen am Schnabelansatz und die Zügel sind schwarzbraun, die restliche Stirn ist matt dunkelbraun. Scheitel-, Hinterkopf- und Nackenfedern sind matt dunkelbraun mit grüner Säumung. Die Ohrdecken sind variabel rotbraun gezeichnet. Die seitlichen Nackenbereiche, die Hals- und Oberbrustfedern sind grün mit schmaler weißlich grauer Säumung und sehr schmalem schmutzig grauen Rand. Der Bauch ist variabel dunkelrot gezeichnet. Die Flügelbuge, die Flügelsäume sowie die Unterflügeldecken und bei manchen Vögeln vereinzelte Federn auf der Unterbrust sind orangefarben und mit Hellrot verwaschen. Die Handdecken und die Außenfahnen der Handschwingen sind blau. Der Schwanz ist oberseits dunkelbraunrot mit grüner Basis, unterseits grau. Die nackten Augenringe sind weißlich, die

Iriden dunkelbraun, die Füße bräunlich grau, und der Schnabel ist hornfarben.

Jungvögel: Junge Demerarasittiche sind wie Alttiere gefärbt, haben jedoch ein matteres Gefieder, nur wenige rotbraune Federn auf den Ohrdecken und schmalere Brustsäume.

Größe: 24 cm (Flügellänge: 131,2 mm [125 - 139 mm])

Verbreitung: Die Nominatform kommt in West-Guyana und das sich anschließende Südost-Venezuela in der Umgebung der Tafelberge Cerro Roraima und Cerro Arabopó vor.

2. *Pyrrhura e. obscura* Zimmer & Phelps 1946 Gran-Sabana-Sittich

Engl.: Gran Sabana Conure

Beschreibung: Diese Unterart ist wie *egregia* gefärbt, insgesamt aber mit etwas dunklerem Grün, insbesondere auf Hinterkopf, Nacken, Rücken und

Flügeln. Flügelbuge, Flügelsäume und Unterflügeldecken sind wie bei der Nominatform orangefarben und mit Hellrot verwaschen und nicht dunkler. Gran-Sabana-Sittiche sind durchschnittlich etwas kleiner.

Jungvögel: Junge Gran-Sabana-Sittiche haben dieselben Unterschiede zu den Altvögeln wie unter *egregia* beschrieben.

Größe: 23,5 cm (Flügellänge: 127,7 mm [122 - 131 mm])

Verbreitung: Diese Unterart bewohnt den äußersten Südosten Venezuelas im Gran-Sabana-Gebiet, Provinz Bolivar, sowie das äußerste Nordost-Cerro-Roraima-Gebiet in Brasilien.

Status: Die Art ist zwar nur örtlich häufig, BirdLife (2021) listet sie aber als „least concern" (nicht gefährdet).

Lebensraum: Der Demerarasittich ist ein typischer Bewohner der Wälder um die Tafelberge in der Pantepui-Region. Neben den Wäldern in der oberen tropischen Zone findet man ihn auch in Nebelwäldern, an Waldrändern und in angrenzende Rodungsgebieten, in offenen Gebieten mit Baumbestand und in hoher Sekundärvegetation in der subtropischen Zone zwischen 700 und 1.800 m.

Lebensweise: Nach Snyder (1966) und Phelps und Phelps (1958) bewohnt die Art die Wälder West-Guyanas und des venezolanischen Teils ihres Verbreitungsgebietes in der tropischen und subtropischen Zone. Der Demerarasittich scheint allerdings nicht gerade ein häufig anzutreffender Vogel zu sein. Dies war wohl nicht immer so, denn Penard (1908) schreibt um die Jahrhundertwende, dass die Art sehr viel seltener geworden sei und kaum noch gesehen werde. Ihr

Gran-Sabana-Sittich *(P. egregia obscura); diese Unterart hat einen insgesamt dunkleren Grünton.*

Verhalten und ihre Lebensweise im Freiland soll der des Blaustirn-Rotschwanzsittiches (*Pyrrhura picta*) entsprechen.

Im Pantepui-Gebiet, ein isoliertes Plateaugebirge in Süd-Venezuela, ist dieser Sittich nach Mayr und Phelps (1967) ein charakteristischer Vogel. Dieselbe Meinung vertritt auch Ruschi (1979), für den der Demerarasittich ein typischer Vogel des Cerro-Roraima-Gebiets in Brasilien ist; er schreibt allerdings nicht, ob der Sittich hier häufig vorkommt. Chubb (1916) gibt für die Gebiete im Roraima-Gebirge die von den Sittichen bevorzugten Höhenlagen zwischen 1.050 und 1.200 m an.

Ein Gran-Sabana-Sittich *(P. e. obscura) nahe der Stadt Kavanayén.*

Lediglich Meyer de Schauensee (1978) gibt einige Hinweise über das Verhalten des Demerarasittichs. Nach ihm bewohnt der Sittich die Wälder auf den Hängen der Tepui-Berge in der Gran Sabana in den Höhenlagen zwischen 700 und 1800 m. Hier soll man ihn gewöhnlich paarweise, aber auch in kleinen Gruppen, antreffen. Bevorzugt finde man ihn in den hohen Baumwipfeln.

Mir selbst ist die Art nur einmal in einem Waldstück in einer Senke nahe Kavanayén in der Gran Sabana, Venezuela, begegnet. Ein einzelner Vogel saß dösend auf einem kleinen Baum am Rande eines einheimischen Gartens. Als ich mich zum Fotografieren näherte, flog er davon. Nach Aussage meines Führers war die Art in dem Waldgebiet relativ häufig, wurde meist aber nur in Kleingruppen bis sechs Vögeln gesehen.

Nach Juniper und Parr (1998) soll die Gruppengröße sieben bis 25 Vögel betragen und der Flug leicht wellenförmig und flach sein. Als Zusatzinformation geben die Autoren noch an, dass Indio-Dörfer im Juli und August besucht werden, weil dann die Guavenfrüchte reif sind. Die Brutzeit beginnt im März und April, Jungvögel werden im Mai und Juni gesehen.

Haltung: Ende der 80er Jahre des letzten Jahrhunderts wurden kleine Stückzahlen aus Guyana exportiert, die in den Folgejahren in Europa und Nordamerika erfolgreich brüteten. Es zeigte sich, dass Demerarasittiche lebhafte Vögel sind, die verhältnismäßig rasch zutraulich werden. Sie baden gerne oder lassen sich von einer Berieselungsanlage beregnen. Das Nagebedürfnis ist nicht stark ausgeprägt, dennoch sollte man ihnen regelmäßig frische Zweige anbieten. Ihre Stimme lassen sie nur bei Erregung hören. Eingewöhnt sind sie robust und wenig empfindlich. Außerhalb der Brutzeit können sie auch mit anderen *Pyrrhura*-Vertretern zusammen gehalten werden.

Unterbringung und Fütterung: Ideal ist ein Schutzraum von 1 × 1 × 2 m mit anschließender Außenvoliere von 3 × 1 × 2 m. Als Schlaf- und Nistkasten bietet sich ein dickwandiger Kasten von 22 × 22 × 70 cm an. Die Fütterung unterscheidet sich nicht von der anderer *Pyrrhura*-Vertreter.

Zucht: Die Nachzucht ist bereits mehrfach gelungen und nicht schwierig, solange man ein harmonierendes Paar hat. Zwangsverpaarte Vögel schreiten oft nicht zur Brut. Der Brutbeginn fällt meist in das Frühjahr, ist aber auch während des ganzen Jahres möglich. Das Normalgelege besteht aus vier oder fünf Eiern (selten sechs), die Brutdauer beträgt 23 und die Nestlingszeit 50 Tage. Die Jungen werden in der Regel problemlos aufgezogen, sollten aber nach dem Ausfliegen bald von den Eltern entfernt werden (wenn man keine Brut mit Helfern anstrebt), da mehrere Bruten im Jahr möglich sind.

Pyrrhura rhodocephala (Sclater & Salvin 1870)

Rotkopfsittich

Engl.: Rose-crowned Conure

Beschreibung: Die Grundfärbung ist grün. Stirn, Scheitel, Hinterkopf, Zügel und bei einigen Vögeln der Nacken sind hellrot. Der Hals und die Oberbrust haben einen bräunlichen Anflug. Die Ohrdecken sind dunkelbraunrot. Auf dem Bauch befindet sich ein von Vogel zu Vogel unterschiedlich ausgeprägter Anflug von Rotbraun. Die Flügelsäume sind gelblichgrün, die Handdecken (bei vielen Vögeln auch die Daumenfittiche) weiß und die Handschwingen blauviolett. Die Schwanzoberseite ist rotbraun, die Unterseite matt schmutzig rotbraun. Die nackten Augenringe sind weißlich, die Iriden dunkel graubraun, die Füße grau, und der Schnabel ist hornfarben.

Jungvögel: Junge Rotkopfsittiche sind wie Alttiere gefärbt, haben jedoch im Freiland eine nahezu grüne Kopfplatte, während diese bei den meisten Jungen, die in Menschenhand gezüchtet werden, bereits vorhanden ist. Die Flügelsäume sind mit Blau durchsetzt. einzelne oder alle Handdecken sind noch nicht weiß, sondern bläulich, der Flügelbug kann rote oder gelbe Federn aufweisen. Der Schwanz ist an der Basis grün und der seitliche Schnabelbereich grau.

Größe: 24 cm (Flügellänge: 135,7 mm [130 - 142 mm])

Verbreitung: Rotkopfsittiche bewohnen die Anden in Venezuela vom Norden der Bundesstaaten Barinas und Mérida bis zum Norden des Bundesstaates Trujillo.

Status: Obwohl die Art nur noch örtlich häufig vorkommt (Hilty 2003) und unter dem Verlust von Habitat leidet (ihr natürlicher Lebensraum ist durch

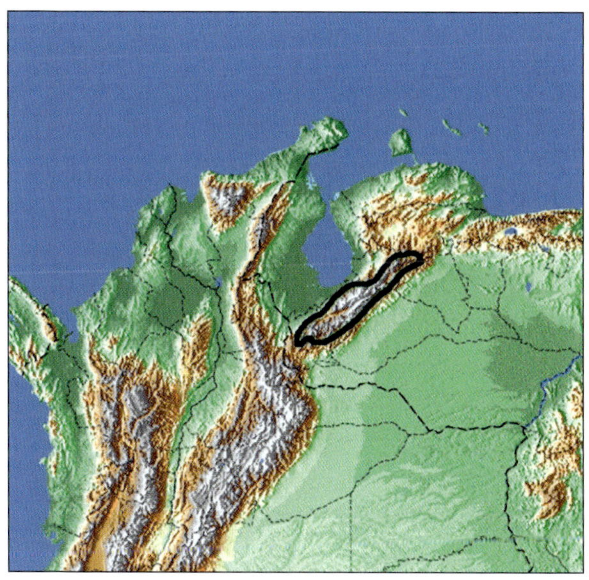

massive Entwaldung bedroht, da Land für den Anbau von Kaffeeplantagen gewonnen werden soll [Federal Register Vol. 45, No. 141]), listet BirdLife (2021) sie als „least concern" (nicht gefährdet).

Lebensraum: Rotkopfsittiche bewohnen Bergwälder, vor allem deren Ränder, teilweise bewaldete Gebiete und Sekundärvegetation in der subtropischen Zone zwischen 800 und 3.050 m Höhe. Nach Meyer de Schauensee und Phelps (1978) kommt die Art auch in Páramo-Vegetation vor, und Juniper und Parr (1998) geben zusätzlich noch die Elfenwälder als Lebensraum an.

Lebensweise: Viel ist über das Verhalten dieses hübschen Sittichs in freier Natur nicht bekannt. Nach Phelps und Phelps (1958) bewohnt er die venezolanischen Ausläufer der Anden in den Wäldern der subtropischen Zone. Olrog (1968) bestätigt dies und vermerkt zusätzlich, dass der Rotkopfsittich durch seine typische Färbung in Freiheit leicht zu erkennen sei. Nach Meyer de Schauensee und Phelps (1978) bewohnt der Rotkopfsittich in der subtropischen Zone die Nebelwälder und die Paramo-Region in den Höhenlagen von 800 bis 3.050 m.

Ein junger Rotkopfsittich *(P. rhodocephala) nach dem Ausfliegen.*

Ein Gruppe Rotkopfsittiche *(P. rhodocephala) hat sich im Nebel auf einem kleinen Strauch zum Fressen niedergelassen.*

Juniper und Parr (1998) vermerken, dass sich die Rotkopfsittiche bevorzugt in den Höhenlagen zwischen 1.500 und 2.500 m aufhalten und in der Regel außerhalb der Brutzeit in Gruppen von zehn bis 30 Vögeln beobachtet werden. Unwahrscheinlich ist allerdings die Bemerkung, dass auf Schlafbäumen große Ansammlungen von Rotkopfsittichen gefunden werden könnten, da nicht zu erwarten ist, dass sich diese Art anders verhält als die anderen Gattungsvertreter und die Nacht nicht in Gruppen in Schlafhöhlen verbringt.

Nach Fjelså und Krabbe (1990) sind die Sittiche standorttreu, unternehmen aber tägliche, ausgedehnte Wanderungen zu Nahrungsgebieten.

Rotkopfsittich *(P. rhodocephala)*

Ich selbst habe die Rotkopfsittiche in den 1980er Jahren im Freiland im Bundesstaat Mérida nur ein einziges Mal in den Bergen nahe der Stadt Mérida in ca. 1.900 m Höhe gesehen. Gerade als ich eine Arbeiterunterkunft am Rande eines Nebelwaldes verlassen hatte, in der ich mich nach den Sittichen erkundigt und als Auskunft bekommen hatte, die Art sei in dieser Gegend unbekannt, flog eine Gruppe von sechs Vögeln laut schreiend und im rasanten Flug nur wenige Meter über mich hinweg. Ich fand die Sittiche rund 200 m unterhalb des Arbeiterhauses in einem Busch beim Fressen kleiner Früchte wieder. Sie waren absolut leise und ließen sich auch nicht stören, als ich mich ihnen auf etwa 10 m Entfernung zum Fotografieren näherte. Gute Aufnahmen zu machen war allerdings nahezu unmöglich, da der Busch von dichten Nebelschwaden umgeben war, die nur zeitweise eine Sicht auf die Sittiche zuließen. Nach etwa zwei

Rechts ein Rotkopfsittich-Paar *(P. rhodocephala) mit zwei seiner vor wenigen Tagen ausgeflogenen Jungen (links).*

Minuten flogen die Sittiche auf und verschwanden im Nebel, weil ich mich ihnen zu sehr genähert hatte. Ihr Flug war schnell, gerade und lärmend, die Rufe waren jedoch nicht so laut wie die der meisten anderen *Pyrrhura*-Vertreter.

Über das Nahrungsverhalten gibt es keine Informationen, vermutlich fressen die Rotkopfsittiche aber Früchte, Beeren, Sämereien und Blüten wie die anderen Gattungsvertreter. Über das Brutverhalten gibt es ledig Angaben von Juniper und Parr (1998), dass die Brutzeit vermutlich im Mai und Juni beginne.

Haltung: Über die Haltung gibt es nur wenige Veröffentlichungen (Brockner 1998 und 2002, Low 2020). Die Sittiche kamen in den 1990er Jahren in kleinen Stückzahlen nach Europa und Nordamerika, wo sie schnell brüteten und bis heute einen festen Bestandteil in der Haltung von *Pyrrhura*-Arten bilden.

Es sind lebhafte Sittiche mit nicht allzu lauter Stimme, die bald zutraulich werden, wenn sich der Halter mit ihnen beschäftigt. Üblicherweise halten die Rotkopfsittich-Paare eng zusammen und unternehmen alles gemeinsam.

Low (2020) stellte aber bei dem Paar, das sie als Jungvögel erworben hatte, fest, dass die beiden die ersten Jahre immer auf Distanz zueinander blieben und auch die Bruten nicht gut klappten. Der Grund lag vermutlich darin, dass sie unwissentlich Geschwistertiere erhalten hatte.

Rotkopfsittiche baden und nagen gerne. Eine flache Schüssel mit Wasser und frische Zweige (mit Blättern und Blüten) sind deshalb unerlässlich.

Unterbringung: Die ideale Unterbringung für Rotkopfsittiche ist eine Flugvoliere von wenigstens 3 × 1 × 2 m, an die sich ein Schutzraum anschließt, der im Winter eine Temperatur von 5 °C nicht unterschreiten sollte. Ganzjährig sollten die Sittiche einen dickwandigen Schlaf- bzw. Nistkasten (20 × 20 × 60 cm) erhalten.

Fütterung: Die Ernährung der Rotkopfsittiche unterscheidet sich nicht von der anderer *Pyrrhura*-Arten.

Zucht: Die Erstzucht des Rotkopfsittichs gelang in der Zuchtanlage „Canaima" in Venezuela (Brockner 1998). Der Verantwortliche, Dr. M. Benezera, hatte Anfang der 1990er Jahre 12 Sittiche erhalten und vier Paare in Volieren von 1,8 × 1 × 1,6 m untergebracht. Die Vögel erhielten Nistkästen von 25 × 25 × 35 cm (B × T × H). Der genaue Beginn ist nicht bekannt, aber alle vier Paare begannen relativ schnell mit dem Brüten. Die Eier wurden im zwei- bis dreitägigen Abstand gelegt und ab dem dritten Ei bebrütet. Das Durchschnittsgelege bestand aus vier Eiern, wobei einzelne Paare auch bis zu acht Eier legten. Die Brutzeit betrug 22 bis 24 Tage, die Nestlingszeit acht Wochen. In Cainama brüteten die Paare bis zu dreimal pro Jahr. Sie bewährten sich auch als Ammen, und zogen junge Emmas Weißohrsittiche (*P. emma*) und Blutohr-Rotschwanzsittiche (*P. hoematotis*) auf.

In den Folgejahren konnte Brockner (2002) mit Rotkopfsittichen selbst erfolgreich in Deutschland brüten. Weniger Glück hatte Low (2020) mit einem Paar, das sie im Oktober 2011 als Jungvögel erworben hatte. Im Frühjahr 2012 kamen die Vögel in eine Außenvoliere mit einem sich anschließendem kleinen Innenkäfig, in dem sich auch der Nistkasten befand. Am 30. Dezember legte das Weibchen das erste von fünf Eiern, bekam aber beim fünften Legenot, weil es das Männchen weder aus dem Kasten ließ, noch fütterte. Da kein Tierarzt erreichbar war, zerbrach Low das Ei im Legedarm, versorgte den Vogel vier Tage lang mit Baytril und Honig und setzte ihn unter eine Wärmelampe. Erst im Frühjahr 2014 brachte sie das Paar wieder zusammen, allerdings erhielt es bis Mai keinen Nistkasten. Der neue Kasten wurde sofort angenommen und drei Eier gelegt. Beim vierten Ei bekam das Weibchen erneut Legenot und musste wieder behandelt werden. Im Mai 2015 legte das Weibchen erneut fünf Eier in einen Nistkasten mit diesmal zwei Eingangslöchern. Allerdings war ein Ei unbefruchtet, bei drei Eiern waren die Embryonen abgestorben und das einzige Junge starb nach zwei Tagen. Bei der 2016er-Brut schlüpfte wieder nur ein Junges, das aber nach rund zwei Wochen verstarb. Erst Anfang Juni legte das Weibchen erneut sieben Eier, von denen das erste einem Paar Rotbauchsittichen (*P. perlata*) untergelegt wurde und die letzten zwei entfernt wurden. Aus keinem der Eier im Rotkopfsittich-Nistkasten schlüpften Junge, aber aus dem untergelegten Ei bei den Rotbauchsittichen. Dieses Junge wurde problemlos von den Ammeneltern aufgezogen.

***Der Rotkopfsittich-Nestling** (P. rhodocephala) mit den drei Rotbauchsittich-Jungen (P. perlata).*

Trotz R. Lows schlechten Erfahrungen mit ihren Vögeln gelingt heute die Zucht der Art regelmäßig und ist nicht schwierig. Während der Brutzeit sollte man das Paar allein halten, da sich Vögel in der Gruppenhaltung gegenseitig stören. Der Brutbeginn ist das ganze Jahr über möglich, erfolgt schwerpunktmäßig aber im Mai. Das Normalgelege besteht aus drei bis fünf Eiern. Die Brutdauer pro Ei beträgt 23, die Nestlingszeit 50 Tage. Zwei Bruten pro Jahr sind möglich, und Jungvögel sind bereits mit zwölf Monaten zuchtreif.

Mutationsformen: In den Niederlanden und Deutschland (Högner, schriftl. Mitteilung.) existieren die Mutationsformen D grün, DD grün und Misty.

Pyrrhura viridicata Todd 1913

Santa-Marta-Sittich

Engl.: Santa Marta Conure

Beschreibung: Das Grundgefieder der Art ist grün. Ein schmales Stirnband ist rot. Eine schmale Säumung der Federn von Nacken, Hals und Brust sowie die Ohrdecken sind violettbraun. Der Bauch ist variabel orangerot gezeichnet, die Flügelbuge, Flügelsäume und Unterflügeldecken sind gelb und mit Orangerot durchsetzt. Die Handdecken sind grünblau, die Handschwingenaußenfahnen blau. Oberseits ist der Schwanz grün, unterseits dunkelbraunrot. Die nackten Augenringe sind weißlich, die Iriden graubraun, die Füße grau, und der Schnabel ist hornfarben.

Jungvögel: Junge Santa-Marta-Sittiche sind wie Alttiere gefärbt, haben jedoch ein matteres Gefieder und nur wenige rote Federn auf dem Bauch und Kopf.

Größe: 25 cm (Flügellänge: 140,9 mm [137 - 146 mm])

Verbreitung: Die Art bewohnt die Sierra Nevada de Santa Marta in Nord-Kolumbien.

Status: Die Art ist selten und nur örtlich etwas häufiger. BirdLife (2021) listet sie aufgrund des kleinen Verbreitungsgebiets und des fortschreitenden Habitatsverlustes als „endangered" (stark gefährdet). BirdLife schätzt den derzeitigen Bestand auf 2.900 bis 4.800 Vögel.

Lebensraum: Die Art bewohnt Nebel- und Elfenwald sowie die kühlen angrenzenden offenen Gebiete an der Baumgrenze zwischen 1.800 und 3.200 m. Zur Nahrungsaufnahme werden auch Sekundärwalder sowie Solitärbäume auf Weideflächen aufgesucht.

Santa-Marta-Sittich (Pyrrhura viridicata)

Lebensweise: Der Santa-Marta-Sittich gehört mittlerweile zu den am besten erforschten Papageien Südamerikas. Dementsprechend gibt es zahlreiche Veröffentlichungen (z.B. Todd & Carriker 1922, Ridgely 1981, Hilty & Brown 1986, Salaman 1995, Snyder et al. 2000, Strewe & Navarro 2004, Strewe 2005, Wüst 2006, Botero-Delgadillo et al. 2010, Botero-Delgadillo & Páez 2011a, Botero-Delgadillo & Verhelst 2011a u. b, Strewe & Wüst 2012). Hinzu kommen meine Beobachtungen aus den Jahren 1990 und 2005. Zusammenfassung lässt sich sagen, dass die Sittiche meist paarweise oder in kleinen Verbänden bis 25 Vögeln gesehen werden. Werden sie aufgeschreckt, fliegen sie laut schreiend auf, kehren gelegentlich aber wieder zum ursprünglichen Baum zurück. Während der Mittags- und frühen Nachmittagsstunden rasten sie in den oberen Höhenlagen, nachmittags kehren sie zur Nahrungsaufnahme in tiefer liegende Gebiete zurück. Im Flug fallen die roten Unterflügeldecken auf. Der Flug ist sehr schnell, mit abrupten Richtungsänderungen und wird von Rufen begleitet. Der Gruppenzusammenhalt ist sehr hoch. Meine Beobachtungen decken sich mit diesen Sichtdaten.

Zum Fressen suchen die Santa-Marta-Sittiche regelmäßig Brombeergestrüpp auf, da wilde Brombeeren sie nahezu magnetisch anziehen. Beim Fressen sind sie absolut still. Es werden aber vor allem Früchte von

Eine Gruppe Santa-Marta-Sittiche (P. viridicata) hat sich in den Zweigen eines kleinen Baumes niedergelassen.

Ein Santa-Marta-Sittich (P. viridicata) beim Fressen von noch unreifen Brombeeren.

Epiphyten, Blüten und Samen von Cordiaceae sowie von zehn weiteren Baumarten gefressen, wie z. B. *Croton aff. bogotanus* und *Sapium* sp. (Euphorbiaceae) sowie *Lepechinia bullata* (Lamiaceae) (Strewe 2005, Botero-Delgadillo et al. 2010). Früchte tragende Bäume werden solange genutzt, bis sie leer gefressen sind, erst dann weichen die Sittiche auf die nächste Art aus.

Die Brutzeit ist von Februar bis April und von Juni bis November. Bevorzugt brüten die Sittiche in alten, morschen abgebrochenen Palmenstümpfen der Andenwachspalme (*Ceroxylon ceriferum*). Eine Bruthöhle wurde in sechs Meter Höhe gefunden. Die Vögel nutzen dasselbe Nest über Jahre hinweg. Künstliche Nisthöhlen, die man ihnen anbot, wurden sofort angenommen. Die Art nutzt Gemeinschaftsnester und das Bruthelfersystem. Die Weibchen legen im Durchschnitt vier bis sechs, selten auch sieben Eiern. Die Jungvögel aus den Vorjahren helfen mit, die Jungen aufzuziehen. Jungvögel wurden im September gesehen. Santa-Marta-Sittiche konkurrieren vor allem mit dem Kolumbiensittich (*Psittacara w. wagleri*) um die wenigen Nistmöglichkeiten (Oliveros-Salas 2005).

Zum Schutz der Sittiche wurde ein privates Naturreservat in 2.200 bis 2.600 m Höhe ü. NN im San-Lorenzo-Gebiet in einer Schwerpunkt-Region für die Sittiche eingerichtet, Futterbäume durch Samen vermehrt und gepflanzt, künstliche Nistkästen aufgehängt, eine Aufklärungskampagne ins Leben gerufen (es gab vereinzelte bestätigte Meldungen, dass Sittiche abgeschossen wurden, weil sie in den Brombeerplantagen gefressen hatten), ein eigens für diese Aktion entworfenes Poster der Sittiche verteilt und ein Öko-Label etabliert, mit dem die Bauern ihre Kaffee-, Honig- und Käseproduktion optimieren sollten (Wüst 2006). Durch die bisherigen Maßnahmen nehmen zumindest in der San-Lorenzo-Region die Bestandszahlen der Santa-Marta-Sittiche zu.

Haltung und Zucht: Die Art ist außerhalb ihres Verbreitungsgebietes unbekannt und wird selbst im Santa-Marta-Gebiet nur selten von den Einheimischen gehalten. Über das Verhalten sind keine Einzelheiten bekannt, es dürfte sich jedoch nicht von anderen nahe verwandten *Pyrrhura*-Vertretern unterscheiden. Eine Zucht ist noch nicht gelungen.

Pyrrhura hoffmanni (Cabanis)

Hoffmanns Rotschwanzsittich

Engl.: Hoffmann's Conure

Zwei Unterarten:

1. *Pyrrhura h. hoffmanni* (Cabanis 1861) Hoffmanns Rotschwanzsittich

Engl.: Hoffmann's Conure

Beschreibung: Die Grundfärbung ist grün. Die Federn von Stirn, Scheitel, Hinterkopf, Nacken, Zügel und Wangen haben eine schwach gelbliche Basis. Die Ohrdecken und ein Kinnfleck sind rot. Hals und Brust haben einen in der Intensität stark variierenden orangegelben Anflug. Die Handdecken (manchmal auch die Daumenfittiche) und die Armschwingen sind schwefelgelb mit grünen, die inneren Handschwingen schwefelgelb mit schwarzen Spitzen. Die Außenfahnen der äußeren Handschwingen sind blau, die großen Unterflügeldecken grüngelb. Die Schwanzoberseite ist olivfarben, die Unterseite braunrot. Die nackten Augenringe sind weißlich, die Iriden braun, die Füße dunkelgrau und der Schnabel ist hornfarben.

Jungvögel: Junge sind wie die Alttiere gefärbt, haben jedoch mattere Farben, schwächere gelbliche Federbasen und schwarzgraue Iriden.

Größe: 24 cm (Flügellänge: 132,6 mm [126 - 140 mm])

Verbreitung: Die Nominatform bewohnt die Gebirge des südlichen Costa Rica.

2. *Pyrrhura h. gaudens* Bangs 1906 Chiriquí-Sittich

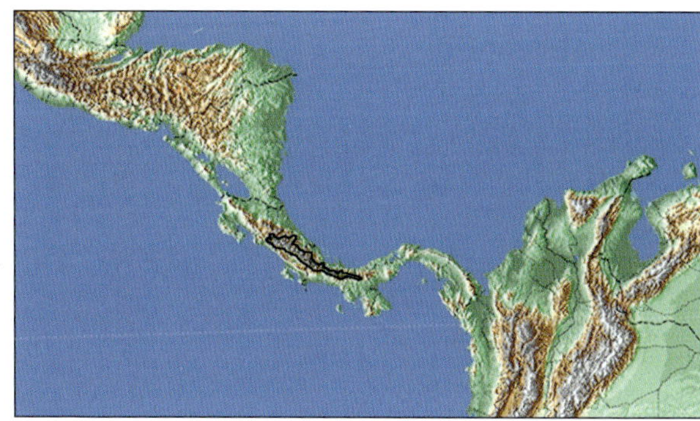

Engl.: Chiriqui Conure

Beschreibung: Diese Unterart ist wie *hoffmanni* gefärbt, hat aber eine deutlich stärker ausgeprägte gelbe Zeichnung am Kopf, die auf dem Scheitel variabel in Orange und auf dem Nacken in Rot übergeht. Brust und der Bauch haben ein etwas dunkleres Grün.

Jungtiere: Die Unterschiede sind wie bei der Nominatform beschrieben, zusätzlich fehlen den meisten Vögeln das Orange und Rot auf Nacken und Scheitel.

Größe: 24,5 cm (Flügellänge: 136,8 mm [130 - 148 mm])

Verbreitung: Die Unterart bewohnt West-Panama in den Provinzen Bocas del Toro und West-Chiriquí.

Status: Die Art ist noch verhältnismäßig häufig anzutreffen, BirdLife (2021) listet sie deshalb als „least concern" (nicht gefährdet).

Lebensraum: Die Art wird in Bergwäldern und deren Rändern, teilweise bewaldeten Gebiete und Sekundärvegetation in der oberen tropischen und subtropischen Zone zwischen 500 und 3.000 m gefunden.

Lebensweise: Schon im 19. Jahrhundert fielen Boucard (1878) die Sittiche durch ihr leuchtendes Gelb in den Flügeln auf. Er sah sie in Costa Rica bei Aguas Calientes in der Nähe von Cartago in kleineren Gruppen und konnte mehrere Exemplare zu Füßen der

Candelaria-Berge beobachten und sammeln. Nach Slud (1964) findet man die Sittiche in Costa Rica vor allem in der gebirgigen Umgebung des Zentralplateaus in der Dota-Region und entlang beider Hänge der Talamanca-Kordilleren. Hin und wieder erscheinen sie in dem dorn-buschsavannenartigen Gelände zwischen Cartago und Paraiso am Fuße des Irazu-Vulkans. Hier bevorzugt die Art Höhenlagen ab Mitte der subtropischen Zone bis hinauf in die untere Gebirgszone, sie wurde aber auch schon unterhalb 1.000 m gesehen. Sie favorisiert hier bewaldete Gebirgsrücken und -hänge, die mit freiem Gelände durchsetzt sind. Meist findet man die Vögel in kleinen Gruppen. Sie sind jedoch als vorsichtig bekannt und schwer auszumachen, nur manchmal sieht man sie aus nächster Nähe auf Ästen sitzend. Regelmäßig beobachtet man jedoch Schwärme, die in geringer Höhe über halboffenes Gelände fliegen, wobei die gelblichen Flügelfedern auffallen. Ihre Schwarmrufe hören sich eher wie das Lärmen einer Singvogelgruppe als wie Papageiengeschrei an. Die Rufe ähneln denen der Tovisittiche (*Brotogeris jugularis*). Orian (1969) fand die Art in den Eichenwäldern bei La Chonta (Talamanca-Kordilleren) in einer Höhe von 2.380 m. Hier konnten sie in den Wipfeln hoher und in mittelgroßen Bäumen beim Fressen beobachtet werden. Skutch (1980) konnte die Nominatform entlang dem Westufer des Río Peñas Blancas beobachten. Vor allem in der Trockenzeit kamen sie von den höher gelegenen Bergen in kleinen Schwärmen tief über den Baumwipfeln heruntergeflogen, schrien mit schriller Stimme und fielen durch ihre leuchtenden Flügelfedern auf. Hatten sie eine Zeit lang im Waldgebiet gefressen, verschwanden sie wieder genauso laut und eilig, wie sie gekommen waren, in Richtung der Berge, um dort zu übernachten. Skutch fand nie heraus, was die Sittiche in den Wäldern bei Los Cusingos fraßen, konnte sie aber in den höheren Gebirgslagen

Hoffmanns Rotschwanzsittich
(Pyrrhura hoffmanni hoffmanni)

Chiriquí-Sittich *(Pyrrhura h. gaudens)*

beim Verzehren der Früchte eines riesigen wilden Feigenbaumes sehen. Einmal konnte er fünf Sittiche in einer großen Eiche auf einer höher gelegenen Bergweide beobachten. Sie saßen eng beieinander und kraulten sich gegenseitig. In Intervallen wurde ihr friedliches Beisammensein durch lautes Geschrei und heftiges Flügelflattern unterbrochen. Warum sie sich stritten, konnte Skutch nicht herausfinden. Sie beruhigten sich aber wieder schnell und bildeten erneut eine Einheit. Skutch vermutete, dass dieses Sozialverhalten als Wärmeschutz gegen frostige Gebirgsnächte entstanden sei, oder weil mehrere Paare gemeinsam brüteten.

In Panama fanden Edwards und Loftin (1971) den Chiriquisittich sehr häufig in den Berghängen des El Velo-Tales bei Boquete und in der Umgebung der kleinen Stadt Carro Punta. Wetmore (1968) sah die Art zusätzlich an den Hängen und in den Ebenen entlang dem Rio Chiriquí Viejo sowie bis hinunter zu 500 m entlang dem Weg zur Lagune de Chiriquí. Allgemein beobachtete er Chiriquisittiche paarweise oder in kleinen Gruppen im schnellen Flug durch offene Waldvegetationen. Sie sind ziemlich scheu, aber in Früchte tragenden Bäumen unachtsam, da sie sich untereinander oft streiten. Bei solchen Gelegenheiten schoss Wetmore kleinere Vögel nur wenige Meter neben den fressenden Sittichen, ohne dass diese sich bei ihrer Nahrungsaufnahme stören ließen. Nach Ridgely (1976) wandert der Chiriquisittich von den Bergen der Provinz Bocas del Toro gelegentlich ins Flachland. Im Februar 1974 sah man sogar kleine Schwärme über der Stadt Santa Fé in Veraguas.

Die Sittiche fressen laut Leck und Hilty (1968) Sämereien, Früchte (*Leandra subseriata*), Nüsse, Beeren und Blüten. Seitre (2009) sah sie beim Fressen von Brombeeren und Äpfeln in Obstplantagen. Über das Brutverhalten teilt Blake (1958) mit, er habe Mitte Mai ein Männchen im Jugendgefieder, aber mit vergrößerten Hoden (was auf eine Brutbereitschaft hinweist) in der Umgebung des Chiriquí-Vulkans gesammelt.

Haltung: Nach Kuroda (1975) wurde die Art bereits 1927 nach Japan importiert. Tony Silva teilte mir mit, dass Nate Gale Ende der 1970er Jahre erstmals mehrere Chiriquí-Sittiche aus Panama in die USA exportierte, die mehrere Züchter bekamen. Die Vögel waren scheu, sobald sich jemand der Voliere näherte, verschwanden die Paare im Nistkasten. Zwischenzeitlich hat sich herausgestellt, dass die Sittiche in Menschenobhut nicht allzu laut und auch nicht schwierig zu halten sind. Sie baden gern und haben ein ausgeprägtes Nagebedürfnis, weshalb man ständig frische Zweige (mit Blättern und Blüten) anbieten sollte. Eine Gemeinschaftshaltung in großen Volieren ist selbst während der Brutzeit möglich.

Unterbringung und Fütterung: Ideal ist die Unterbringung in einer Voliere von wenigstens 3 × 1 × 2 m, im Winter nicht unter 5 °C. Ganzjährig sollte ein Schlaf- bzw. Nistkasten (22 × 22 × 50 cm) angeboten werden. Die Ernährung unterscheidet sich nicht von der anderer *Pyrrhura*-Arten.

Zucht: Die Erstzucht des Chiriquí-Sittichs gelang Chris Rowley 1982 in Arizona, USA. Zwei Junge wurden aufgezogen. Das Paar hatte bereits 1981 ein unbefruchtetes Gelege. Obwohl Hoffmanns Rotschwanz- und Chiriquí-Sittiche in kleinen Mengen auch nach Europa gekommen sind und regelmäßig gezüchtet werden, wurden nur wenige Zuchtberichte veröffentlicht. So gelang die Zucht 1998 im Nieder-Rhein-Park Plantaria (Müller 1999) und 2016 bei Pietro de Paolis (Paolis 2017).

De Paolis hielt seine zwei Paare in zur Hälfte überdachten Hängekäfigen von 2 × 1 × 1 m. Zur Vermeidung von Territorialverhalten wurden die aneinandergrenzenden Volierenseiten mit Sichtschutzplatten versehen. Im Mai 2016 hielt sich eines der Paare auch tagsüber im Nistkasten auf und rief vermehrt. Zusätzliche Kalziumgaben wurden vorsorglich gereicht, da Chiriquí-Sittiche ohne diese zu Legenot neigen. Einige Wochen später wurde jeden dritten Tag ein Ei gelegt, insgesamt sieben Eiern. Gebrütet wurde ab dem zweiten Ei. Das zweite Paar begann kurz darauf ebenfalls sechs Eier zu legen. Alle 13 Eier waren befruchtet und wurden problemlos bebrütet. Das erste Junge schlüpfte 23 bis 24 Tage nach dem Brutbeginn, allerdings hörte das Weibchen nach dem Schlupf des fünften Jungen auf zu hudern, weshalb die beiden letzten Eier abstarben. Das Gleiche passierte bei dem zweiten Paar nach dem Schlupf des vierten Jungen. Die verbliebenen neun Jungen wurden problemlos aufgezogen, und das erste verließ in der dritten Juniwoche nach ca. 50 Tage den Nistkasten. Die anderen vier folgten ihm im Abstand von jeweils einem Tag. In der Voliere blieben die Jungen überraschend ruhig.

Mutationsformen: In den Niederlanden existieren „Harlekin"-Chiriquí-Sittiche, die intensiv gelb gefärbte Kopffedern haben, aber wohl noch in der normalen Variationsbreite der *gaudens*-Vertreter liegen.

Anmerkungen: In Nordeuropa soll es bei den Nachzuchten derzeit einen Männchenüberschuss geben.

Verwendete Literatur

Aimassi G, Pulcher C & L Ghiraldi (2020): Type specimens of Birds in the Museo Regionale di Scienze Naturali (Torino, Italy). Journal of the National Museum (Prague), Natural History Series, vol. 189: 25

Angehr GR & R Dean (2010): The birds of Panama: a field guide. Ithaca, NY, USA.

Arenas-Mosquera D (2011): Aspectos de la biología reproductiva del Periquito Aliamarillo (*Pyrrhura calliptera*) en los bosques altoandinos de La Calera, Colombia. Conservación Colombiana 13: 58-70.

Arndt T (1981a): Über den Blaulatzsittich. Gefiederte Welt 105: 230.

Arndt T (1981b): Südamerikanische Sittiche – Keilschwanzsittiche i. e. S.. Horst-Müller-Verlag, Walsrode.

Arndt T (1981c): Encyclopedia of Conures – The Aratingas. T. F. H. Publications, Neptune.

Arndt T (1983a): Südamerikanische Sittiche – Rotschwanzsittiche – *Pyrrhura*. Bomlitz.

Arndt T (1983b): Neue Erkenntnisse über den Artstatus des Blausteiß-Sittich *Pyrrhura perlata perlata* Spix, 1824. Spixiana, Suppl. 9: 425-428.

Arndt T (1988): Auf der Suche nach seltenen Rotschwanzsittichen. PAPAGEIEN 1: 86-88.

Arndt T (1990-1996, 2001): Lexikon der Papageien. Arndt-Verlag, Bretten.

Arndt T (1992-1996): Lexicon of Parrots. Verlag Arndt & Müller, Bretten und Bomlitz.

Arndt T (1997): Der Blaulatzsittich. WP-Magazin 6/97: 14-15.

Arndt T (2003): Der Weißohrsittich. WP-Magazin 5/2003: 12-13.

Arndt T (2004): Neue Erkenntnisse zur Systematik der Rotschwanzsittiche. PAPAGEIEN 17: 352-356, 389-394.

Arndt T (2004): Lexikon der Papageien (CD-Version). Arndt-Verlag, Bretten.

Arndt T (2008): Anmerkungen zu einigen *Pyrrhura*-Formen mit der Beschreibung einer neuen Art und zweier neuer Unterarten. PAPAGEIEN 21: 278-286.

Arndt T (2009): Lexicon of Parrots. DVD-Version 3.0. Bretten.

Arndt T (2011): Der Weißbrustsittich. PAPAGEIEN 24: 30-33.

Arndt T (2011): Rotschwanzsittiche. Poster. Bretten.

Arndt T (2013/14): Die Papageien in der Serra dos Carajás. Teil 1-3, PAPAGEIEN 26/27: 420-423, 30-34 u. 66-69.

Arndt T (2018): Auf der Suche nach dem Peru-Blaustirn- und dem Blassen Peru-Rotschwanzsittich. Teil 1-3. PAPAGEIEN 31: 100-105, 136-141 und 174-177.

Arndt T & H Gonzales Pinedo (2013): Die Rotschwanzsittiche in der Cordillera Escalera, Peru. PAPAGEIEN 26: 204-207.

Arndt T & P Roth (1986): Der Rotbauchsittich *Pyrrhura rhodogaster* im Vergleich mit den verschiedenen Unterarten des Blausteißsittichs *Pyrrhura perlata*: Vorschlag für nomenklatorische und systematische Änderungen. Verh. orn. Ges. Bayern 24: 313-317.

Arndt T & M Wink (2017): Molecular Systematics, Taxonomy and Distribution of the *Pyrrhura Picta-Leucotis* Complex. The Open Ornithology Journal 10: 53-91.

Asmus J (2005): Der Blaulatzsittich. PAPAGEIEN 18: 260-264.

Balchin CS & EP Toyne (1998): The avifauna and conservation status of the Río Nangaritza valley, southern Ecuador. Bird Conservation International 8: 237-253.

Bates HW (1852): Some account of the country of the River Solimoens or Upper Amazon. Zoologist, 10: 3590 3599.

Bates HW (1858): Excursion to St. Paulo, Upper Amazons. The Zoologist, 16: 6160–6169.

Bates HW (1863): The Naturalist on the River Amazons. John Murray, London.

Bates H & R Busenbark (1978): Parrots and Related Birds. 3. Aufl., T. F. H. Publications.

Beebe CW (1947): Avian migration at Rancho Grande in north-central Venezuela. In Forshaw 1978.

Berlepsch H (1887): Systematisches Verzeichnis in Paraguay gesammelter Vögel von R. Rohde. Journal für Ornithologie 35: 121-122

Bezzel E (1977): Ornithologie. Ulmer, Stuttgart.

BirdLife International (2021): IUCN Red List for birds. Downloaded from http://www.birdlife.org on 09/03/2021.

Blake ER (1958): Birds of Volcàn de Chiriqui, Panama. Fieldiana, Zool. 36, in Forshaw 1978.

Bond J (1955): Additional Notes on Peruvian birds, Part 1. Proc. nat. Sci. Philad. 107, in Forshaw 1978.

Bond J & R Meyer de Schauensee (1943): The birds of Bolivia, Part II, Proc. nat. Sci. Philad. 95, in Forshaw 1978.

Botero-Delgadillo E (2008): Algunos aspectos de la historia natural del Periquito de Santa Marta (*Pyrrhura viridicata*), con énfasis en el tamaño poblacional y uso de hábitat en la reserva natural "El Dorado" y zona amortiguadora, San Lorenzo, Sierra Nevada de Santa Marta. Undergraduate Thesis, Universidad Militar „Nueva Granada", Bogotá.

Botero-Delgadillo E & CA Páez (2011a): Uso de hábitat del Periquito de Santa Marta (*Pyrrhura viridicata*) y sus variaciones espacio-temporales en la Sierra Nevada de Santa Marta. Conservación Colombiana 14: 18-27.

Botero-Delgadillo E & CA Páez (2011b): Estado actual del conocimiento y conservación de los loros amenazados de Colombia. Conservación Colombiana 14: 86-151.

Botero-Delgadillo E, Verhelst JC & CA Páez (2010): Ecología de forrajeo del Periquito de Santa Marta (*Pyrrhura viridicata*) en la cuchilla de San Lorenzo, Sierra Nevada de Santa Marta. Ornitol. Neotrop. 21: 463-477.

Botero-Delgadillo E & JC Verheslt (2011): Uso de hábitat del Periquito de Santa Marta (*Pyrrhura viridicata*) y sus variaciones espacio-temporales en la Sierra nevada de Santa Marta. Conserv. Col. 14: 17–27.

Botero-Delgadillo E, Páez CA & N Bayly (2012): Biogeography and conservation of Andean and Trans-Andean populations of *Pyrrhura* parakeets in Colombia: Modelling geographic distributions to identify independent conservation units. Bird Conservation International 22: 445-461

Botero-Delgadillo E, Páez CA, Sanabria-Mejía J & N Bayly (2012): Insights into the Natural History of Todd's Parakeet *Pyrrhura picta caeruleiceps* in North-Eastern Colombia. Ardeola 60 (2): 377-383.

Brehm AE (1972): Gefangene Vögel, Band I. Winter'sche Verlagshandlung, Leipzig und Heidelberg.

Brightsmith D (1999): Stealth Conures of the Genus *Pyrrhura*. Birdtalk Mag. 17 (10): 38.

Brockner A (1996): Außergewöhnlicher Brutverlauf bei Blaulatzsittichen. PAPAGEIEN 9: 109-112.

Brockner A (1998): Die Welterstzucht des Rotkopfsittichs. PAPAGEIEN 11: 120-122.

Brockner A (1999). Die Haltung und Zucht des Blutohr-Rotschwanzsittichs in Venezuela. PAPAGEIEN 12: 375-377.

Brockner A (2000): Haltung und Zucht des Rotbauchsittichs. PAPAGEIEN 13: 8-11.

Brockner A (2002): Haltung und Zucht des Rotkopfsittichs. PAPAGEIEN 15(9): 296-298.

Brockner A (2018): Ein Juwel Ecuadors – der Weißhalssittich. Gefiederte Welt 142 (1): 28-31.

Brockner A (2020): Braunohrsittiche in Brasilien. PAPAGEIEN 33: 400-405.

Burkard, R (1974): Neues aus meiner Voliere. Gefiederte Welt 98: 128.

Literatur

Burkard R (1975): Papageien unserer Erde – Zum Buch von Wolfgang de Grahl. Gefiederte Welt 99: 134

Butler AG. (1910): Foreign Birds for Cage and Aviary, Part II. London.

Carriker MA & WEC Todd (1922): The Birds of the Santa Marta Region of Colombia. Ann. Carn. Mus. XIV

Chapman EM (1917): The Distribution of Bird-life in Colombia. Bull. Am. Mus. nat. Hist. 36.

Chapman EM (1926): The Distribution of Bird-life in Ecuador. Bull. Am. Mus. nat. Hist. 55.

Clausen J (1986): Haltung und Zucht des Miritiba-Blausteißsittichs. Gefiederte Welt 110 (11): 296-297 und 327-329.

Collar NJ (1997): Family Psittacidae (Parrots). In del Hoyo J, Elliott A & J Sargatal (eds.): Handbook of the Birds of the World. Vol. 4: Sandgrouse to Cuckoos, pp. 280-477, Barcelona.

Collar N, Bonan A & P Boesman (2013): Family Psittacidae (Parrots). In: del Hoyo J, Elliott A, Sargatal J, Christie DA & E de Juana (eds.): Handbook of the Birds of the World Alive. Lynx Edicions, Barcelona.

Cooper, R. (1981): Tolerante Conuren fütterten ihre Jungen auf einer Umzugsfahrt. Gefiederter Freund 7/1981: 169.

Cortes-Herrera O, Hernandez-Jaramillo A, Chaves-Portilla G, Villagran X & J Gil (2007): *Pyrrhura calliptera* en Boyaca. In BirdLife International: IUCN Red List for birds. Downloaded from http://www.birdlife.org on 09/03/2021

Costa TVV, Leo J & LF Silveira (2016): Considerations on the type specimens and type locality of *Pyrrhura roseifrons* (Gray, 1859) (Psittacidae). Zootaxa 4179 (1): 107–110.

Cracraft J (1989): Speciation and its ontology: the empirical consequences of alternative species concepts for understanding patterns and processes of differentiation. In Otte, D & JA Endler (eds): Speciation and its consequences: 28–59. Sunderland, MA: Sinauer Associates.

Chubb C (1910): On the birds of Paraguay. Ibis 9: 263.

Chubb C (1916): The Birds of British Guiana. Vol. I, London.

Delgado FS (1985): A new subspecies of the Painted Parakeet (*Pyrrhura picta*) from Panama. Ornithol. Monogr. 36: 16-20.

Descourtilz JT (1944): Ornitologia Brasileira ou Historia Natural Das Aves Do Brasil. Livraria Kosmos, Rio de Janeiro & São Paulo.

Donegan T, Verhelst JC, Ellery T, Cortés-Herrera O & P Salaman (2016): Revision of the status of bird species occurring or reported in Colombia 2016 and assessment of BirdLife International's new parrot taxonomy. Conservación Colombiana 24: 12-36.

Dornas T, Pesqueiro MF, Ribeiro Luiz E & R Torres Pinheiro (2016): Geophagy in Pfrimer's Parakeet (*Pyrrhura pfrimeri*), a Critically Threatened and Endemic Parakeet of Dry Forests in Central Brazil. Ornitología Neotropical, 27: 247–251.

Dörholt R (2007): Nachzucht zweier seltener *Pyrrhura*-Arten. PAPAGEIEN 20: 306-310.

Dost H (1973): Sittiche und andere Papageien. 3. Aufl., Verlag J. Neumann-Neudamm, Meisungen.

Dugand A & JI Borrero (1948): Aves de la confluencia del Eagueta y Orteguaza. Caldasia 5: 115—156, in Forshaw 1978.

Dunning JS (1982): South American Land Birds. Harrowood Books, Pennsylvania.

Dupas G & J-M Garnier (2015): Monographie du Genre *Pyrrhura*. Lyon, Frankreich.

Eckelberry DR (1965): A note on the parrots of northeastern Argentina. Willson Bull., 77: 111, in Forshaw 1978.

Edwards EP & H Loftin (1971): Finding Birds in Panama. 2. Aufl., Priv. Printing.

Ehlenböker J (2006): Eine Mutation bei den Braunohrsittichen? AZ-Nachrichten 2/2006: 30.

Fanselau R (1971): Die Haltung und erfolgreiche Zucht des Schwarzschwanzsittichs (*Pyrrhura melanura souancei*). Die Gefiederte Welt 95: 181.

Faria IP de (2007): Peach-fronted Parakeet (*Aratinga aurea*) feeding on arboreal termites in the Brazilian Cerrado. Revista Brasileira de Omitologia 15: 457-458.

Fjeldså J & N Krabbe (1990): The Birds of the High Andes. Zoological Museum, University of Copenhagen and Apollo, Svendborg, Denmark.

Forshaw JM (1973): Parrots of the World. Lansdowne Press, Melbourne.

Forshaw JM (1978): Parrots of the World. 2. Aufl. David & Charles, Devon.

Forshaw JM (2006): Parrots of the world: an identification guide. Princeton University Press, Princeton, NJ & Oxford, UK.

Forshaw JM & WT Cooper (1977): Parrots of the World. Neptune City, USA.

Friedmann H (1948): Birds collected by the National Geographic Society's expedition to northern Brazil and southern Venezuela. Proc. U. S. nat. Mus., 97: 373-569, in Forshaw 1978.

Fuß, S. (1982): Der Braunohrsittich — ein schöner und angenehmer Volierenvogel. Die Voliere, 2/1982.

Gaban-Lima R & MA Raposo (2016): The status of three little known names proposed by Miranda-Ribeiro (1926) and the synonymization of *Pyrrhura snethlageae* Joseph & Bates, 2002 (Psittaciformes: Psittacidae: Arinae). Zootaxa 4200 (1): 192–200.

Gärtner V (2019): Der Sandia-Steinsittich – Erfahrungen mit seiner Haltung und Zucht. PAPAGEIEN 32: 298-302.

Gekeler J (2018): Kunstfelsen – ein toller Trend. PAPAGEIEN 31: 127-130.

Gekeler J (2019): Kreative Beschäftigung für Papageien, Sittiche & Co. Arndt-Verlag, Bretten.

Girão W, Campos A & C Albano (2008): Das Schutzprojekt für den Salvadori-Weißohrsittich. PAPAGEIEN 21: 29-32.

Goeldi EO (1894): As aves do Brasil. Livraria classica de Alves & C., Rio de Janeiro & São Paulo.

Goodfellow W (1900): A naturalist's note in Ecuador, Avic. Mag., 6.

Gore MEJ & ARM Gepp (1978): Las aves del Uruguay. Montevideo.

Grahl W de (1974): Papageien unserer Erde. Band 2. Selbstverlag.

Grahl W de (1975): Papageien in Haus und Garten. 2. Aufl., Verlag Eugen Ulmer, Stuttgart.

Grahl W de (1982): Atlas Papageien und Sittiche der Welt. Band 1: Sittiche. Horst-Müller-Verlag, Bomlitz.

Grant CHB (1911): On birds collected in Argentina, Paraguay, Bolivia, and Southern Brazil. Ibis 53: 326.

Greene WT (1979): Parrots in Captivity. Reprint, T.F.H. Publications, Neptune.

Gyldenstolpe N (1945): The bird fauna of Rio Jurúa in western Brazil, K. sv. Vet. Akad. Handl. 22.

Gyldenstolpe N (1945): A contribution to the ornithology of northern Bolivia. K. sv. Vet. Akad. Handl., 23.

Haffer J (1974): Avian speciation in tropical South America. Nuttall Ornithological Club, Harvard University, Cambridge.

Hamilton JF (1871): Notes on Birds from the Province of São Paulo, Brazil. Ibis, 3d ser., I: 308-309.

Harris R (1981): First U.S. breeding of the Green cheeked Conure? Avicultural Bulletin 8/81: 24-25.

Harrison CJO & DDT Holyoak (1970): Apparently undescribed parrot eggs in the collection of the British Museum (Natural History). Bull. British Ornithol. Club, 90: 42-46.

Haverschmidt F (1968): Birds of Surinam. Oliver & Boyd, Edinburgh Edinburgh.

Hellebrekers WPJ (1942): Revision of the Penard oological collection from Surinam. Zoöl. Meded. 23, Leiden, in Forshaw 1978.

Hellmayr CE (1906): Revision der Spix'schen Typen brasilianischer Vögel. Verlag der K. B. Akad. d. Wissensch., München.

Hellmayr CE (1929): A contribution to the ornithology of northeastern Brazil. Publ. 255, Field Mus. Nat. Hist., Zoolog. ser., Vol. 12, No. 18.

Hilty SL (2003): Birds of Venezuela. Princeton, Princeton University Press.

Hilty SL & WL Brown (1986): A guide to the birds of Colombia. Princeton University Press, Princeton.

Hoy G (1968): Über Brutbiologie und Eier einiger Vögel aus Nordwest-Argentinien. Journal für Ornithologie 109: 429-430.

Jones VD (1957): Preliminary reports. Avicultural Magazine 1957: 111.

Jordan R (2004): Blue throated Conures in U. S. Aviculture. AfA watchbird: 33-34.

Jordan R, Styles DK, Moore M & S Stringer (2000): First U. S. Breeding of the Crimson bellied Conure *Pyrrhura perlata perlata*. AfA watchbird: 16-18.

Joseph L (2000): Beginning an end to 63 years of uncertainty: The Neotropical parakeets known as *Pyrrhura picta* and *P. leucotis* comprise more than two species. Proc. Acad. Nat. Sci. Philadelphia 150: 279-292.

Joseph L (2002): Geographical variation, taxonomy and distribution of some Amazonian *Pyrrhura* parakeets. Ornith. Neotrop. 13: 337-363.

Joseph L & D Stockwell (2002): Climatic modeling of the distribution of some *Pyrrhura* parakeets of northwestern South America with notes on their systematics and special reference to *Pyrrhura caeruleiceps* Todd, 1947. Ornith. Neotrop. 13: 1-8.

Joseph, L. & J. M. Bates (2002) in Joseph, L. (2002). Geographical variation, distribution and taxonomy of some Amazonian *Pyrrhura* parakeets. Ornith. Neotrop. 13: 354.

Juniper T & M Parr (1998): Parrots: a guide to the parrots of the world. Pica Press, Robertsbridge, UK.

Kalbus H (1999): Die Haltung des Braunohrsittichs. WP-Magazin 2/1999: 22-25.

Kalbus H (2003): Rotbauchsittiche – südamerikanische Schönheiten. WP-Magazin 4/2003: 42-45.

Keidel L (1963): Braunohr- und Guajaquilsittich. AZ Nachrichten 1963: 167-169.

Koslowski M (2012): Haltung und Zucht des Miritiba-Blausteißsittichs. PAPAGEIEN 25: 8-12.

König, C. (1983): Auf Darwins Spuren. Paul Parey Verlag.

Kolar K & KH Spitzer (1982): Großsittiche. Verlag Eugen Ulmer, Stuttgart.

Kristosch GC (1997): Use of tree cavities for roosting by the Reddish-bellied Parakeet (*Pyrrhura frontalis*). Ararajuba, 5: 175-176.

Kuroda N (1967): Psittacidae of the World. Ornithological Society of Japan.

Kuroda N (1975): Parrots of the World in Life Colours. Tokyo.

Lacs J & T Silva (2019): Welterstzucht des Azuero-Sittichs. PAPAGEIEN 32: 10-13.

Land RE (1978): Breeding of Azara Conures. Magazine of the Parrot Society 1978: 85—86.

Laubmann A (1930): Wissenschaftliche Ergebnisse der Deutschen Gran Chaco-Expedition — Vögel. Verlag von Strecker und Schröder, Stuttgart.

Laubmann A (1939): Die Vögel von Paraguay. Verlag von Strecker und Schröder, Stuttgart.

Leck CF & S Hilty (1968): A feeding congregation of local and migratory birds in the mountains of Panama. BirdBanding 39: 318, in Forshaw 1978.

Legrende M (1962): Perroquets et Perruches. Editions N. Boubée & cie, Paris.

Lehmann FC (1957): Contribuciones al estudio de la fauna de Colombia XII. Noved. colomb., no. 3: 101—156.

Lemke TO (1977): Copulation observed in Maroon-tailed Parakeets in Meta, Colombia. The Auk, vol. 94: 773.

Lendon A (1953): Notes. Avicultural Magazine 1953: 176.

Leumann E (1982): Erfolgreiche Zucht mit Steinsittichen (*Pyrrhura rupicola*). Gefiederter Freund 1982: 333-335.

López Lanús B & JC Lowen (1999): Observations of breeding activity in El Oro Parakeet *Pyrrhura orcesi*. Cotinga, 11: 46-47.

Lörcher D (1971): Meine Braunohrsittiche (*Pyrrhura frontalis*). Gefiederte Welt 1971: 61 —62.

Low R (1967): The Pearly Conure. Avicultural Magazine 1967: 4-7.

Low R (1968): *Pyrrhura* conures and others. Avicultural Magazine 1968: 47—48.

Low R (1972): The Parrots of South America. John Gifford Ltd., London.

Low R (1976): Isle if Santa Sofía — ornithologist's paradise. Cage and Aviary Birds, September 2.

Low R (1980): Parrots, their care and breeding. Blandfort Press, Poole, Dorset.

Low R (1989): Das Papageienbuch. 2. Aufl., Stuttgart.

Low R (2000): Der Emmas Weißohrsittich PAPAGEIEN 13: 376-377.

Low R (2013): *Pyrrhura* Parakeets (Conures): Aviculture, Natural History, Conservation. Mansfield, Großbritannien.

Low R (2016): Erfahrungen in der Haltung und Zucht von Rotbauchsittichen. PAPAGEIEN 29: 152-159.

Low R (2020): Die Zucht des Rotkopfsittichs oder was uns Zuchtversagen lehrt. Teil 1 und 2. PAPAGEIEN 33: 10-13 und 52-54.

Maijer S, Herzog SK, Kessler M, Friggens MT & J Fjeldså (1998): A Distinctive New Subspecies of the Green-cheeked Parakeet (*Pyrrhura molinae*, Psittacidae) from Bolivia. Ornitologia Neotropical 9: 185-191.

Martin T (2002): A Guide to Color Mutations & Genetics in Parrots. ABK Publications, South Tweed Heads, Australia.

Martuscelli P (1994): Maroon-bellied Conures feeding on gall-forming homopteran larvae. Wilson Bulletin 106: 769-770.

Mathys K (1977): Die Zucht des Blaulatzsittichs (*Pyrrhura cruentata*), Gefiederter Freund 1977: 193-194

Mayer H (1999): Gute Zuchterfolge mit Miritiba-Blausteißsittichen (*Pyrrhura perlata coerulescens*). Die Voliere 22 (2): 40-45.

Mayer H (2000/2001): Von meinen Rotschwanzsittichen. Gefiederte Welt 124 (12): 402-405, 125 (1): 6-10.

Mayer H (2020): 12 Jahre Haltung und Zucht von Rotbauchsittichen. PAPAGEIEN 33: 226-231

Mayr E & WH Phelps (1967): The origin of the bird fauna of the south Venezuelan highlands. Bull. Am. Mus. nat. Hist., 136, art. 5: 268-328.

Meier M. & H Meyer (1981): Erst beim dritten Mal erfolgreiche Aufzucht von Braunohrsittichen. Gefiederter Freund 6/1981: 157-158.

Meyer F (1973): Wiederholte Zuchterfolge mit Braunohrsittichen. Gefiederte Welt, 4/1973: 64—66.

Meyer de Schauensee R (1964): The Birds of Colombia. Livingstone Publishing Company, Narberth.

Meyer de Schauensee R (1966): The Species of Birds of South America. Livingstone Publishing Company, Narberth.

Meyer de Schauensee R (1970): The Birds of South America, Livingstone Publishing Company, Wynnewood.

Meyer de Schauensee R & WH Jr. Phelps (1978): A Guide to the Birds of Venezuela. Princeton University Press, Princeton.

Miranda-Ribeiro A (1926): Psittacideos colligidos pelo Sr. Dr. Rud. Pfrimer em Minas Geraes e Goyaz. Arquivos do Museu Nacional 28: 10-12.

Mitchell MH (1957): Observations on Birds of Southeastern Brazil. University of Toronto Press, Toronto, in Forshaw 1978.

Miyaki CY, Matioli SR, Burke T & A Wajntal (1998): Parrot Evolution and Paleogeographical Events: Mitochondrial DNA Evidence. Molecular Biology and Evolution 15(5): 544-551.

Mobley JA (2012): Schutz des Salvadori-Weißohrsittichs in den brasilianischen Baturité-Bergen. PAPAGEIEN 25: 138-141.

Montañez D & G Angehr (2007): Important Bird Areas of the Neotropics: Neotropical Birding 2017: 12-19.

Literatur

Moojen J, Candido De Carvalho J & H Souza-Lopes (1941): Observações sobre o conteúdo gástrico de aves brasileiras. Memórias do Instituto Oswaldo Cruz 36: 405-444.

Moschkowski M (2008): Rotbauchsittiche – meine Erfahrungen bei Haltung und Zucht. PAPAGEIEN 21: 116-119.

Müller H (1964): Ein lustiger Geselle – der Blaustirn-Rotschwanzsittich (*Pyrrhura picta*). AZ.-Nachrichten 1964: 198 – 199.

Müller R (1999): Hoffmanns Rotschwanzsittiche im NiederRheinPark Plantaria. PAPAGEIEN 12: 12-14.

Müller R (2004): Haltung und Zucht des Sandia-Steinsittichs. PAPAGEIEN 17: 224-227.

Müller M & N Neumann (1997): Der Rotscheitelsittich, *Pyrrhura picta roseifrons*. PAPAGEIEN 10: 266-267.

Munves, J. (1975): Birds of a highland clearing in Cundinamarca, Colombia. Auk, 92: 307-321, in Forshaw 1978.

Naranjo Saltos E (2007): Aspectos básicos de la ecología reproductiva y comportamiento del perico de El Oro, Pyrrhura orcesi durante la época de nidificación en el bosque nublado de la Reserva Buenaventura y zonas aledañas, Piñas, provincia de El Oro. Trabajo de graduación previo a lo obtención del título de Bióloga, Escuela de Biología del Medio Ambiente, Cuenca, Ecuador.

Naumburg EMB (1930): The Birds of Matto Grosso, Brazil. Bull. Amer. Mus. Nat. Hist. LX: 1-432.

Navarrete L (2003): Neotropical Notebook: White-breasted parakeet *Pyrrhura albipectus*: a new record for Peru. Cotinga 19: 79.

Neunzig K (1921): Die fremdländischen Stubenvögel. Magdeburg.

Neunzig K (1928): Neueinführungen und Seltenheiten. Die Gefiederte Welt 37: 436.

Nielsen OS (1983): Opdrat af Molina's Conure, *Pyrrhura molina restricta*. Dansk Fuglehold 3/1983: 54—57.

Nielsen OS (1986): Conure-Opdræt. Korsør. Dänemark.

Niemann H (2000): Neue Unterart des Grünwangen-Rotschwanzsittichs aus Bolivien. PAPAGEIEN 13: 286.

Niethammer G (1953): Zur Vogelwelt Boliviens. Bonn. zool. Beitr., 4: 195-303.

Olaciregui C (2010): Aspectos de la biología reproductiva del Periquito de Santa Marta (*Pyrrhura viridicata*) en la Cuchilla de San Lorenzo (Sierra Nevada de Santa Marta, Magdalena). Ornitología Colombiana No. 10 (2010): 77.

Olaciregui C & R Borja (2011): Aspectos de la biología reproductiva del Periquito de Santa Marta (*Pyrrhura viridicata*) en la Sierra Nevada de Santa Marta. Conservación Colombiana, No. 14: 48-57.

Olivares A (1969): Aves de Cundinamarca. Dirección de Divulgación Cultural Publicaciones.

Oliveros-Salas HA (2005): Evaluación poblacional y ecológica del Lorito de Santa Marta (*Pyrrhura viridicata*) en el sector de San Lorenzo, Sierra Nevada de Santa Marta, Colombia. Ornitología Colombiana No. 4 (2006): 90.

Olmos F (1997): Auf der Suche nach Pfrimers Weißohrsittich. WP-Magazin 5/1997: 24-28.

Olmos F, Silva WAG & C Albano (2005): Grey-breasted Conure *Pyrrhura griseipectus*, an overlooked endangered species. Cotinga 24: 77-83.

Olmos F, Martuscelli P & RS Silva (1998): Ecology and habitat of Pfrimer's Conure *Pyrrhura pfrimeri*, with a reappraisal of Brazilian *Pyrrhura leucotis*. Ornitologia Neotropical 8: 121–132.

Olrog GC (1959): Las Aves Argentinas. Instituto „Miguel Lillo", Buenos Aires.

Olrog GC (1968): Las Aves Sudamericanas. Vol. I, Instituto Miguel Lillo, Buenos Aires.

Olrog GC (1978): Nueva lista de la Avifauna Argentina. Opera Lilloana 27, Tucumán.

O'Neill JP (1980): Comments on the Status of the Parrots Occuring in Peru, Proceedings of the ICBP Parrot Working Group Meeting, St. Lucia, pp 419-424.

Orfila RN (1937): Los Psittaciformes Argentinos. Hornero, 6: 365-382.

Orians CH (1969): The number of bird species in some tropical forests. Ecology, 50: 783—801, in Forshaw 1978.

Paolis P de (2017): Meine Erfahrungen mit der Haltung und Zucht des Chiriquisittichs. PAPAGEIEN 30: 86-91.

Parker III TA, Parker SA & MA Plenge (1982): An Annotated Checklist of Peruvian Birds. Buteo Books, Vermillion.

Pearson DL (1972): Un estudio de las aves de Limoncocha, Provincia de Napo, Ecuador. Boln. Informaciones cient. Nationales, 13, in Forshaw 1978.

Pearson DL (1975): Range extensions and new records for bird species in Ecuador, Peru and Bolivia. Condor 77: 96-99.

Penard RP & AP Penard (1908): De Vogels van Guyana. Vol. I, Paramaribo.

Pereira GA, Periquito MC & C Albano (2008): Nota sobre a ocorrência e observações da tiriba-pérola *Pyrrhura lepida* (Aves, Psittacidae) no estado de Pernambuco, Nordeste do Brasil. Revista Brasileira de Ornitologia, 16(4): 395-397.

Peters JL (1961): Check-list of Birds of the World. Vol. III, Harvard University Press, reprinted by Museum of Comparative Zoology, Cambridge.

Phelps WH Jr (1977): Una nueva especie y dos nuevas subespecies de aves (Psittacidae, Furnariidae) de la Sierra de Perijá cerca de la divisoria Colombo-Venezolana. Bol. Soc. Venez. Cienc. Nat., 33 (134): 43-53.

Phelps WH & WH Phelps Jr. (1949): Eleven new subspecies of birds from Venezuela. Proc. Biol. Soc. Wash., 62: 109-124.

Phelps WH & WH Phelps Jr. (1958): Lista de las aves de Venezuela con su distribution, part I, no Passeriformes. Boln Soc. venez. Cienco nat., 19.

Pinto OMO (1935): Aves da Bahia. Revista do Museu Paulista 19: 1-325.

Prante J (1993): Die Zucht des Pazifik-Schwarzschwanzsittichs. PAPAGEIEN 6: 252-253.

Prestwich AA (1954): Red-bellied Conures (*Pyrrhura frontalis frontalis*). Avicul. Mag. 60: 187.

Radtke GA (1979): Handbuch für Wellensittich-Freunde. 2. Aufl., Kosmos, Stuttgart.

Ramos Santos T (2018): Haltung und Zucht des Salvadori-Weißohrsittichs. PAPAGEIEN 31: 302-306.

Redaktion Papageien (2019): Comeback des Salvadori-Weißohrsittichs. PAPAGEIEN 32: 186.

Reinschmidt M (2000): Kunstbrut und Handaufzucht von Papageien und Sittichen. Arndt-Verlag, Bretten.

Reinschmidt M (2020): Zucht von Papageien und Sittichen – Brut, Aufzucht und Pflege von Jungvögeln. Arndt-Verlag, Bretten.

Restall RL (1970): Breeding Emmas Conure. Foreign Birds, 36: 45-47, in Forshaw 1978.

Rhodes B (1970): Breeding the Black-tailed Conure. Avicultural Magazine 1970: 141–142.

Ribas CC, Joseph L & CR Miyaki (2006): Molecular systematics and patterns of diversification in *Pyrrhura* (Psittacidae) with special reference to the *picta-leucotis* complex. Auk 123: 660–680.

Ridgely RS (1976): A Guide to the Birds of Panama. Princeton University Press, Princeton.

Ridgely RS (1980): The current distribution and status of mainland neotropical parrots. Pp. 233–384 in R. F. Pasquier (ed.), Conservation of New World Parrots. Washington D.C., Smithsonian Institution Press.

Ridgely RS & MB Robbins (2003): *Pyrrhura orcesi*, a new parakeet from Southwestern Ecuador, with systematic notes on the *P. melanura* complex. Wilson Bulletin, 100: 173-182.

Ridgway R (1916): The Birds of North and Middle America, part VII. Government Printing Office, Washington.

Robiller F (1990): Papageien. Band 3, Mittel- und Südamerika. Stuttgart.

Rogers CH (1969): Parrot Guide. Pet Library LTD, London.

Roth P (1982): Habitat-Aufteilung bei sympatrischen Papageien des südlichen Amazonasgebietes. Zentralstelle der Studentenschaft, Zürich.

Roth P (1984): Repartição do habitat entre psitacídeos sympátricos no sul da Amazônia. Acta Amazonica, 14 (1-2): 175-221.

Ruschi A (1979): Aves do Brasil. Editoria Rios, São Paulo.

Rutgers A (1970): Enzyklopädie für den Vogelliebhaber. Bd. II, Verlag Littera Scripta Manet, Gorssel.

Rutgers A (1970): Handbuch für Zucht und Haltung Fremdländischer Vögel. Neumann Verlag, Radebeul.

Rutgers A (1973): Handbuch für Zucht und Haltung fremdländischer Vögel. 3. Aufl., Verlag J. Neumann-Neudamm, Melsungen.

Salaman PGW & OAR Giles (1995): Notes on threatened bird from Colombia between July - December 1994. In BirdLife International: IUCN Red List for birds. Downloaded from http://www.birdlife.org on 09/03/2021.

Salvadori T (1894): Interno alla *Pyrrhura chiripepé* (Vieill.) e descrizione di una nuova specie del genere *Pyrrhura*. Bollettini di Musei di Zoologia ed Anatomia comparata della R. Universitá di Torino, No. 190: 1-4.

Salvadori T (1900): On some additional species of parrots in the Genus *Pyrrhura*. Ibis, 7th ser., 6: 667–674.

Sanders AW (2017): Haltung und Zucht von Blaustirn-Rotschwanzsittichen. PAPAGEIEN 30: 296-300.

Schaefer M (2015): Schutz des bedrohten El-Oro-Sittichs in Ecuador. PAPAGEIEN 28: 99-105.

Schäfer E & WH Phelps (1954): Las aves del Parque Nacional Henri Pittier (Rancho Grande) y sus funciones ecológicas. Boletín de la Sociedad Venezolana de Ciencias Naturales (Caracas), 83.

Schildmacher H (1982): Einführung in die Ornithologie. Gustav Fischer Verlag, Stuttgart.

Schmidt R (2005): Haltung und Zucht des Miritiba-Blausteißsittichs. PAPAGEIEN 18: 152-154.

Schnitker H (2015): Zur Taxonomie von Rotbauch- und Blausteißsittich. PAPAGEIEN 28: 271-274.

Schönwetter M (1964): Handbuch der Oologie. Akademie Verlag, Berlin.

Schubart 0, Aguirre AC & H Sick (1965): Contribuição para o Conhecimento da Alimentação das Aves Brasileiras . Arq. Zool. São Paulo XII: 95-249.

Schulenberg TS, Stotz DF, Lane DF, O'Neill JP & TA Parker III (2007): Birds of Peru. Princeton University Press, Princeton, NJ, USA.

Schuster MJ (1896): Der Papageienfreund. 8. Aufl., Aug. Schröter's Verlag, Ilmenau.

Seth-Smith D (1979): Small Parrots (Parrakeets). Reprint, T.F.H. Publications, Neptune.

Seitre R (2008): Der Azuero-Sittich – Panamas einziger endemischer Papagei. PAPAGEIEN 21: 384-386.

Seitre R (2009): Ein Sittich der Berge: der Hoffmanns Rotschwanzsittich. PAPAGEIEN 22: 168-171.

Seitre R (2011): Der Prachtflügelsittich. PAPAGEIEN 24: 209-213.

Shore-Baily W (1915): The breeding of the Brown-eared Conures. Bird Notes, new ser., 6, in Forshaw 1978.

Short LL (1978): pers. Mittlg., in Forshaw 1978: S. 437.

Sick H (1968): Vogelwanderungen im kontinentalen Südamerika. Vogelwarte, 24: 217—243.

Sick H (1969): Aves brasileiras ameaçadas de extinção e noções gerais de conservação de aves no Brasil. Anais da Academia Brasileira de Ciências 41 (supl.).

Silva T & B Kotlar (1980): Conures. T. F. H. Publications, Neptune.

Sissons HT (1978): Breeding the Blue troated Conure (*Pyrrhura cruentata*). Magazine of the Parrot Society, 11/1978: 277.

Skutch AF (1980): A Naturalist on a Tropical Farm. University of California Press, Berkeley.

Slud P (1964): The birds of Costa Rica. Bull. Am. Mus. nat. Hist., 128.

Smith GA (1982): *Pyrrhura* Conures. Magazine of the Parrot Society, 12/1982: 365-372.

Smith GA (1983): *Pyrrhura* Conures: taxonomic revision is badly needed. Cage and Aviary Birds, March 5.

Snyder DE (1966): The Birds of Guyana. Peabody Museum, Salem.

Snyder N, McGowan P, Gilardi J & A Grajal (2000): Parrots: status survey and conservation action plan 2000-2004. International Union for Conservation of Nature and Natural Resources, Gland, Switzerland and Cambridge, UK.

Somenzari M & LF Silveira (2015): Taxonomy of the *Pyrrhura perlata-coerulescens* complex (Psittaciformes Psittacidae) with description of a hybrid zone. Journal of Ornithology, 156: 1049- 1060

Souza FL, Uetanabaro M, Landgref Filho P & G Faggioni (2009): Uma fonte alternativa de água para a tiriba-fogo, *Pyrrhura devillei*? Revista Brasileira de Ornitologia, 17(3-4): 210-212.

Spenkelink van Schaik JL (1980): Kunt U mij kweken? Venlo.

Spenkelink van Schaik JL (1980): Letter to the Editor. Magazine of the Parrot Society, 3/1982: 89.

Spenkelink van Schaik JL (1984): Blue Throated Conures (*Pyrrhura cruentata*). AfA Watchbird, vol. 11, no. 3: 28.

Spenkelink van Schaik JL (1996): Blue-throated Conures in the Netherlands, 1984. Avicult. Soc. Am. Bull., 25(7): 14-15.

Strewe R (2005): Aktuelle Situation des Santa-Marta-Rotschwanzsittichs in Kolumbien. PAPAGEIEN 18: 94-97.

Strewe R & C Navarro (2004): The threatened birds of the río Frío Valley, Sierra Nevada de Santa Marta, Colombia. Cotinga 22: 47-55.

Strewe R, Navarro C & M Sanches (2017a): Der Magdalenasittich in Nordost-Kolumbien. PAPAGEIEN 30: 62-66.

Strewe R, Navarro C & M Sanches (2017b): Erste Nestfunde des Magdalenasittichs in Nordost-Kolumbien. PAPAGEIEN 30: 173-177.

Strewe R & R Wüst (2012): Santa-Marta-Sittiche im Naturreservat „La Cumbre", Sierra Nevada de Santa Marta. PAPAGEIEN 26: 208-213.

Struwe I & C Struwe (2012): Der Pfrimers Rotschwanzsittich: Freilandbeobachtungen in Brasilien. PAPAGEIEN 25: 64-69.

Szymczak P (2014): Erfahrungen mit dem Blaustirn-Rotschwanzsittich. PAPAGEIEN 28: 230-234.

Teixeira DM (1991): Revalidação de *Pyrrhura anaca* (Gmelin, 1788) do nordeste do Brasil (Psittaciformes: Psittacidae). Ararajuba 2: 103-104.

Them P (1982): Brazilian Parrot mutations. Cage and Aviary Birds, Dec. 18: 4.

Thompson LB (1960): News and Views. Avicultural Magazine 1/1960: 44.

Thompson LB (1961a): News and Views. Avicultural Magazine 1/1961: 36.

Thompson LB (1961b): News and Views. Avicultural Magazine 5/1961: 169.

Todd WEC (1947): New South American Parrots. Ann. Carneg. Mus., 30 (19): 331-338

Toyne EP, Jeffcote MT & JN Flanagan (1992): Status, distribution and ecology of the White-breasted Parakeet *Pyrrhura albipectus* in Podocarpus National Park, southern Ecuador. Bird Conservation International, 2: 327-338.

Urantowka AD, Strzala T & KA Grabowski (2016): The first complete mitochondrial genome of *Pyrrhura* sp. – question about conspecificity in the light of hybridization between *Pyrrhura molinae* and *Pyrrhura rupicola* species. Mitochondrial DNA, 27: 471–473.

Vriends T (1978): Zuidamerikaanse parkieten. Thieme & Cie, Zutphen.

Literatur

Vriends T (1979): Parakeets of the World. T. F. H. Publications, Neptune.
Vriends T & P Bleher (1979): Dwarf Parrots. T. F. H. Publications, Neptune.
Wagenaar H (2006): Rotschwanzsittiche – *Pyrrhura*. PAPAGEIEN 19: 368-373.
Wagner C (2011): Beschäftigung für Papageien und Sittiche – Ideen und Tipps für jeden Tag. Arndt-Verlag, Bretten.
Waugh D (2007): Erste Bilder vom Magdalena-Sittich. PAPAGEIEN 20: 429.
Waugh D (2008): Wilde El-Oro-Sittiche belegen Nistkästen. PAPAGEIEN 21: 142.
Waugh D (2009): Rare parakeets in southern Ecuador. AFA Watchbird 36: 50.
Weber G, Campos A & C Albano (2008): Das Schutzprojekt für den Salvadori-Weißohrsittich. PAPAGEIEN 21: 29-32.
Weber R (1958): Zuchterfolg mit Weißohrsittichen, AZN 1958: 107-109 u. 127-129.
Weinzettl M, Tomiska L & R Zamora Padrón (2021): Die Zucht des Blutohr-Rotschanzsittichs. PAPAGEIEN 34: 170-173.
Wetmore A (1926): Observations on the Birds of Argentina, Paraguay, Uruguay, and Chile, Bull. U. S. natn. Mus., no 133.
Wetmore A (1968): The Birds of the Republic of Panama. Part II, Smithsonian Institution Press, Washington.
Weyrich H (1976): Die Zucht des Braunohrsittichs (*Pyrrhura frontalis*). AZ-Nachrichten 1976: 73-75.
Wied-Neuwied M, Prinz zu (1820): Reise nach Brasilien in den Jahren 1815 bis 1817. Band 1, Frankfurt.
Wolf P, Hrsg. (2018): PAPAGEIEN-Sonderheft Ernährung. Arndt-Verlag, Bretten.
Wolf P, Graubohm S & J Kamphues (2009): Extrudate und Pellets – Futtermittel der Zukunft? PAPAGEIEN 22: 372–375.
Würth V (1997): Haltung und Zucht des Grünwangen-Rotschwanzsittichs. PAPAGEIEN 12: 70-72.
Wüst R (2006): Käse kontra Kahlschlag – Artenschutz in Kolumbien. PAPAGEIEN 19: 124-127.
Wüst R (2015): Haltung und Zucht des Miritiba-Blausteißsittichs. PAPAGEIEN 28: 44-47.
Zamora Padrón R (2008): Verbesserung der Haltungsbedingungen für Papageien. Teil 1 und 2. PAPAGEIEN 21: 196-200 und 230-233.
Zimmer JT & WH Phelps (1949): Four new subspecies of birds from Venezuela. Am. Mus. Novit. no. 1395: 1-9.

Namensregister

Sachregister

Verzeichnis der im Buch zitierten Halter und Züchter

Allen Haltern und Züchtern, die mich durch ihre freundliche Unterstützung mit Informationen versorgten, möchte ich an dieser Stelle noch einmal herzlich danken. Es sind dies:

Banzer, B., Radolfzell
Claussen, J., Neumünster
Ender, W., Niederbrechen
Feil, J., Wals, Österreich
Fuchs, W., Walskäferheim, Österreich
Fuß. S., Rottenburg
Geierhos, H., Königsbrunn
Harris, F. & R. Sunland, cal., USA
Hauri, T., Reitnau, Schweiz
Larsen, P., Neumünster
Leumann, E. O., Zürich, Schweiz
Maurer, H,-P., Reitnau, Schweiz
Menné, W., Speyer
Miller, P., Edmond, Oklahoma, USA
Öhman, A., Krokem, Schweden
Pauen, W., Neuss
Porschung, 0., St. Margrethen, Schweiz
Prohl, D., Hinrichssegen
Roth, P., Zürich, Schweiz
Schnellbacher, H., Pfungstadt
Sebela, G., Grödig, Österreich
Silva, T., N. Riverside, Ill., USA
Spenkelink van Schaik, J. L., Soesterberg
Stahl, D., Runkel-Eschenau
Trogisch, K., Walsrode
Walser, T., Brislach, Schweiz
Zeißler, A., Stockstadt

Impressum

Dieses Buch ist all jenen gewidmet, die sich aktiv für den Erhalt bedrohter Papageienarten einsetzen.

Thomas Arndt:
Rotschwanzsittiche
Arten, Freileben, Haltung und Zucht

1. Auflage (2022)
Arndt-Verlag e.K., Bretten.
ISBN 978-3-945440-78-0

Satz, Bildbearbeitung: Birgit Ender & Thomas Arndt
Layout: Birgit Bautz-Schäfer
Bildredaktion: Thomas Arndt & René Wüst
Sprachlektorat: Petra Wüst
Schlusslektorat: Werner Lantermann

Gedruckt in der EU

Bildnachweis:
Arndt, T.: Titelbilder, 3, 7-16, 18-20, 26, 27-35, 37-39, 41, 43-44, 48-49, 52-56, 58-62, 75-78, 80-82, 85-86, 88-92, 95, 99-100, 102-107, 109, 111-114, 116 (links), 117, 120-126 (links), 128-149, 151-152, 154-159, 161-162, 163 (rechts), 164-176, 180-186, 191-193, 195-205, 208-213, 215, 217, 221, 222 (rechts), 225-232, 235, 237-239
Cabrera, L.: 214
Carrion, J. M.: 206
Dörholt, R.: 93
Gärtner, V.: 47, 63
Ghiraldi, L., MRSN, Turin, Italien: 163 (links)
Grunwald, I.: 17, 207
Henig, J.: 189 (rechts), 190
Klauke, N.: 23
Lacs, J.: 116 (rechts)
Lambert, K-H.: 45, 94, 96-97, 150, 194
Low, R.: 46, 50-51, 233
Moschkowski, M.: 79
Müller, H.: 66, 83, 153
Navarro, C.: 22, 24, 119 (rechts u. links)
Nunes, F./Albano, C. 108-110
Paolis, P. de: 67, 70-73
Perez, M.: 220, 222 (links)
Pfeffer, F.: 160, 189 (links)
ProAves: 218 (rechts)-219, 234
Purnomo, W. A.: Rückseite Umschlag, 6
Reinschmidt, M.: 57, 87, 126 (rechts)
Sanders, A. W.: 36, 65, 68
Seitre, R.: 115
Selva: 208
Seum, W.: 40
USNM/Arndt: 120
Weinzettl, M.: 224
Wüst, R.: 25, 178-179, 216, 218 (links), 236
Yamashita, C.: 84, 101
Zamora Padrón, R.: 42